GAOCHAN
MUZHU JIANKANG YANGZHI XINJISHU

高产
母猪健康养殖新技术

钟正泽　刘作华　王金勇　主编

化学工业出版社

·北京·

本书从猪场的规划设计，母猪的选种、配种、接产及护理，以及各时期母猪的饲养技术，疾病防治，猪场建设等方面入手，详细介绍了在健康养殖高产母猪过程中一系列具体技术问题。

本书图文并茂，讲解详细具体又通俗易懂，是一本实用性很强的技术指导用书。适合养猪场技术人员及普通散养猪农户学习和使用，并可作为相关农业院校师生的参考用书。

图书在版编目(CIP)数据

高产母猪健康养殖新技术/钟正泽，刘作华，王金勇主编. —北京：化学工业出版社，2011.5（2021.4重印）
ISBN 978-7-122-10794-7

Ⅰ. 高… Ⅱ. ①钟…②刘…③王… Ⅲ. 母猪-饲养管理 Ⅳ. S828

中国版本图书馆 CIP 数据核字（2011）第 044529 号

责任编辑：邵桂林　　　　　　　　　文字编辑：李　瑾
责任校对：王素芹　　　　　　　　　装帧设计：周　遥

出版发行：化学工业出版社（北京市东城区青年湖南街 13 号　邮政编码 100011）
印　　装：三河市延风印装有限公司
850mm×1168mm　1/32　印张 9　字数 258 千字
2021 年 4 月北京第 1 版第 18 次印刷

购书咨询：010-64518888　　　　　　　售后服务：010-64518899
网　　址：http://www.cip.com.cn
凡购买本书，如有缺损质量问题，本社销售中心负责调换。

定　价：19.80 元　　　　　　　　　　　　　　　　版权所有　违者必究

编写人员名单

主　　编	钟正泽　刘作华　王金勇
副 主 编	林保忠　曾　秀　江　山
编写人员	（按姓氏笔画排列）

王　涛　王金勇　江　山

刘作华　杨松全　肖　融

汪　超　张邑帆　林保忠

林渝宁　罗　敏　钟正泽

曾　秀

前 言

母猪养殖的数量和水平是影响养猪业发展的重要因素。近十多年来，我国的养猪业已逐步由农户散养型向集约型、规模型转变，规模化养殖的比重越来越大，因此，养殖企业对种母猪的养殖环境和饲养管理等方面的技术需求日益迫切。但是，在我国许多地区，母猪的饲养无论从圈舍内外环境的规划设计、设施设备到饲料饲养管理都还比较简单和粗放，远远没有达到健康养殖的要求。因此，目前迫切需要一套较为系统的专门针对母猪健康养殖的技术资料或参考书，用以指导母猪的规模化生产。

重庆市畜牧科学院的科技人员，汇集其多年的养猪科技成果和国内外现代先进技术与经验，结合我国当前的母猪生产现状编写了本书。

全书共分十章，第一章首先介绍了猪场的规划设计及设施设备，第二章到第六章详细介绍了母猪的品种及各阶段的饲养管理技术等内容，第七章到第十章分别将哺乳仔猪的培育、母猪常见疾病的防治、猪场的排污处理与环境控制以及猪场经营管理等内容分别做了单独阐述。全书文字通俗易懂，讲述深入浅出，内容系统详尽，讲求实用性，是一本对于各型规模养猪场和养猪专业户都很适用的工具书和参考书。

希望本书能对广大养殖户、养殖技术人员等有所裨益，提高种猪规模化、健康化养殖水平，为我国养猪业的发展作出贡献！

由于编写时间比较仓促，书中疏漏之处在所难免，恳请广大同行和读者不吝指正。

编者

2011 年 2 月于重庆

目 录

第一章 猪场规划设计 … 1
第一节 场址的选择 … 1
一、选址原则 … 1
二、猪场场址的选择 … 1
第二节 猪场总体规划布局 … 4
一、场区规划 … 4
二、建筑物布局 … 6
三、猪舍总体规划 … 6
第三节 猪场建设与圈舍设计 … 14
一、猪舍模式的选择 … 14
二、猪舍基本结构的选择 … 22
三、不同猪舍的建筑及内部布置 … 24
第四节 猪场常用设施、设备 … 29
一、生产管理用房 … 29
二、防疫大门、值班室、消毒更衣室、防疫围墙 … 29
三、猪栏 … 29
四、供水饮水设备 … 33
五、饲料的加工、供给和饲喂设备 … 35
六、供热保暖设备 … 37
七、通风降温设备 … 37
八、清洁消毒设备 … 38
九、粪便处理系统及设备 … 39
十、检测仪器及用具 … 41
十一、运输设备 … 41

第二章 母猪的选种 … 43
第一节 主要品种 … 43
一、主要脂肪型猪种 … 43

  二、主要肉脂型猪种 ································ 48
  三、主要瘦肉型猪种（系） ·························· 52
 第二节 后备母猪的选留 ································ 61
  一、母猪的外貌鉴定 ································ 61
  二、审查母猪的系谱 ································ 62
  三、母猪的疾病情况 ································ 62
  四、饲料条件 ······································ 62
  五、市场需要 ······································ 62
 第三节 后备母猪的培育 ································ 63
  一、适宜的营养水平 ································ 63
  二、科学的饲养方法 ································ 64
第三章 提高母猪发情期受胎率 ·························· 66
 第一节 母猪的生殖生理 ································ 66
  一、母猪的生殖器官及功能 ·························· 66
  二、母猪的性成熟 ·································· 67
 第二节 母猪的发情与排卵 ······························ 68
  一、母猪发情与发情周期 ···························· 68
  二、母猪发情异常 ·································· 69
  三、母猪不发情的原因及处理 ························ 70
  四、母猪的排卵 ···································· 71
  五、促进母猪发情排卵的措施 ························ 72
 第三节 母猪配种 ·· 73
  一、公猪的生殖生理及饲养管理技术 ·················· 73
  二、公猪精液品质的检查和判定 ······················ 83
  三、母猪发情鉴定与催情 ···························· 90
  四、母猪配种 ······································ 92
第四章 妊娠期母猪的饲养技术 ·························· 101
 第一节 妊娠母猪的生理特点 ···························· 101
 第二节 胚胎生长发育规律 ······························ 101
  一、胚胎发育 ······································ 101
  二、胚胎死亡 ······································ 102
 第三节 母猪妊娠诊断 ···································· 103

一、母猪妊娠诊断的意义 …………………………… 103
　　二、母猪妊娠诊断的方法 …………………………… 103
　第四节　妊娠期母猪的营养需要 …………………………… 105
　　一、妊娠母猪营养需要的特点 ……………………… 105
　　二、妊娠期母猪营养标准 …………………………… 107
　第五节　妊娠母猪的饲养管理 ……………………………… 108
　　一、饲养方式 ………………………………………… 108
　　二、日粮水平及饲养方案 …………………………… 108
　　三、日常管理 ………………………………………… 109
第五章　母猪的分娩、接产及救护 ………………………… 110
　第一节　产前征兆 …………………………………………… 110
　　一、预产期推算 ……………………………………… 110
　　二、产前征兆 ………………………………………… 110
　第二节　产前准备 …………………………………………… 113
　　一、产房（圈舍）准备 ……………………………… 113
　　二、接产用具的准备 ………………………………… 114
　　三、母猪进入产房 …………………………………… 114
　第三节　人工接产 …………………………………………… 115
　　一、分娩过程 ………………………………………… 115
　　二、人工接产 ………………………………………… 116
　第四节　母猪最新繁殖技术简介 …………………………… 119
　　一、母猪繁殖障碍病疫苗预防术 …………………… 119
　　二、药物诱导母猪发情、排卵术 …………………… 119
　　三、氯前列烯醇诱发分娩术 ………………………… 120
　　四、产期病预防术 …………………………………… 120
　　五、仔猪下痢病预防术 ……………………………… 120
第六章　哺乳母猪的饲养技术 ……………………………… 121
　第一节　母猪泌乳行为及规律 ……………………………… 121
　　一、母猪乳房乳腺结构及泌乳特点 ………………… 121
　　二、母猪泌乳行为及规律 …………………………… 121
　第二节　影响母猪泌乳量的主要因素 ……………………… 122
　　一、饲料与饲养 ……………………………………… 122

二、饮水 123
　　三、母猪的年龄与分娩胎次 123
　　四、品种和体重 123
　　五、分娩季节 124
　　六、环境与管理 124
　　七、疾病 124
　第三节　提高母猪泌乳量的主要措施 124
　　一、给母猪提供高质量的配合饲料或混合饲料 124
　　二、给母猪适当增喂青绿多汁饲料 125
　　三、保持母猪良好的食欲和体况 125
　　四、保持良好的饲养管理环境 126
　第四节　哺乳母猪的营养需要 126
　　一、哺乳母猪的营养需要 126
　　二、哺乳母猪的饲养标准 128
　第五节　哺乳母猪的饲养管理 129
　　一、饲养方式 129
　　二、饲喂技术 130
　　三、管理 131
第七章　哺乳仔猪的培育 133
　第一节　仔猪的消化生理特点 133
　　一、代谢旺盛，生长发育快，需要的养分多 133
　　二、仔猪消化器官不发达，容积小，机能不完善 134
　　三、缺乏先天性免疫力，容易患病 134
　　四、自身调节能力差，对外界环境的应激能力弱 134
　　五、早期断奶应激严重 135
　　六、阉割应激 136
　第二节　哺乳仔猪的饲养 137
　　一、早吃初乳 137
　　二、早期补铜铁、补硒 137
　　三、补充水分 137
　　四、早期诱食 138
　　五、抓好旺食 139

第三节　哺乳仔猪的管理 ………………………………… 139
　一、人工接产 ……………………………………………… 139
　二、固定乳头 ……………………………………………… 139
　三、加强保温，防压防冻 ………………………………… 140
　四、寄养与并窝 …………………………………………… 141
　五、预防下痢 ……………………………………………… 141
　六、剪齿断尾 ……………………………………………… 142
　七、早期断奶 ……………………………………………… 142
　八、预防僵猪 ……………………………………………… 142
第八章　母猪常见疾病的防治 ………………………………… 144
第一节　母猪非传染性繁殖障碍性疾病 …………………… 144
　一、母猪乏情与不孕 ……………………………………… 144
　二、母猪难产 ……………………………………………… 146
　三、胎衣不下 ……………………………………………… 147
　四、流产 …………………………………………………… 147
　五、母猪产后瘫痪 ………………………………………… 149
　六、母猪子宫内膜炎 ……………………………………… 150
　七、母猪乳房炎 …………………………………………… 151
　八、产褥热 ………………………………………………… 152
　九、产后无乳或少乳 ……………………………………… 153
　十、母猪产后厌食 ………………………………………… 153
　十一、便秘 ………………………………………………… 154
　十二、消化不良 …………………………………………… 155
第二节　母猪传染性疾病 …………………………………… 155
　一、猪瘟 …………………………………………………… 155
　二、猪细小病毒病 ………………………………………… 158
　三、乙型脑炎 ……………………………………………… 160
　四、伪狂犬病 ……………………………………………… 161
　五、猪附红细胞体病 ……………………………………… 164
　六、高致病性蓝耳病（繁殖与呼吸障碍综合征）……… 165
　七、口蹄疫 ………………………………………………… 167
　八、猪流行性感冒 ………………………………………… 169

  九、猪传染性萎缩性鼻炎 …………………………………………… 170
  十、猪气喘病 ……………………………………………………… 171
  十一、猪钩端螺旋体病 …………………………………………… 173
  十二、猪传染性胸膜肺炎 ………………………………………… 175
  十三、猪副嗜血杆菌病 …………………………………………… 177
  十四、猪布氏杆菌病 ……………………………………………… 179
 第三节 猪场的防疫与免疫 ………………………………………… 181
  一、建立卫生消毒制度 …………………………………………… 181
  二、制订卫生防疫计划 …………………………………………… 191
  三、制订科学的免疫程序 ………………………………………… 191
 第四节 猪场预防用药 ……………………………………………… 201
  一、猪场预防用药的原则与方法 ………………………………… 201
  二、禁用药物 ……………………………………………………… 201
  三、可用药物 ……………………………………………………… 203
  四、配伍禁忌 ……………………………………………………… 203
第九章 猪场的排污处理与环境控制 …………………………………… 205
 第一节 猪场环境控制 ……………………………………………… 205
  一、猪场环境控制的必要性 ……………………………………… 205
  二、造成养猪业环境污染的原因 ………………………………… 208
  三、养猪生产环境的改善与环境控制对策 ……………………… 209
 第二节 猪场粪尿污水的处理与综合利用 ……………………… 218
  一、猪场粪尿污水的处理和综合利用的原则 …………………… 218
  二、猪场粪尿污水的处理方法 …………………………………… 219
  三、猪场粪尿污水处理工艺 ……………………………………… 220
  四、猪场粪污处理和利用综合配套措施 ………………………… 223
第十章 猪场经营管理 …………………………………………………… 224
 第一节 概述 ………………………………………………………… 224
  一、我国养猪业的历史演变 ……………………………………… 224
  二、规模化养猪的概念 …………………………………………… 225
  三、规模化养猪的意义 …………………………………………… 225
 第二节 猪场经营 …………………………………………………… 226
  一、现代养猪生产的经营原则 …………………………………… 226

二、现代养猪的经营形式……………………………………………229
第三节　猪场的管理………………………………………………………237
　一、猪场的生产组织和计划管理……………………………………237
　二、猪场的技术管理…………………………………………………247
　三、劳动管理…………………………………………………………253
　四、资料档案管理……………………………………………………254
第四节　猪场经济效益分析………………………………………………256
　一、成本核算…………………………………………………………256
　二、效益分析…………………………………………………………260
　三、考核经营管理水平的主要指标…………………………………262
　四、提高猪场经济效益的措施………………………………………264
参考文献……………………………………………………………………266

第一章 猪场规划设计

第一节 场址的选择

一、选址原则

猪场场址选择,原则上要求选择在生态环境良好、无工业"三废"及无农业、城镇生活、医疗废弃物污染的城镇远郊农区。同时,参照国家种畜禽相关标准的规定,拟建地址应避开水源防护区、风景名胜区、人口密集区等环境敏感地区,符合环境保护、兽医防疫要求。

二、猪场场址的选择

在实际选择猪场场址时,除必须符合选址原则外,应根据猪场的性质、规模和任务,考虑场地的地形、地势、水源、土壤、当地气候等自然条件,同时应考虑饲料及能源供应、交通运输、产品销售,与周围工厂、居民点及其他畜牧场的距离,当地农业生产、猪场粪污处理等社会条件,进行全面调查(包括邀请同行专家进行现场考察),综合分析后再做决定,选好场址。

(一)地形及面积选择

猪场地形要求开阔整齐,有足够的面积。猪场生产区面积一般可按繁殖母猪每头30~50平方米或上市商品育肥猪每头3~5平方米考虑,生活区、行政区另行考虑,并留有发展余地。

(二)地势选择

猪场地势要求是:所选位置相对较高、干燥、平坦、地下水位低、土壤通透性好、背风向阳、有缓坡、要有利于通风。地势低洼的场地易积水潮湿,夏季通风不良,空气闷热,易使蚊蝇和微生物滋生,而冬季则阴冷。有缓坡的场地便于排水,但坡度不能过大,以免造成场内运输不便,坡度应不大于25°。在坡地建场宜选背风向阳坡,以利于防寒和保证场区较好的小气候环境。切忌把大型养猪工厂建到山窝里,否则污浊空气排不走,整个场区常年空气环境恶劣。

(三) 水源水质

规划猪场前应先进行水源水质勘探,水源是选场址的先决条件。猪场水源要求水量充足(包括人畜用水),水质良好,便于取用和进行卫生防护,并易于净化和消毒。水源水量必须满足场内生活用水、猪只饮用及饲养管理用水的要求。猪场需水量、水质等见表1-1、表1-2、表1-3。

表1-1 猪场需水量

类 别	总需水量/[升/(头·天)]	饮用量/[升/(头·天)]
种公猪	40	10
空怀及妊娠母猪	40	12
带仔母猪	75	20
断奶仔猪	5	2
育成猪	15	6
育肥猪	25	6

表1-2 猪只饮用水水质标准

	项 目	标 准 值
感官性状及一般化学指标	色度	色度不超过30度
	浑浊度	不超过20度
	臭和味	不得有异臭、异味
	肉眼可见物	不得含有
	总硬度(以$CaCO_3$计)/(毫克/升)	≤1500
	pH	5.5~9
	溶解性总固体/(毫克/升)	≤4000
	氯化物(以Cl^-计)/(毫克/升)	≤1000
	硫酸盐(以SO_4^{2-}计)/(毫克/升)	≤500

续表

项　　目		标　准　值
细菌学指标	总大肠菌群/(个/100毫升)	成年畜≤10,幼畜≤1
毒理学指标	氟化物(以F⁻计)/(毫克/升)	≤2.0
	氰化物/(毫克/升)	≤0.2
	总砷/(毫克/升)	≤0.2
	总汞/(毫克/升)	≤0.01
	铅/(毫克/升)	≤0.1
	铬(六价)/(毫克/升)	≤0.1
	镉/(毫克/升)	≤0.05
	硝酸盐(以N计)/(毫克/升)	≤30

表1-3　猪只饮用水中农药限量指标/(毫克/升)

项　　目	限　值
马拉硫磷	0.25
内吸磷	0.03
甲基对硫磷	0.02
对硫磷	0.003
乐果	0.08
林丹	0.004
百菌清	0.01
甲萘威	0.05
2,4-D	0.1

（四）交通及社会条件选择

养猪场饲料、产品、粪污、废弃物等运输量很大，所以必须交通方便，并保证饲料的就近供应、产品的就近销售及粪污和废弃物的就地利用和处理，以降低生产成本和防止污染周围环境。但交通干线又往往是造成疫病传播的途径，因此选择场址时既要求交通方便，又要求与交通干线保持适当的距离。一般来说，猪场距铁路及国家一级、二级公路应不少于300~500米。

(五) 供电

猪场场址的选择还必须考虑距电源近,以节省输变电开支,并要求供电稳定,常年不停电或少停电。

(六) 排污与环保

猪场场址周围最好要有大片农田、果园,并便于自流,就地消耗大部或全部粪水是最理想的。否则需把排污处理和环境保护作为重要问题规划,特别是不能污染地下水和地上水源、河流。

第二节 猪场总体规划布局

猪场总体规划布局包括场地规划和建筑物布局。猪场场址选定后,须根据有利于防疫、改善场区小气候、方便饲养管理、节约用地等原则,考虑当地气候、风向、场址的地形地势、猪场各种建筑物和设施的尺寸及功能关系,规划全场的道路、排水系统、场区绿化等,安排各功能区的位置及每种建筑物和设施的朝向、位置、间距,还必须考虑各建筑物间的关系、卫生防疫、通风、采光、防火、节约占地等。

一、场区规划

(一) 场地分区

规模化猪场至少可分为四个功能区,即生产区、生产管理区、隔离区、生活区。为便于防疫和安全生产,应根据当地全年主风向和场址地势,顺序安排以上各区。见图 1-1。

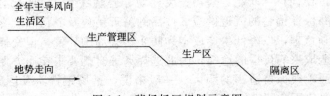

图 1-1 猪场场区规划示意图

1. 生活区

生活区包括文化娱乐室、职工宿舍、食堂等。生活区应设在猪场大门外面，为保证良好的卫生条件，避免生产区臭气、尘埃和污水的污染，生活区需设在上风向或偏风方向和地势较高的地方，其位置应便于与外界联系。

2. 生产管理区

生产管理区或称生产辅助区，包括行政和技术办公室、接待室、饲料加工房、饲料库房（原料、成品）、水塔、水井房、锅炉房、变电所、车库、杂品库、修配厂、消毒室（更衣、洗澡、消毒）、消毒池等。该区与日常饲养工作关系密切，距生产区距离不远。饲料库应靠近进场道路处，消毒、更衣、洗澡间应设在猪场大门一侧。进入生产区的人员一律经消毒、洗澡、更衣后方可入场。

3. 生产区

猪场生产区通常包括各类猪舍和生产设施，也是猪场的最主要区域，位于四个功能区的中下位置。

该区应严禁外来车辆进入，也禁止该区车辆外出。各猪舍从饲料成品库房内门领料，用场内小车运送。在靠近围墙处设出猪台，售猪时由出猪台装车，避免外来车辆进场。

4. 隔离区

隔离区包括兽医室和隔离舍、病死猪处理室、粪便处理区等。应置于全场最下风向和地势最低处，与生产区应保持50米的距离。

（二）场内道路和场区排水设施

1. 场内道路

场内道路是猪场总体布局的一个重要部分，它与猪场生产防疫有重要关系。场内道路应分设净道、污道，互不交叉。净道用于运送饲料、产品等，污道则专运粪污、病猪、死猪等。生产区不宜设直通场外的道路，生产管理区和隔离区应分别设置通向场外的道路，以利于卫生防疫。

2. 场区排水设施

场区排水设施是为排除雨水和雪水。一般可在道路的一侧或两侧设明沟排水，也可设暗沟排水。但场区的排水管道不宜与舍内排水系统的管道通用，以防杂物堵塞管道，影响舍内排污，并防止雨季污水池漫溢，污染周围环境。

3. 场区绿化

在猪场内植树、种植花草，不仅可美化环境、改善场区小气候，更重要的是它可以吸尘灭菌、降低噪声、净化空气，便于防疫隔离，可调节场内温湿度和气流、改善场区小气候状况、利于防暑防寒。场区绿化可按冬季主风的上风向种植防风林，在猪场周围种植隔离林，猪舍之间、道路两旁进行遮阴绿化，场区裸露地面上种植花草。在进行场区绿化植树时，还需考虑其树干高低和树冠大小，防止夏季阻碍通风和冬季遮挡阳光。

二、建筑物布局

猪场建筑物的布局在于正确安排各种建筑物的位置、朝向、间距。布局时需考虑各建筑物间的关系、卫生防疫、通风、采光、防火、节约占地等。

生活区与生产管理区和场外联系密切，为保障猪群防疫，宜设在猪场大门附近，门口分别设行人、车辆消毒池，两侧设值班室和更衣室。生产区各猪舍的位置布局应充分考虑配种、转群等联系方便，并注意卫生防疫，种猪、仔猪应置于上风向和地势高处；妊娠母猪舍、分娩母猪舍应放在较好的位置，分娩母猪舍既要靠近妊娠母猪舍，又要接近仔猪培育舍；育成猪舍靠近育肥舍，育肥舍设在下风向；商品猪置于离场门或围墙近处，围墙内侧设出猪台，运输车辆停在墙外装车。如商品猪场可按种公猪舍、空怀母猪舍、妊娠母猪舍、分娩母猪舍、断奶仔猪舍、育肥猪舍、出猪台等建筑物顺序靠近排列。病猪和粪污处理设施应置于全场最下风向和地势最低处，与生产区宜保持至少 50 米距离。猪舍与猪舍之间的间距，需考虑防火、走车、通风的需要，结合具体场地确定，一般要求在 8~10 米为宜。

三、猪舍总体规划

规模化猪场生产管理的特点是"全进全出"一环扣一环的流水式作业。所以，猪舍总体规划需根据生产管理工艺流程来进行。猪舍总体规划的步骤是：首先根据生产管理工艺确定各类猪栏数量，然后计算各类猪舍栋数,最后完成各类猪舍的布局安排。

(一)确定工艺参数

为了准确计算场内各期生产群的猪数和存栏数,据此计算各猪舍所需栏位数、饲料需要量和产品数量,必须根据拟引进种猪的遗传基础、生产力水平、本场自身所拥有的技术水平、经营管理水平、物资保证条件以及国内同类猪场的信息资料,实事求是地确定猪场建成后的生产工艺参数,现以国内某万头猪场为例,说明必须估计的参数(表1-4),实际应用时,可根据具体情况略加调整。

表1-4 某万头猪场的工艺参数

项　　　目	参　数
妊娠期/日	114
哺乳期/日	35
保育期/日	38~35
断奶至受胎/日	7~14
繁殖周期/日	156~163
母猪年产胎/次	2.24
母猪窝产活仔数/头	10
哺乳仔猪成活率/%	90
断奶仔猪成活率/%	95
生长育肥猪成活率/%	98
仔猪初生重/千克	1.2
35日龄体重/千克	7.5
70日龄体重/千克	23
180日龄体重/千克	98
每头母猪年产初生活仔数/头	22.4
每头母猪年生产35日龄仔猪头数/头	20.2
每头母猪年生产36~70日龄仔猪头数/头	19.2

续表

项　　目	参　数
每头母猪年生产71～180日龄肥猪头数/头	18.8
每头母猪年产肉量/活重：千克	1842.4
出生～35日龄平均日增重/克	188
36～70日龄平均日增重/克	443
71～180日龄平均日增重/克	682
公母猪年更新率/%	33
母猪情期受胎率/%	85
公母猪比例	1∶25
圈舍冲洗消毒时间/日	7
繁殖节律/日	7
每周配种次数	1.2～1.4
母猪临产前进产房时间/日	7
母猪配种后原圈观察时间/日	21

（二）计算各种生产群的存栏猪（猪群结构）

"全进全出"的流水式和节律性生产工艺是以最大限度利用猪群、猪舍和设备为原则，以精确计算猪群规模和栏位数为基础。因此，首先要求猪群按工艺划分为不同的工艺群，计算其存栏数，并将其配置在相应的专用猪舍栏位，以完成整个生产过程。下面就以1个年出栏1万头商品肉猪的猪场为例，根据工艺参数计算场内各类猪群的结构。

1. 年平均需要母猪总头数

年平均需要母猪总头数＝(计划年出栏商品肉猪数×繁殖周期)÷(365天×窝产活仔数×从出生至出栏各阶段成活率)

＝(10000×163)÷(365×10×0.9×0.95×0.98)头

＝533头

2. 种公猪头数和后备公猪头数
种公猪头数＝母猪总头数×公母比例＝533×1/25 头＝22 头
后备公猪头数＝公猪头数×年更新率＝22×33％头＝7 头
3. 后备母猪头数
后备母猪头数＝年总母猪头数×年更新率＝533×33％＝176(头)
4. 成年空怀母猪头数
成年空怀母猪头数＝年总母猪头数×年产胎次×饲养日数/365
　　　　　　　＝533×2.24×(14＋21)/365＝115(头)
5. 妊娠母猪头数
妊娠母猪头数＝年总母猪头数×年产胎次×饲养日数/365
　　　　　＝533×2.24×(114－21－7)/365＝281(头)
6. 分娩哺乳母猪头数
分娩哺乳母猪头数＝年总母猪头数×年产胎次×饲养日数/365
　　　　　　　＝533×2.24×(7＋35)/365＝137(头)
7. 哺乳仔猪头数
哺乳仔猪头数＝年总母猪头数×年产胎次×窝产活仔数×
　　　　　成活率×饲养日数/365
　　　　　＝533×2.24×10×0.9×35/365＝1031(头)
8. 35～70 日龄断奶仔猪头数
35～70 日龄断奶仔猪头数＝年总母猪头数×年产胎次×窝产
　　　　　　　　　　活仔数×哺乳成活率×断奶
　　　　　　　　　　成活率×饲养日数/365
　　　　　　　　　＝533×2.24×10×0.9×0.95×35/365
　　　　　　　　　＝979(头)
9. 71～180 日龄育肥猪头数
71～180 日龄育肥猪头数＝年总母猪头数×年产胎次×窝产活
　　　　　　　　　　仔数×成活率×饲养日数/365
　　　　　　　　　＝533×2.24×10×0.9×0.95×
　　　　　　　　　　0.98×110/365＝3015(头)

10. 不同规模猪场猪群结构
不同规模猪场猪群结构见表1-5。

表 1-5 不同规模猪场猪群结构

猪群类别 （存栏猪数/头）	生产母猪头数/头					
	100	200	300	400	500	600
空怀配种母猪	21	42	63	84	105	126
妊娠母猪	53	106	159	212	265	318
分娩母猪	26	52	78	104	130	156
后备母猪	33	66	99	132	165	198
公猪（后备公猪）	6	11	16	21	27	32
哺乳仔猪	194	387	580	773	967	1160
断奶仔猪（幼猪）	184	367	551	735	919	1102
育肥猪	566	1131	1697	2263	2828	3394
合计存栏	1083	2162	3243	4324	5406	6486
全年上市商品猪	1720	3440	5160	6880	8600	10320

（三）计算各工艺猪群的群数和每群的头数

为准确使猪群正常地从一个工序转至另一个工序，每周按一定规模组成一个猪群，将它们在指定的圈舍单元内饲养一定时间，然后转出活屠宰，空出的圈舍单元接纳本周组成的新猪群。每群的繁殖周期从群中第一头母猪配种之日算起为 163 天（其中妊娠 114 天，哺乳 35 天，断奶至受胎 14 天），故将全部母猪分成 23 群（163/7 = 23.3），可以保证全场的流水式生产。

该万头商品猪场应组成的各生产群的群数，是按照各生产群的猪在每个工艺阶段的饲养日除以繁殖节律来计算的，再根据每个工艺阶段每猪群头数除以群数就可以得出每群的头数（表 1-6）

表 1-6 某万头猪场各生产群存栏猪数

猪　　群	饲养日/日	繁殖节律	群数/群	每群头数/头	总头数/头
种公猪	365	—	1	22	22
后备公猪	182	—	1	7	7
待配后备母猪	28	7	4	44	176

续表

猪　　群	饲养日/日	繁殖节律	群数/群	每群头数/头	总头数/头
空怀母猪	35	7	5	23	115
妊娠母猪	86	7	12	24	281
哺乳母猪	42	7	6	22	137
哺乳仔猪	35	7	5	206	1031
断奶仔猪	35	7	5	196	979
生长育肥猪	110	7	16	188	3015
合计全群总头数					5763

（四）各类猪栏所需数量

生产管理工艺不同，各类猪栏所需数量就不同。规模化猪场所采取的是"全进全出"的流水式生产工艺，这种工艺是否畅通运行，关键在于各专门猪舍是否具备足够的栏位数。在计算栏位时，除了按照工艺要求的各类猪群在该阶段的实际饲养日进行确定外，还要考虑猪舍情况，消毒和维修的时间，以及必要的机动备用期。因此，在确定实际栏位数量时，必须根据工艺参数、结合具体情况而定。

1. 种公猪栏和后备公猪栏需要量

不少猪场把种公猪和后备公猪作为一个生产群饲养在同一栋猪舍内，也有不少养猪企业将种公猪栏设在配种栏内，这样既节省面积，又可以起到刺激母猪尽快发情的作用。种公猪实际占用栏位时间为365天，后备公猪为180天，因此，种公猪栏应为22栏，后备公猪栏为4栏。

2. 待配后备母猪栏需要量

待配后备母猪平均占用栏位时间按28天计算、加上7日消毒期合计占栏35天，繁殖节律按7日制计算，则需要5个单元（35/7），每个单元44头，采用小群饲养（4头/栏），则需要栏圈55个。

3. 空怀母猪栏需要量

对配种舍内的空怀母猪的管理工艺，有的采用先在限位栏内饲养4周，以便观察母猪发情和早期妊娠鉴定，然后改为小群（4~6

头）饲养。也有先采用小群（4~6头）饲养，确认妊娠后再改为单栏限位饲养，有利于节省圈舍设备投资。母猪断奶后，正常情况下一般在3~7日内发情，平均9~10日内完成配种授精，14日假定受胎转入生产群，考虑到一些特殊情况，如母猪的繁殖力降低会延长断奶至发情时间，故留有7日的机动备用时间，加上清洗、消毒和维修7天合计占用栏圈时间为28天，繁殖节律按7日制计算，则需要4个单元（28/7），才能满足流水式生产工艺的需要。每个单元23头，如果采用小群饲养（4~6头），则每个单元内栏圈数为6~4个，则需要栏圈24~16个；如果采用单栏限位饲养则需要栏圈92个。

4. 妊娠母猪栏需要量

母猪配种（人工授精或本交）假定受胎后，转入妊娠母猪舍饲养至107天，在此期间又有25%的母猪并未受胎而发生返情，被编入下批组建的配种生产群重配，同样也有7天的机动备用期，加上清洗、消毒和维修7天合计占用栏圈时间为121天，繁殖节律按7日制计算，则需要17个单元（121/7），才能满足流水式生产工艺的需要。每个单元23头，如果采用小群饲养（4~6头），则每个单元内栏圈数为6~4个，则需要栏圈102~68个；如果采用单栏限位饲养则需要栏圈391个。

5. 分娩哺乳母猪栏需要量

分娩哺乳母猪舍利用期包括哺乳期35天，清洗、消毒7天，接纳临产母猪7天和备用期7天，合计占用栏圈时间为56天，繁殖节律按7日制计算，则需要8个单元（56/7），才能满足流水式生产工艺的需要。每个单元23头，采用个体分娩栏限位饲养方式，每个单元需要23个分娩栏，总计需要分娩栏184个。

6. 仔猪保育栏需要量

哺乳仔猪35日龄断奶后转到仔猪保育舍，在仔猪保育舍饲养至70日龄（饲养35天），在转入育肥猪舍，仔猪保育舍的断奶仔猪一般采用高床网上饲养，也可采用一般栏圈平养，仔猪保育舍也需要清洗、消毒7天，机动备用期14天，合计占用栏圈时间为56天，繁殖节律按7日制计算，则需要8个单元（56/7），才能满足流水式生产工艺的需要。每个单元196头，每群饲养10头，每个单元需要仔猪保育栏 20 个，总计需要仔猪保育栏 160 个。

7. 育肥猪栏需要量

断奶仔猪在仔猪保育舍饲养至 70 日龄后转入育肥猪舍，经过 110 天的饲养直至出栏，加上清洗、消毒 7 天，考虑到有些个体或群体不能达到预期增重指标而不能按期出栏，以及虽然按期达到出栏活重，但不能及时销售而积压延误出栏期，因此，还需要留有 16 天的机动备用期，合计占用栏圈时间为 133 天，需要 19 个单元（133/7），才能满足流水式生产工艺的需要。育肥猪一般采用小群饲养，每群饲养 10～20 头，每个单元饲养 188 头，每个单元需要育肥猪栏 9～19 个 [188/(10～20)]，总计需要育肥猪栏 304～152 个。

（五）计算各类猪舍栋数

在根据工艺流程求得各类猪栏的数量后，再根据各类猪栏的规格及排粪沟、走道、饲养员值班室的规格，即可计算出各类猪舍的建筑尺寸和需要的栋数。见表 1-7。

表 1-7　某万头商品猪场各猪群栏圈需要量

猪　群	饲养/日	消毒/日	备用/日	合计/日	单元数/个	单元内猪数/头	栏圈数/个
种公猪	365	—	—	365	1	22	22
后备公猪	180	—	—	180	1	7	4
袋配后备母猪	28	7	—	35	5	44	55
空怀母猪	14	7	7	28	4	23	92
妊娠母猪	107	7	7	121	17	23	391
哺乳母猪	35	7	14	56	8	23	184
哺乳仔猪	35	7	14	56	8	206	184
断奶仔猪	35	7	14	56	8	196	160
生长育肥猪	110	7	16	133	19	188	304

第三节 猪场建设与圈舍设计

一、猪舍模式的选择

猪舍模式按屋顶形式、猪栏排列、墙壁结构和有无窗户分为多种。

（一）屋顶形式

猪舍模式按屋顶形式可分为单坡式、双坡式、联合式、平顶式、拱顶式、钟楼式、半钟楼式等。

1. 单坡式猪舍

单坡式猪舍一般跨度较小，结构简单，省料，便于施工，舍内光照、通风较好，但冬季保温性较差，适合于小型猪场。见图1-2。

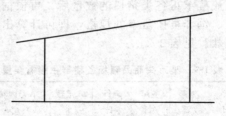

图1-2 单坡式猪舍模式图

2. 双坡式猪舍

双坡式猪舍可用于各种跨度，一般跨度较大的双列式、多列式猪舍常常采用这种屋顶。双坡式猪舍保温性能好，若设吊顶则保温隔热性能更好，但对建筑材料要求较高，投资相对较大。适合于各种规模、各种投资额的猪场。见图1-3。

3. 联合式猪舍

联合式猪舍的特点界于单坡式猪舍和双坡式猪舍之间。见图1-4。

4. 平顶式猪舍

平顶式猪舍也可用于各种跨度的猪舍。一般采用预制板或现浇钢筋混凝土屋面。造价一般较高。适合于各种规模、各种投资额的猪场。见图1-5。

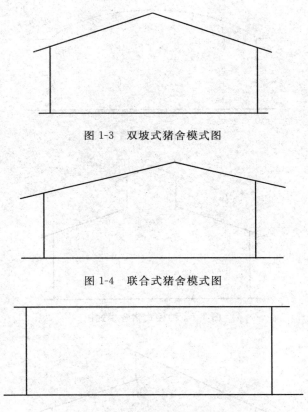

图 1-3 双坡式猪舍模式图

图 1-4 联合式猪舍模式图

图 1-5 平顶式猪舍模式图

5. 拱顶式猪舍

拱顶式猪舍可用砖拱，也可用钢筋混凝土薄壳拱，小跨度猪舍可做筒拱，大跨度猪舍可做双曲拱。其优点是节省木料，设吊顶后则保温隔热性能更好。见图 1-6。

6. 钟楼式、半钟楼式猪舍

钟楼式、半钟楼式猪舍是在屋顶两侧或一侧设有天窗。因此，利于采光和通风，夏季凉爽，防暑效果好，但冬季不利于保温和防寒。钟楼式、半钟楼式猪舍建筑造价相对较高，在猪舍建筑中较少采用，在防暑为主的地区可考虑采用这种模式。见图 1-7、图 1-8。

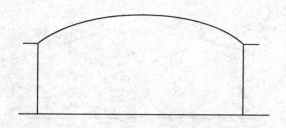

图 1-6　拱顶式猪舍模式图

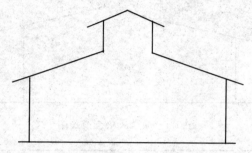

图 1-7　钟楼式猪舍模式图

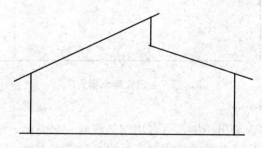

图 1-8　半钟楼式猪舍模式图

（二）猪栏排列

猪舍模式按猪栏的排列方式可分为单列式、双列式、多列式。

1. 单列式猪舍

单列式猪舍中猪栏排成一列，靠北墙一般设饲喂通道，舍外可设或不设运动场，跨度较小，结构简单，建筑材料要求低，省工、省料、造价低，但建筑面积利用率低，送料、给水、清粪采用机械化很不经济，这种猪舍适合于养种猪。见图1-9。

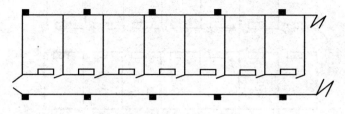

图1-9 单列式猪舍模式图

2. 双列式猪舍

双列式猪舍中猪栏排成两列，中间设一条饲喂通道。这种猪舍建筑面积利用率高，管理方便，保温性能好便于使用机械。但北侧栏采光性相对较差，若管理不善，舍内易潮湿。见图1-10。

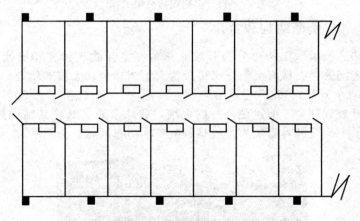

图1-10 双列式猪舍模式图

3. 多列式猪舍

多列式猪舍中猪栏排成三列或四列，中间设两条或三条饲喂通道。这种猪舍跨度较大，一般多在12米以上，建筑面积利用率高，猪栏集中，容纳猪只多，运输线短，管理方便，冬季保温性能好；缺点是采光差，若管理不善，易造成舍内阴暗潮湿，通风不良。这种猪舍必须辅以机械，人工控制其通风、光照及温湿。见图1-11。

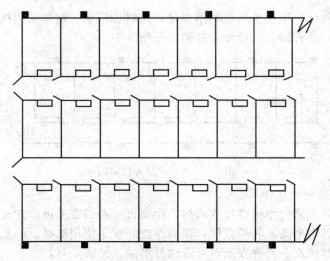

图 1-11　多列式猪舍模式图

（三）墙壁结构和窗户

猪舍按墙壁结构可分为开放式猪舍、半开放式猪舍和密闭式猪舍。密闭式猪舍按有无窗户又可分为有窗式猪舍和无窗式猪舍。

1. 全开放式猪舍

开放式猪舍三面设墙，一面无墙，通风采光良好，其结构简单，造价低，但受外界影响大，较难解决冬季防寒问题。见图 1-12。

图 1-12　全开放式猪舍

2. 半开放式猪舍

半开放式猪舍三面设墙,一面设半截墙,其保温性能略优于开放式,冬季如在半截墙上挂草帘、布帘或钉上塑料布,能明显提高其保温性能。见图1-13。

图1-13 半开放式猪舍

3. 有窗式猪舍

有窗式猪舍四面设墙,窗设在纵墙上,窗的大小、数量和结构可根据当地气候条件而定。寒冷地区猪舍南窗大,北窗小,以利于保温。为解决夏季有效通风,夏季炎热的地区还可在两纵墙上设地窗,或在屋顶设风管、通风屋脊等。有窗式猪舍保温隔热性能较好,根据不同季节启闭窗扇,调节通风和保温隔热。见图1-14。

4. 无窗式猪舍

无窗式猪舍与外界自然环境隔绝程度较高,墙上只设应急窗,仅供停电应急时使用,不作采光和通风用,舍内的通风、光照、舍温全靠人工设备调节,能够较好地给猪只提供适宜的环境条件,有利于猪的生长发育,有利于提高劳动生产率。但这种猪舍土建、设备投资较大,设备维修费用高,在外界气候较好时,仍只能通过人工调控通风和采光,耗能高。对环境条件要求较高的猪舍,如分娩母猪舍、仔猪保育舍可采用这种模式的猪舍。见图1-15。

图 1-14 有窗式猪舍

图 1-15 无窗式猪舍

（四）建筑结构及材料

猪舍按建筑结构和材料的不同又可分为砖混结构平房式猪舍、砖混结构楼房式猪舍、装配式猪舍等。

1. 砖混结构平房式猪舍

砖混结构平房式猪舍是指猪舍的主体结构采用砖混结构，屋面可采用人字屋架上盖小青瓦、水泥瓦或化学合成瓦的单层猪舍。这种猪舍通常被各地广泛采用。见图 1-16。

图 1-16　砖混结构平房式猪舍

2. 砖混结构楼房式猪舍

砖混结构楼房式猪舍是指猪舍的主体结构采用砖混结构,屋面采用人字屋架上盖小青瓦、水泥瓦、化学合成瓦或采用预制板以及现浇钢筋混凝土屋面的双层、多层猪舍。为节约土地资源,在土地比较紧缺的地区可以采用楼房饲养,楼房建筑承重强,结构复杂,猪场建设成本高。楼房饲养密集度较高,要求管理严格,防疫消毒到位,通风采光要好,猪群尽量不串层。楼房猪舍适合于征用或租用土地较难、投资额较大的大型猪场。见图 1-17。

图 1-17　砖混结构楼房式猪舍

3. 装配式猪舍

装配式猪舍是近年来在南方地区新建出现的,一般为框架结构,跨度在12~15米,多设四列五通道,长度为100米左右,屋顶由外向里,由塑料隔水膜、铝合金波纹板、塑料泡沫、石棉板和支撑钢架组成,具有隔热、保温的特性。侧墙上装有轴流式风机,两边为卷帘幕,舍内湿帘降温,集约化程度高,一栋猪舍饲养规模在3000~5000头,配套设施先进,有的采用机械刮粪、自动饲喂等,机械化程度比较高。此类猪舍适合于投资额较大的大、中型猪场。见图1-18。

图1-18 装配式猪舍

二、猪舍基本结构的选择

猪舍的基本结构包括基础、地面、墙、门窗、屋顶等,这些统称为猪舍的外围护结构。猪舍的小气候状况很大程度上取决于猪舍的外围护结构的性能。

(一) 基础

猪舍基础的主要作用是承载猪舍的自身重量、屋顶积雪重量和墙及屋顶承受的风力,基础的埋置深度,根据猪舍的总荷载、地基承载力、地下水位及气候条件等确定。基础受潮会引起墙壁及舍内潮湿,应注意基础的防潮防水。为防止地下水通过毛细管作用浸湿墙体,在基础墙的顶部应设防潮层。

（二）地面

猪舍的地面是猪仔活动、采食、躺卧和排粪尿的地方。地面对猪舍的保温性能及猪只的生产有很大影响。猪舍地面要求保温、坚实、不透水、平整、不滑、便于清扫和清洗消毒。地面一般应保持2‰～3‰的坡度，以利于保持地面干燥。石板地面、三合土地面和砖地面保温性能好，但不坚固、易渗水，不利于清洁和消毒。水泥地面坚实耐用、平整，易于清洗消毒，但保温性能差。目前猪舍多采用水泥地面和漏缝地板，为克服水泥地面传热快的缺点，可在地表下层用孔隙较大的材料（如炉灰渣、膨胀珍珠岩、空心砖等）增强地面的保温性能。

（三）墙壁

猪舍的墙壁是猪舍建筑结构的重要部分，它将猪舍与外界隔开。按墙所处的位置分为内墙和外墙。外墙是直接与外界接触的墙，内墙为舍内不与外界接触的墙。按墙的长短又可分为纵墙和山墙（端墙），沿猪舍长轴方向的墙称为纵墙，两端沿短轴方向的墙称为山墙，猪舍一般为纵墙承重。猪舍的墙壁要求坚固耐用，承重墙的承载力和稳定性必须满足结构设计要求。墙内表面要便于清洁消毒，地面以上1.2～1.5米高的墙面应设为水泥墙裙，以防冲洗消毒时溅湿墙面和防止猪弄脏、损坏墙面。同时墙壁应具有良好的保温隔热性能，因为它直接关系到舍内的温湿度情况。据报道，猪舍总失热量的35%～40%都是通过墙壁散失的。根据不同地区不同地理环境的要求，墙壁使用不同的材料，一般墙体为黏土砖墙，砖墙的毛细管作用较强，吸水力也强，可以保温和防潮，为提高舍内光照度和便于消毒等，砖墙内表面宜用水泥砂浆及白灰粉制；有的地区使用波纹板或幕布等处理墙壁。墙体的厚度应根据当地的气候条件和所选墙体材料的热工特性来确定，既要满足墙的保温要求，又要尽量降低成本和投资，避免造成浪费。

（四）门、窗

门、窗主要用于采光和通风换气。门是供人和猪出入的地方，供人、猪、手推车出入的外门一般高2.0~2.4米、宽1.2~1.5米,门外设坡道,便于猪只和手推车出入,外门的设置应避开冬季主导风向,必要时加设门斗。窗面积大,采光多、换气也好,但冬季散热和夏季向舍内传热也较多,不宜于冬季保温和夏季防暑,因此,窗面积的大小、数量、形状、位置应根据当地气候条件合理设计。

(五) 屋顶

猪舍的屋顶同样是起遮挡风雨和保温隔热的作用,屋顶要求坚固,有一定的承重能力,不漏水、不透风,且必须具有良好的保温隔热性能。猪舍加设吊顶可明显地提高保温隔热性能,但也相应增大了投资,应根据具体情况选用。

三、不同猪舍的建筑及内部布置

不同性别、不同饲养和生理阶段的猪只对环境及设备的要求不同,设计猪舍内部结构时应根据猪只的生理特点和生物学习性,合理布置猪栏、走道和合理组织饲料、粪便运送路线,选用适宜的生产工艺和饲养管理方式,充分发挥猪只的生产潜力,同时提高饲养管理工作者的劳动效率。

(一) 公猪舍

传统的公猪舍多采用带运动场的单列式建筑,近年来广泛采用双列式建筑模式,许多猪场还把空怀待配母猪舍与其合在一起使用。给公猪设运动场,保证其充足的运动,可防止公猪长的过肥,对其健康和提高精液品质、延长公猪使用年限均有好处。公猪栏面积一般为7~9平方米(不含运动场),隔栏高度为1.2~1.4米,猪栏可用热浸镀锌管建造,也可用砖、沙、水泥建造。种公猪均为单圈饲养,配种栏可专门设置,也可利用公猪栏和母猪栏替代。见图1-19、图1-20。

(二) 空怀母猪舍、妊娠母猪舍

空怀母猪舍、妊娠母猪舍可为单列式(可设运动场)、双列式(可设运动场,也可不设运动场)和多列式等几种。猪栏一般采用砖、

图 1-19 种公猪舍

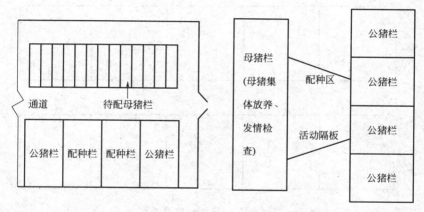

图 1-20 配种栏配置方式

沙、水泥建造,也可用热浸镀锌管建造。空怀母猪、妊娠母猪可群养(4~6头),也可单养。采用单养(隔栏限位饲养,见图1-21)易进行发情鉴定,便于配种,利于妊娠母猪的保胎和定量饲喂,缺点是母猪运动量小,母猪受胎率有降低的倾向,肢蹄病发病率也增多,影响母猪的使用年限。空怀母猪隔栏单养可与公猪饲养在一起,其圈栏形式见图1-22。群养妊娠母猪,饲喂时亦可采用隔栏定位采食,采食时猪只进入小隔栏,平时则在大栏内自由活动,妊娠期间有一定的活动量,可减少母猪肢蹄病和难产的发生、延长母猪使用年限(见图1-23),猪栏占地面积较少,利用率高,但大栏饲养的猪只之间咬斗、碰撞的机会较多,易导致死胎和流产。

图 1-21 妊娠母猪舍

图 1-22 空怀、妊娠母猪舍

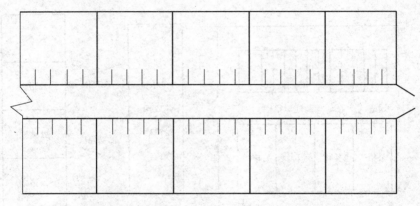
图 1-23 妊娠母猪群养栏

（三）哺乳母猪舍

哺乳母猪舍通常为三走道双列式，哺乳母猪舍是供母猪分娩、哺乳仔猪用，其设计既要满足母猪需要，同时要兼顾仔猪的要求。分娩母猪的适宜温度为 16～18℃，初生仔猪的适宜温度为 29～32℃，气温低时初生仔猪常通过挤靠母猪或相互挤堆来取暖，常出现被母猪踩死、压死的现象。根据这一特点，哺乳母猪舍的分娩栏应设母猪限位区和仔猪活动栏两部分。中间为母猪限位区，两侧为仔猪活动栏，仔猪活动栏内一般须设仔猪保温箱和仔猪补料槽，保温箱采用加热地板、红外灯或热风器等给仔猪局部供暖。见图 1-24。

图 1-24 哺乳母猪舍

（四）仔猪保育舍

仔猪断奶后，随即转入仔猪保育舍，断奶仔猪身体各项机能发育不完全，体温调节能力差，怕冷，机体抵抗力、免疫力差，易感染疾病。因此，对仔猪保育舍的要求是能给仔猪提供一些温暖、清洁的环境，在冬季一般应配备供暖设备，才能保证仔猪生活的环境温度较为适宜。仔猪保育可采用地面或网上群养，每圈 8~12 头，仔猪断奶转入仔猪保育舍后，最好原窝饲养，每窝一圈，这样可减少因认识陌生伙伴、重新建立群内的优胜序列而造成的应激。见图 1-25。

图 1-25 仔猪保育舍

图 1-26 育肥猪舍

(五) 育肥猪舍

育肥猪身体各种机能均趋于完善，对不良环境条件有较强的抵抗力，因此，对环境条件的要求不是很严格，可采用多种形式的圈舍饲养。育肥猪舍多采用单走道双列式猪舍，也可采用多列式猪舍。猪栏一般采用砖、沙、水泥建造，也可用热浸镀锌管建造。为减少猪群周转次数，往往把育成和育肥两个阶段合并成一个阶段饲养，育肥猪多采用地面群养，每圈 8~10 头，其占栏面积和食槽宽度按育肥猪头数确定。见图 1-26。

(六) 各类猪只每圈适宜饲养头数、每头猪占栏面积和采食宽度

各类猪只每圈适宜饲养头数、每头猪占栏面积和采食宽度等见表 1-8。并考虑不同类型猪舍所采用的生产工艺、饲养管理措施及饲养人员的劳动定额等，即可确定每种猪舍的内部结构和尺寸、猪舍的跨度和长度。

表 1-8 各类猪只每圈适宜饲养头数、每头猪占栏面积和采食宽度

猪群类别	大栏群养/头	每圈适宜饲养头数/头	每头猪占栏面积/(平方米/头)	每头猪采食宽度/(厘米/头)
断奶仔猪	20～30	8～12	0.3～0.4	18～22
后备猪	20～30	4～5	1	30～35
空怀母猪	12～15	4～5	2.25	35～40
妊前期母猪	12～15	2～4	2.5～3	35～40
妊后期母猪	12～15	1～2	3～3.5	40～50
分娩哺乳母猪	1	1	4～8	40～50
育肥猪	10～15	8～12	0.8～1	35～40
公猪	1～2	1	6～8	35～45

第四节 猪场常用设施、设备

一、生产管理用房

规模化猪场的办公室、实验室、工具房、饲养员值班室等的配套设施的设计应按猪场的功能和大小而定。

二、防疫大门、值班室、消毒更衣室、防疫围墙

防疫大门、值班室、消毒更衣室、防疫围墙是规模化猪场进行值班、防疫的必备设施。消毒、更衣、洗澡间应设在猪场大门一侧，进入生产区的人员一律经消毒、洗澡、更衣后方可入场；防疫围墙高度须在 2500 毫米以上，墙厚 240 毫米。见图 1-27。

三、猪栏

（一）公猪栏和配种栏

公猪栏、配种栏可由砖、沙、水泥建造，也可用热浸镀锌管、钢条制造。栏长 3500～3700 毫米、栏宽 2600 毫米，公猪栏栏高 1400

图 1-27 防疫大门、值班室、消毒更衣室、防疫围墙

毫米，配种栏栏高 1000 毫米，栏厚 120 毫米、门宽 600 毫米，地面坡度为 3%，由四面向排污口倾斜。见图 1-28、图 1-29。

图 1-28 配种栏　　　　　　图 1-29 种公猪栏

（二）空怀母猪栏

空怀母猪栏可由砖、沙、水泥建造，也可用热浸镀锌管、钢条制造。栏长 3500～3700 毫米、栏宽 2400～2600 毫米、栏高 1000 毫米、栏厚 120 毫米、门宽 600 毫米，地面坡度为 3%，由四面向排污口倾

斜。见图1-30、图1-31。

图1-30 空怀母猪栏（一）

图1-31 空怀母猪栏（二）

（三）妊娠母猪栏

妊娠母猪栏可由砖、沙、水泥建造，也可用热浸镀锌管制造。用砖、沙、水泥建造，模式为栏长3500～3700毫米、栏宽2400～2600毫米、栏高1000毫米、栏厚120毫米、门宽600毫米，地面坡度为3％，由四面向排污口倾斜，条件允许还可加设运动场；也可用热浸镀锌管制造，模式为栏长2200毫米、栏宽650～700毫米、栏高1000～1100毫米。见图1-32、图1-33。

图1-32 单体限位妊娠栏

图1-33 普通砖砌带运动场式妊娠栏

（四）分娩母猪栏

分娩母猪栏可由砖、沙、水泥建造，也可用热浸镀锌管、钢条制造。用砖、沙、水泥建造,模式为栏长 3500～3700 毫米、栏宽 2400～2600 毫米、栏高 1000 毫米、栏厚 120 毫米、门宽 600 毫米,地面坡度为 3%,由四面向排污口倾斜,内设仔猪保育区;用热浸镀锌管制造,模式为栏长 2200 毫米、栏宽 1800～2000 毫米,母猪限位栏的宽度为 650～700 毫米、栏高 1000～1100 毫米,仔猪活动区围栏高度为 600～700 毫米。见图 1-34、图 1-35。

图 1-34 热浸镀锌管制造分娩母猪栏

图 1-35 普通砖砌分娩母猪栏

(五) 仔猪保育栏

仔猪保育栏可由砖、沙、水泥建造,也可用热浸镀锌管、钢条制造。用砖、沙、水泥建造,模式为栏长 3500～3700 毫米、栏宽 1600～1800 毫米、栏高 650～750 毫米、栏厚 60 毫米、门宽 500 毫米,地面坡度为 3%,由四面向排污口倾斜;用热浸镀锌管制造,模式为栏长 2200 毫米、栏宽 1600～1800 毫米、栏高 650～750 毫米。见图 1-36、图 1-37。

(六) 后备猪栏、育成猪栏和育肥猪栏

后备猪栏、育成猪栏和育肥猪栏均可采用大小猪栏。可由砖、沙、水泥建造,也可用热浸镀锌管、钢条制造。用砖、沙、水泥建造,模式为栏长 3500～3700 毫米、栏宽 2400～3000 毫米、栏高 1000 毫米、栏厚 120 毫米、门宽 600 毫米,地面坡度为 3%,由四面向排污口倾斜;用热浸镀锌管制造大小尺寸同水泥栏。见图 1-38。

图1-36 仔猪保育栏（金属）

图1-37 仔猪保育栏（水泥）

图1-38 后备猪栏、育成猪栏和育肥猪栏

四、供水饮水设备

规模化猪场不仅需要大量的饮用水，而且各个生产环节还需要大量的清洁用水，这些都需要由供水饮水设备来完成，因此，供水饮水设备是规模化猪场不可缺少的设备。

猪场供水设备包括水的提取、贮存、调节、输送分配等部分，即水井提取、水塔贮存和管道输送等。供水可分为自流式供水和压力供水。规模化猪场的供水一般都是压力供水。其供水系统主要包括供水管路、过滤器、减压阀、自动饮水器等。

猪只能随时饮用足够的清洁水，是保证猪只正常生理和生长发育、最大限度地发挥生长潜力和提高劳动生产率不可缺少的条件之一。大型猪场须新建水井、水塔，形成独立的供水系统，见图1-39，这样既有利于防疫，也可免受外界影响。猪场饮水设备包括饮水槽和自动饮水器两类，目前，所有的猪场均采用了自动饮水器供猪只饮水。猪的自动饮水器种类很多，有鸭嘴式、乳头式、杯式、连通式等，规模化猪场应用最为普遍的是鸭嘴式自动饮水器（见图1-40），一般有大型和小型两种规格，乳猪和保育仔猪用小型，中猪和大猪用大型。其规格及性能见表1-9、表1-10。

图1-39 水井、水塔

图1-40 鸭嘴式自动饮水器

表1-9 国产鸭嘴式自动饮水器规格及性能

型式规格	鸭嘴式 9SZY-2.5	鸭嘴式 9SZY-3.5
适用范围	乳猪和保育仔猪	育肥猪、种公猪、种母猪
外形尺寸/毫米	22×85	27×91.5
接头尺寸/毫米	G12.70	G12.70
流量/(毫升/分钟)	2000～3000	3000～4000
适用水压/(千克力/平方厘米[①])	<4	<4
可负担猪数量/头	10～15	10～15
重量/千克	约0.1	约0.2

① 1千克力/平方厘米=98.0665千帕。

表1-10 鸭嘴式自动饮水器安装高度与猪体重的关系

猪的体重范围/千克	饮水器安装高度/厘米	
	水平安装	45°倾斜安装
断奶前乳猪	10	15
5～15	25～30	30～40
15～50	35～50	40～60
50～100	50～65	65～75

五、饲料的加工、供给和饲喂设备

（一）饲料加工设备

规模化猪场均采用饲料加工成套设备，可分别加工添加剂预混料、全价饲料（粉料、颗粒料），国产厂家和型号较多，有时产 1 吨至 20 吨不等，可根据猪场具体情况选用。见图 1-41、图 1-42。

图 1-41 全价饲料加工机组

图 1-42 添加剂预混料加工机组

（二）饲料供给设备

规模化猪场饲料供给的最好办法是采用机械化供料设备供料，即将饲料厂加工好的全价饲料直接用专用车运输到猪场，输入饲料塔中，然后用螺旋输送机将饲料输入猪舍内的自动落料饲槽和食槽内进行饲喂。但这种机械化供料设备投资大，对电的依赖性强，目前，国内只有少数猪场使用。

多数猪场还是采用将饲料装入塑料袋，用汽车运送到猪场，卸入成品饲料库，再用手推饲料车运到猪舍内，加入饲槽内饲喂。尽管人工运送饲喂劳动强度大，劳动生产率低，饲料装卸、运送损失大，易受污染，但机动性好，设备简单、投资少、故障少、不需要电力，任何地方都可采用。

（三）饲喂设备

猪场饲喂设备就是饲料槽（食槽）。在养猪生产中，无论采用机械化送料饲喂还是人工饲喂，都要选配好食槽和自动饲槽。对于公猪、母猪一般都采用金属食槽或混凝土地面食槽，对于不限量饲喂的保育仔猪、生长猪、育肥猪多采用金属自动饲槽，这种饲槽能保证饲料清洁卫生，减少饲料浪费，满足猪只的自由采食。猪只饲槽见图1-43。饲槽尺寸见表1-11、表1-12。

图1-43　猪只饲槽（食槽）

表1-11　限喂水泥食槽的主要尺寸参数/厘米

猪的类别	宽	高	底厚	壁厚
仔猪	20	10～20	4	4～5
生长猪	30	15～20	5	4～5
育肥猪	40	20～22	6	4～5
种猪	40	20～22	6	4～5

表1-12　不限量食槽的主要尺寸参数/厘米

猪的类别	高	宽	采食间隔	前沿高度
哺乳仔猪	40	20	14	10

续表

猪的类别	高	宽	采食间隔	前沿高度
保育仔猪	60	30	18	12
生长猪	70	30	23	15
30~60千克育肥猪	85	40	27	18
60~100千克育肥猪	85	40	33	18

六、供热保暖设备

规模化猪场的公猪、母猪、育肥猪等大猪,由于抗寒能力较强,加之饲养密度大,自身散热足以保持所需的舍温,一般不需供暖,而分娩后的哺乳仔猪,由于热调节机能发育不健全,对寒冷抵抗能力差,要求较高的舍温,在冬季必须供暖。

规模化猪舍的供暖分集中供暖和局部供暖两种。目前,规模化猪场的供热保暖设备大多是针对小猪的,主要用于分娩舍和保育舍。为了满足母猪(17~22℃)和仔猪(30~32℃)不同的温度要求,常对全舍采用集中供暖,维持分娩哺乳猪舍舍温18℃,而在仔猪栏(仔猪保育区)内设置可以调节的局部供暖设施,保持局部温度达到30~32℃。猪舍的集中供暖主要采用热水、蒸汽、热空气及电能等形式,我国北方猪场多采用热水供暖系统(包括热水锅炉、供水管路、散热器、回水管路及水泵等)和热风机供暖。猪舍的局部供暖常采用电热地板、热水加热地板、红外电热灯及PTC元件夹层内热风循环式保温箱和PTC元件箱底供热式保温箱,后两种为目前最好的局部供热保暖设备,其节电、保健效果较好。见图1-44、图1-45。重庆市畜牧科学院的科技人员正在开展优化攻关,不久即将投入生产。

七、通风降温设备

冬季寒冷,猪舍呈密闭状态,舍内的氨气、二氧化硫等有害气体浓度增大,为了排除猪舍内有害气体,降低舍内温度和局部调节温度,一定要进行通风换气。通风换气有机械通风和自然通风两种。采用何种通风方式,可根据具体情况而定,猪舍面积小、跨度不大、门窗较多的猪场,为节约能源,可采用自然通风;如果猪舍空间大、跨度大、猪的密度高,特别是采用水冲粪或水泡粪的全漏缝地板养猪

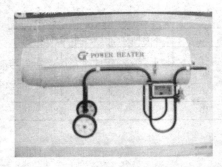

图 1-44　猪舍集中供暖强力热风炉　　图 1-45　仔猪保温箱（局部红外灯保温）

场，一定要采用机械强制通风。通风机配置的方案较多，其中常用的有以下几种：一是侧进（机械）上排（自然）通风；二是上进（自然）下排（机械）通风；三是机械通风（舍内进）、地下排风和自然通风；四是纵向通风，一端进风（自然），一端排风（机械）。

猪舍降温常采用水蒸发式冷风机，它是利用水蒸发吸热原理来达到降低舍内温度的目的，因此，这种冷风机在干燥的气候条件下使用，降温效果好，如果环境空气湿度较大时，降温效果稍差。有的猪场采用舍内喷雾降温、滴水降温、水帘降温。最终采用何种降温方式，要根据本地、本场具体情况而定。见图1-46、图1-47。

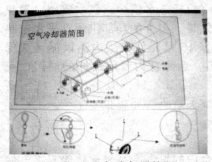

图 1-46　空气冷却器简图　　　　　　图 1-47　简易换气扇

八、清洁消毒设备

规模化养猪，由于采取高密度限位饲养工艺，必须要有完善严格的卫生防疫制度，对进场的人员、车辆、种猪和猪舍内环境都要进行严格的清洁消毒，才能保证养猪场高效率安全生产。喷雾消毒机见图1-48。

图 1-48 喷雾消毒机

1. 人员、车辆清洁消毒设施

原则上凡是进入猪场的人员都必须经过温水彻底冲洗，更换场内工作服。工作服应在场内清洗消毒，更衣室要设置更衣柜、热水器、淋浴间、洗衣机、紫外线灯等。

规模化猪场原则上应做到场内车辆不出场，场外车辆不进场，因此，出猪台、饲料或原料仓、干粪发酵处理间等须设置在围墙边。但考虑到其他特殊原因，有些车辆必须进场，因此，在猪场大门口还应设置车辆冲洗消毒池、车身冲洗喷淋机等设备。

2. 环境清洁消毒设备

国内外常用的环境清洁消毒设备有地面冲洗喷雾消毒机、普通喷雾消毒器和火焰消毒器等。各类猪场可根据具体情况选用。

九、粪便处理系统及设备

1. 排污沟

排污沟为猪舍外围建造的排粪和污水沟道，沟宽30～40厘米，沟底呈半圆形，向沼气池方向呈2%～3%的坡度倾斜。见图1-49。

2. 粪尿、污水净化池

猪场粪尿、污水的净化须经过厌氧和氧化两个阶段进行，因此，无公害养猪的猪场须分设厌氧池和氧化池，总容积依养猪头数而定，

图 1-49 猪场排污沟　　　　图 1-50 猪场粪尿、污水处理设施

设计施工图详见"农村能源生态工程设计施工与使用规范"的相关内容。规模化养猪场，每天产生的粪尿量大，必须进行有效的贮存和处理，建设好粪便处理系统和购置必要设备，否则就会污染附近的环境和水源，影响人畜健康，阻碍养猪生产的发展。见图 1-50。

3. 粪便处理系统

目前，规模化养猪场有粪尿分离人工清粪和水冲清粪两种清粪方式。其粪尿处理系统也不尽相同，主要有以下几种：

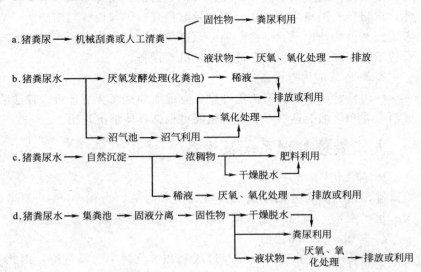

第一种适合于粪尿分离人工清粪方式，第二、第三、第四种适合于水冲清粪方式。

4. 粪尿处理设备

规模化猪场的粪尿处理设备通常有刮板式清粪机、粪尿固液分离机和干粪烘干制粒机。

a. 刮板式清粪机。如猪舍采用刮粪沟，则可安装刮板式清粪机。

b. 粪尿固液分离机。国内外常用的粪尿固液分离机主要有倾斜筛式固液分离机、震动式固液分离机、回转滚筒式固液分离机和压榨式固液分离机四种。

c. 干粪烘干制粒机。该机是将猪舍内清出的干粪，通过发酵处理，烘干粉碎，制作成有机颗粒肥料的一种机械设备。大型养猪企业或集团公司可采用。

十、检测仪器及用具

规模化猪场常用的检测仪器及用具主要有母猪妊娠诊断器、活体超声波测膘仪、剪耳钳（缺号钳和打孔钳）、耳牌号和耳号钳、赶猪鞭、抓猪器，以及常规诊疗仪器设备等。见图1-51、图1-52。

图1-51 母猪妊娠诊断器（影像）

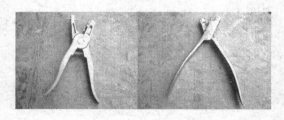

图1-52 耳号钳（左）剪耳钳（右）

十一、运输设备

规模化猪场的运输设备主要有仔猪转运车、运猪车、散装料车、投料手推车和粪便运输车等。见图1-53～图1-56。

图 1-53 运料车

图 1-54 运猪车

图 1-55 饲料手推车

图 1-56 清粪手推车

第二章 母猪的选种

第一节 主要品种

我国猪种资源非常丰富。根据来源，可划分为地方品种、培育品种和引进品种三大类型。根据猪胴体瘦肉含量，又可分为脂肪型品种、肉脂型品种和瘦肉型（或腌肉型、肉用型）品种。多数地方猪种属于脂肪型品种，多数培育猪种属于肉脂型品种，多数引进猪种属于瘦肉型品种。

一、主要脂肪型猪种

我国大多数地方猪的品种属于脂肪型猪种。这种类型的猪能生产较多的脂肪，胴体瘦肉率低，平均35%～44%。外形特点是下颌多肉，皮下脂肪厚，背膘厚为4～5厘米，最厚处可达6～7厘米；体短而宽，胸深腰粗，四肢短，大腿和臀部发育较轻，体长和胸围大致相等。成熟较早，繁殖力高。

（一）民猪

原产于东北和华北部分地区。民猪具有抗寒能力强、体质健壮、产仔较多、脂肪沉积能力强、肉质好以及适于放牧粗放管理等特点。头中等大，面直长，耳大下垂。体躯扁平，背腰狭窄，臀部倾斜，四肢粗壮。全身被毛黑色，毛密而长，猪鬃较多，冬季密生绒毛。原民猪分大、中、小3个类型。体重150千克以上的大型猪称大民猪；体重95千克左右的中型猪称二民猪；体重65千克左右的小型猪称荷包猪。

在体重18～90千克育肥期，日增重458克左右，每千克增重耗消化能51.5兆焦。体重60千克和90千克时屠宰，屠宰率分别为69%和72%左右，胴体瘦肉率分别为52%和45%左右。民猪胴体瘦肉率在我国地方猪种中是较高的,只是体重到90千克以后,脂肪沉积增加,瘦肉率下降。民猪性成熟早,母猪4月龄左右出现初情,体重60千克时,卵泡已成熟,并能排卵。母猪发情征候明显,配种受胎率高。公猪一般于9月龄、体重90千克左右时配种;母猪于8月龄、体重80千克左右时初配。初产母猪产仔数11头左右,3胎及3胎以上母猪产仔数13头左右。

以民猪作母本产生的两品种一代杂种母猪,再与第三品种公猪杂交所得三品种杂交后代,其育肥期日增重比两品种杂交猪又有提高。大约克夏公猪与长×民(长白猪与民猪杂交)杂种母猪杂交、苏白公猪配长×民杂种母猪,其杂种猪育肥期日增重分别为634克和660克,每千克增重耗消化能分别为48.57兆焦和44.38兆焦(由于饲料营养水平低,大×长民杂种猪生长速度和饲料利用效率都不如苏×民杂种猪)。

(二)内江猪

产于四川省的内江地区。现主要分布于内江、资中、简阳等市、县。内江猪对外界刺激反应迟钝,对逆境有良好的适应性。在我国炎热的南方和寒冷的北方都能正常繁殖生长。体型较大,体质疏松,头大嘴短,额面横纹深陷成沟,额皮中部隆起成块。耳中等大,下垂。体躯宽深,背腰微凹,腹大,四肢较粗壮。皮厚,全身被毛黑色,鬃毛粗长。根据头型可分为"狮子头"、"二方头"和"毫杆嘴"3种类型。成年公猪体重约169千克,成年母猪体重约155千克。

在农村较低营养饲养条件下,内江猪体重10~80千克阶段,饲养期309天,日增重226克,屠宰率68%,胴体瘦肉率47%。在中等营养水平下限量饲养,体重从13~91千克阶段,饲养期193天,日增重404克,每千克增重消耗配合饲料、青料和粗饲料分别为3.51千克、4.93千克和0.07千克。体重90千克时屠宰,屠宰率67%,胴体瘦肉率37%。

小公猪54日龄时出现性行为,62日龄时在睾丸和附睾中发现成熟精子。公猪一般5~8月龄初次配种。母猪平均113日龄初次发情,6~8月龄初次配种。母猪发情周期平均21天,持续期3~6天。初产母猪平均产仔数9.5头,3胎及3胎以上母猪平均产仔数10.5头。

内江猪与地方品种猪或培育品种猪杂交，一代杂种猪日增重和每千克增重消耗饲料均表现杂种优势。用内江猪与北京黑猪杂交，杂种猪体重 22～75 千克阶段，日增重 550～600 克，每千克增重消耗配合饲料 2.99～3.45 千克，杂种猪日增重杂种优势率为 6.3%～7.4%。用长白猪作父本与内江猪杂交，一代杂种猪日增重杂种优势率为 36.2%，每千克增重消耗配合饲料比双亲平均值低 6.7%～8.1%。胴体瘦肉率为 45%～50%。

（三）荣昌猪

荣昌猪原产于重庆市西部和四川省东南部，中心产区为荣昌县和隆昌县。据近年调查，在重庆市各区（县）及四川、云南、贵州等西南地区都有分布。目前，在全国各地存栏的荣昌猪为 800 万头以上。主要特点是猪肉品质优良，适应性较强，杂交利用时配合力较强。白色猪鬃品质优良，盛销欧美。

少数荣昌猪全身被毛为纯白，多数头部和两眼部有大小不等的黑斑。按毛色特征可分为"金架眼"、"黑眼膛"、"黑头"、"两头黑"等。其中以"黑眼膛"和"金架眼"数量最多，约占 70%。荣昌猪是地方猪种中体型较大的猪种之一。体型结构匀称；头中等大小，面微凹，额面皱纹横行，有旋毛；耳中等大小，下垂；背腰微凹，腹大而深，四肢粗壮结实。成年公猪体重大于 110 千克，成年母猪体重大于 105 千克。

据近年测定：荣昌猪体重 20～90 千克阶段，前期日粮含消化能 11.7～12.9 兆焦/千克，粗蛋白质 14%～15%；后期日粮含消化能 11.9 兆焦/千克，粗蛋白质 11.8%～13.5%，日增重大于 370 克；体重 80～87 千克屠宰时，屠宰率大于 70%，瘦肉率 38%～42%。在中等营养条件下，180 日龄体重平均可达到 78.8 千克，瘦肉率可达 48.4%。育肥猪在高营养水平条件下，173～184 日龄体重可达 90 千克，日增重 620 克以上。

荣昌猪性成熟较早，初情期 3 月龄左右。公猪 5～6 月龄可用于配种，母猪初配期为 6～8 月龄。在选育群，初产母猪产仔数为 9 头以上，经产母猪产仔数为 11 头以上。母猪的母性好，仔猪成活率较高。

用长白猪公猪和杜洛克公猪与荣昌猪母猪杂交,一代杂种猪都具有一定的杂种优势。长荣杂种猪日增重的杂种优势率为14%~18%;杜荣杂种猪的胴体瘦肉率可达49%~54%。

(四) 宁乡猪

产于湖南省宁乡县的草冲和流沙河一带。现主要分布于宁乡县、益阳县、安化县、怀化市及邵阳县等地。宁乡猪具有早熟易肥、脂肪沉积能力强和性情温驯等特点。分"狮子头"、"福字头"和"阉鸡头"3种类型。头中等大小,额部有形状和深浅不一的横行皱纹。耳较小且下垂,颈短粗。背多凹陷,腹大下垂,斜臀。四肢短粗,多卧系。尾尖、尾帚扁平。被毛短而稀,毛色为黑白花,分为"乌云盖雪"、"大黑花"和"小黑花"3种。成年公猪体重113千克左右,母猪体重93千克左右。

宁乡猪沉积脂肪能力较强,4月龄、6月龄、8月龄和9月龄时胴体中脂肪比例分别为28%、34%、40%和46%左右。按"南方生长肥育猪饲养标准"饲养,体重22~96千克阶段,日增重587克,每千克增重耗消化能51.5兆焦。体重37千克以前,增重较慢;37~75千克阶段增重最快,饲料利用率较高;75千克以后增重速度下降,胴体脂肪增多。因此,体重75~80千克时屠宰为宜。体重90千克左右屠宰,屠宰率74%,花板油占胴体重10.6%,胴体瘦肉率35%左右。

性成熟较早,公猪3月龄左右性成熟,5~6月龄、体重30~35千克时开始配种;母猪4月龄左右性成熟,6月龄左右开始配种。母猪发情征候明显,发情周期9~23天,妊娠期平均113天。初产母猪产仔数9头左右,产活仔数8头左右;经产母猪产仔数10头左右,产活仔数9.5头。

用长白猪、中约克夏猪与宁乡猪进行正反杂交,其两品种杂种猪都表现出杂种优势。长×宁和约×宁一代杂种猪体重20~85千克阶段,日增重分别为434克和438克,每千克增重耗消化能46兆焦左右,胴体瘦肉率45%~50%。

(五) 金华猪

产于浙江省金华地区。现主要分布在东阳市、浦江县、义乌市、永康县和金华县。金华猪具有性成熟早、繁殖力高、皮薄骨细、肉质好、适于腌制优质火腿等特点。体型中等偏小。耳中等大、下垂。背微凹，腹大微下垂，臀较倾斜。四肢细短，蹄坚实呈玉色。毛色以中间白、两头黑为特征，即头颈和臀尾部为黑皮黑毛，体躯中间为白皮白毛，故又称"两头乌"或"金华两头乌猪"。金华猪头型可分"寿字头"、"老鼠头"和"中间型"3种。成年公猪平均体重112千克，体长127厘米；成年母猪平均体重97千克，体长122厘米。

在每千克配合饲料含消化能12.56兆焦、粗蛋白质14%和精、青料比例1∶1的营养条件下，金华猪体重17～76千克阶段，平均饲养期127天，日增重464克，每千克增重耗消化能51.41兆焦、可消化粗蛋白质425克。体重67千克时屠宰，屠宰率72%，胴体瘦肉率43%。

金华猪具有性情温驯、母性好、性成熟早和产仔多等优良特性。公猪100日龄时已能采得精液，其质量已近似成年公猪。母猪110日龄、体重28千克时开始排卵。初产母猪平均产仔数10.5头，平均产活仔数10.2头；3胎以上母猪平均产仔数13.8头，平均产活仔数13.4头。

用丹麦长白公猪与金华猪杂交，一代杂种猪体重13～76千克阶段，日增重362克，胴体瘦肉率51%。用大白公猪配长白猪和金华猪的杂种，其三品种杂种猪的平均日增重可达600克以上，胴体瘦肉率58%以上。

（六）太湖猪

产于江苏、浙江的太湖地区，由二花脸、梅山、枫泾、嘉兴黑和横泾等地方类型猪组成。现主要分布在长江下游，江苏、浙江和上海交界的太湖流域，故统称"太湖猪"。太湖猪是我国乃至全世界猪种中繁殖力最高、产仔数最多的品种。品种内类群结构丰富，有坚实的遗传基础。肌肉脂肪较多，肉质较好。体型中等，以梅山猪较大，二花脸猪、枫泾猪和嘉兴黑猪次之。太湖猪头大额宽，额部皱褶多而深；耳特大，软而下垂，耳尖同嘴角齐或超过嘴角，形如大蒲扇。全身被毛黑色或青灰色，毛稀。腹部皮肤呈紫红色，也有鼻吻白色或尾尖白色的。梅山猪的四肢末端为白色。成年公猪体重150～200千克，成年母猪体重 150~180 千克。

梅山猪在体重 25~90 千克阶段，日增重 439 克，每千克增重耗消化能 51.67 兆焦；枫泾猪在体重 15~75 千克阶段，日增重 332 克；嘉兴黑猪在体重 25~75 千克阶段，日增重 444 克，每千克增重耗消化能 45.38 兆焦。太湖猪的屠宰率为 65%~70%，胴体瘦肉率较低，宰前体重 75 千克的枫泾猪，胴体瘦肉率 39.9%；宰前体重 74 千克的嘉兴黑猪，胴体瘦肉率 45%。

太湖猪性成熟早。公猪 4~5 月龄时，精液品质已基本达到成年公猪的水平。二花脸母猪 64 日龄、体重 15 千克时首次发情。母猪在一个发情周期内排卵数较多。二花脸母猪 8 月龄时排卵平均 26 枚；枫泾母猪平均排卵 17 枚，成年枫泾母猪排卵平均 31 枚；成年嘉兴黑母猪排卵平均 25 枚；成年梅山母猪排卵平均 29 枚。太湖猪初产母猪平均产仔数 12 头以上，产活仔数 11 头以上；2 胎以上母猪平均产仔数 14 头以上，产活仔数 13 头以上；3 胎及 3 胎以上母猪平均产仔数 16 头，产活仔数 14 头以上。

用长白猪作父本，与梅×二（梅山公猪配二花脸母猪）杂种母猪进行三品种杂交，杂种猪日增重可达 500 克；用杜洛克猪作父本，与长×二（长白公猪配二花脸母猪）杂种母猪进行三品种杂交，其杂种猪的瘦肉率较高，在体重 90 千克时屠宰，胴体瘦肉率 57% 以上。

（七）香猪

主要分布于贵州的剑河县。体形小，头较直，额部皱纹浅而少，耳小而薄，略向两侧平伸或稍下垂。四肢短细，全身被毛白多黑少，有两头乌的特征。白香猪 6 月龄体重 26.12 千克，初产仔数 9.4 头，乳头 5~6 对，育肥期日增重 233.2 克，6 月龄屠宰，屠宰率 64.46%，瘦肉率 45.75%，肌肉 pH 值 6.43，粗蛋白质 22.43%，粗脂肪 2.92%。香猪体形小，早熟易肥，皮薄骨细，肉质香嫩，哺乳仔猪或断乳仔猪宰食时，无奶腥味，加工成烤乳猪、腊肉别有风味。在医学上香猪因体形小成为异种器官移植的理想动物。

二、主要肉脂型猪种

肉脂型猪的外形特点，介于肉用型猪和脂肪型猪之间，胴体中肉和脂肪的比例是肉稍多于脂肪，胴体中肉的含量为45%～55%。

（一）上海白猪

培育于上海地区，主要是由约克夏猪、苏白猪和太湖猪杂交培育而成。主要特点是生长较快，产仔较多，适应性强和胴体瘦肉率较高。

体型中等偏大，体质结实。头面平直或微凹，耳中等大小略向前倾。背宽，腹稍大，腿臀较丰满。全身被毛为白色。成年公猪体重250千克左右，体长167厘米左右；成年母猪体重177千克左右，体长150厘米左右。

上海白猪在每千克配合饲料含消化能11.72兆焦的营养水平下饲养，体重20～90千克阶段，日增重615克左右，每千克增重消耗配合饲料3.62千克。体重90千克时屠宰，平均屠宰率70%。眼肌面积26平方厘米左右，腿臀比例27%，胴体瘦肉率平均52.5%。

公猪多在8～9月龄、体重100千克以上时开始配种。母猪初情期为6～7月龄，发情周期19～23天，发情持续期2～3天。母猪多在8～9月龄配种。初产母猪产仔数9头左右，3胎及3胎以上母猪产仔数11～13头。

用杜洛克猪或大约克夏猪作父本与上海白猪杂交，一代杂种猪在每千克配合饲料含消化能12.56兆焦、粗蛋白质18%左右和采用干粉料自由采食条件下，体重20～90千克阶段，日增重为700～750克，每千克增重消耗配合饲料3.1～3.5千克。杂种猪体重90千克时屠宰，胴体瘦肉率在60%以上。

（二）北京黑猪

原北京黑猪主要由北京市双桥农场、北郊农场用巴克夏猪、约克夏猪、苏白猪及河北定县黑猪杂交培育而成。于1982年通过北京市鉴定。目前，北京黑猪只剩北郊系，又经多年纯种选育，生长与繁殖性能都有所提高。主要特点：体型较大，生长速度较快，母猪母性好。与长白猪、大约克夏猪和杜洛克猪杂交效果较好。头大小适中，两耳向前上方直立，面微凹，额较宽。颈肩结合良好，背腰平直且宽。四肢健壮，腿臀较丰满，体质结实，结构匀称。全身被毛呈黑色。成年公猪体重 200～250 千克，体长 150～160 厘米；成年母猪体重 170～200 千克，体长 127～143 厘米。

北京黑猪经多年保种和培育，生长性能及胴体瘦肉含量都有较大提高。据近年测定数据，其生长肥育期日增重可达到 600～680 克，每千克增重消耗配合饲料 3.0～3.3 千克，体重 90 千克时屠宰，瘦肉率达 56%～59%，肉质优良。

北京黑猪 7 月龄后，体重达到 100 千克时开始配种。初产母猪产仔数 9～11 头，经产母猪产仔数 10～12 头，产活仔数 9～11 头。据测定，母猪可年产 2.2 胎，可提供 10 周龄小猪 22 头。

北京黑猪在杂交中适宜用作母本。与长白猪、大白猪和杜洛克猪杂交，都表现出较好的配合力，在生产速度和瘦肉产量方面都表现出较好的杂种优势。用杜洛克猪或大约克夏猪作父本，长×北（长白猪公猪配北京黑母猪）杂种母猪作母本，杂种猪体重 20～90 千克阶段，日增重 700 克左右，每千克增重消耗配合饲料 3.2 千克左右。体重 90 千克时屠宰，胴体瘦肉率 60% 左右。

（三）新淮猪

育成于江苏省淮阴地区，主要用约克夏猪和淮阴猪杂交培育而成。现主要分布在江苏省淮阴和淮河下游地区。本品具有适应性强、产仔数较多、生长发育较快、杂交效果较好和在以青绿饲料为主、搭配少量配合饲料的饲养条件下，饲料利用率较高等特点。头稍长，嘴平直微凹，耳中等大小，向前下方倾垂。背腰平直，腹稍大但不下垂。臀略斜，四肢健壮。除体躯末端有少量白斑外，其他部位被毛呈黑色。成年公猪体重 230～250 千克，体长 150～160 厘米；成年母猪体重 180～190 千克，体长 140～145 厘米。

新淮猪 2～8 月龄阶段，日增重 490 克，每千克增重消耗配合饲料 3.65 千克、青饲料 2.47 千克。肥育猪最适屠宰体重为 80～90 千克。体重 87 千克时屠宰，屠宰率 71%，膘厚 3.5 厘米，眼肌面积 25 平方厘米，腿臀占胴体重为 25%。胴体瘦肉率 45% 左右。

性成熟较早，公猪于 103 日龄、体重 24 千克时即开始有性行为；母猪于 93 日龄、体重 21 千克时初次发情。初产母猪产仔数 10 头以上，产活仔数 9 头；3 胎及 3 胎以上经产母猪产仔数 13 头以上，产活仔数11头以上。在中等营养水平时，用内江猪与新淮猪进行两品种杂交，其杂种猪180日龄体重达90千克，60～180日龄日增重560克。用杜X（杜洛克公猪配二花脸母猪）杂种公猪配新淮母猪，其三品种杂种猪日增重590～700克，屠宰率72%以上，腿臀占胴体重27%。胴体瘦肉率50%以上。

（四）甘肃白猪

甘肃白猪是用长白猪和前苏联大白猪为父本，用八眉猪与河西猪为母本，通过育成杂交的方法培育而成。甘肃白猪具有遗传性稳定、生长发育快、适应性强、肉质优良等特点。作为母系与引入瘦肉型猪种公猪杂交，其杂种猪生长快、省饲料。头中等大小，脸面平直，耳中等大，略向前倾。背平直，体躯较长，体质结实。后躯较丰满，四肢坚实。全身被毛呈白色。成年公猪平均体重242千克，体长155厘米；成年母猪平均体重176千克，体长146厘米。

在日粮营养浓度为每千克含可消化能12.55兆焦和前期16%、后期14%粗蛋白质水平条件下，体重20～90千克期间，平均日增重648克，每千克增重消耗配合饲料3.79千克。体重90千克时屠宰，屠宰率74%，瘦肉率52.5%。

性成熟早，公、母猪适宜配种时间为7～8月龄，体重85千克左右。其发情周期17～25天，发情持续期2～5天。平均产仔数9.59头，产活仔数8.84头。

用甘肃白猪为母本与杜洛克猪和汉普夏猪为父本进行杂交，在每千克日粮含消化能12.55兆焦、粗蛋白质14%～16%的营养水平下，日增重分别为718克和761克，每千克增重消耗饲料分别为3.48千克和3.27千克，胴体瘦肉率分别为57.3%和57.4%。

（五）广西白猪

广西白猪是用长白猪、大约克夏猪的公猪与当地陆川猪、东山猪的母猪杂交培育而成。广西白猪的体型比当地猪高且长，肌肉丰满，繁殖力好，生长发育快，饲料利用率高。作为母系与杜洛克公猪杂交，其杂种猪生长发育快，省饲料，杂种优势明显。头中等长，面侧微凹，耳向前伸。肩宽胸深，背腰平直稍弓，身躯中等长。腮肉及腹部腩肉较少。全身被毛呈白色。成年公猪平均体重270千克，体长174厘米；成年母猪平均体重223千克，体长155厘米。

173～184日龄体重达90千克。体重25～90千克育肥期，日增重675克以上，每千克增重消耗配合饲料3.62千克。体重95千克时屠宰，屠宰率75%以上，胴体瘦肉率55%以上。

据经产母猪215窝的统计，平均产仔数11头左右，初生窝重13.3千克，20日龄窝重44.1千克，60日龄窝重103.2千克。

用杜洛克公猪配广西白猪母猪，其两品种杂种猪日增重的杂种优势率为14%左右，饲料利用率的杂种优势率为10%左右；用广西白猪母猪先与长白猪公猪杂交，再用杜洛克猪为终端父本杂交，其三品种杂种猪日增重平均为646克，每千克增重消耗配合饲料3.55千克。体重90千克时屠宰，屠宰率为76%，瘦肉率在56%以上。

（六）苏太猪

苏太猪是江苏省苏州市太湖猪育种中心利用杜洛克猪与高产的太湖猪杂交培育而成。具有较强的适应性，产仔数多，猪肉品质较好。在杂交生产商品猪中用作母本。全身被毛黑色，耳中等大，垂向前下方。头面有清晰皱纹，嘴中等长而直。腹较小，后躯较丰满。

苏太猪生长速度比地方猪种快，170日龄体重可达85千克，育肥期日增重600克以上，每千克增重消耗配合饲料3.18千克左右，屠宰率72.85%，胴体瘦肉率55.98%。

苏太猪150日龄左右性成熟，母猪发情明显。初产母猪平均产仔数11.68头，产活仔数10.84头；经产母猪平均产仔数14.45头，平均产活仔数13.26头。基本保持了太湖猪高繁殖力的特点。

苏太猪与大白猪或长白猪公猪杂交，其杂种商品猪都表现出较好的杂种优势。其杂种猪160日龄左右体重可达90千克，育肥期日增重650克左右，胴体瘦肉率59%左右；每千克增重消耗配合饲料2.92千克左右。

三、主要瘦肉型猪种（系）

从国外引入的有大约克夏猪（大白猪）、兰德瑞斯猪（长白猪）、杜洛克猪、汉普夏猪和皮特兰猪五大品种猪，以及斯格猪配套系；我国自己培育的有三江白猪、浙江中白猪、湖北白猪、渝荣Ⅰ号配套系猪、湘白Ⅰ系猪。这些猪种的共同特点是胴体瘦肉率高（57%以上）。用这些猪种作父本或母本进行杂交，都能提高商品猪瘦肉产量。

（一）大白猪

原产于英国，是著名的瘦肉型猪品种（系），现已分布于全世界。近年我国引进的大白猪在生长速度、饲料利用效率、瘦肉产量等生产性能方面，比10多年前引进的有了很大提高。目前，我国已引进的大白猪有英国系、法国系、美国系、瑞典系和比利时系等，但以英系大白猪分布较多。大白猪体型较大且匀称，全身被毛白色，四肢健壮，腿臀肌肉发达，鼻和耳型由于品系不同而稍有不同，多数品系猪的鼻为直型，少数为稍上翘。耳型在直立的基础上，有的品系猪为耳直立前倾，有的直立稍后倾，有的耳廓向前，有的耳廓向侧等。大白猪大多数四肢较高，但也有的品系稍矮。成年公猪体重250~400千克，成年母猪体重230~400千克。

大白猪生长发育快，饲料利用效率高，屠宰后胴体瘦肉含量高。目前，我国大白猪的生产性能和胴体性状，随引进时间的先后和品系群的不同而有所不同。20世纪90年代后和21世纪初引进的大白猪，与20世纪90年代前引进的比较，在生长速度、饲料利用效率、胴体瘦肉含量等方面，都有所提高。一般5月龄左右体重可达100千克，从体重30~100千克阶段的日增重可达800~900克，高的可达1000克左右，每千克增重消耗配合饲料2.5~2.8千克，好的可达2.2~2.5千克；体重100千克时屠宰，胴体瘦肉率为65%左右，高的可达66%~68%。

大白猪性成熟较晚，一般5月龄后出现第一次发情，发情周期为18~22天，发情持续期为3~4天。一般体重110~130千克时开始配种。初产母猪产仔数为9~10头，经产母猪产仔数为10~12头。

在我国农村养猪生产中，大白猪一般作为父本杂交改良地方猪种；在大规模养猪场，大白猪多用作第一父本或母本生产商品猪。用我国地方猪种作母本，用大白猪作父本，进行两品种杂交，可有效提高商品猪的生长速度和瘦肉含量，日增重一般可达500~600克，胴体瘦肉率一般为48%～52%；用大白猪作第二父本，用长白猪与我国地方猪种杂交的杂种猪作母本，其商品猪的胴体瘦肉率一般为56%～58%；如果用大白猪作父本，与我国培育的肉脂型品种猪杂交，其商品胴体瘦肉率一般为58%～62%；如果用大白猪作父本，用长白猪作母本，生产出的杂种母猪再用杜洛克公猪或皮特兰公猪配种，其洋三元杂种商品猪的胴体瘦肉率一般在65%以上。

（二）长白猪

原产于丹麦，是世界著名瘦肉型猪种之一。近10年来引进的长白猪多属于品系群，体型外貌不完全相同，但生长速度、饲料利用效率、胴体瘦肉含量等性能都有所提高。目前，我国引进的长白猪多为丹麦系、瑞典系、荷兰系、比利时系、法国系、德国系、挪威系、加拿大系和美国系，但以丹麦系或新丹麦系长白猪分布最广。长白猪全身被毛白色，体长，故称长白猪。头小清秀、耳向前平伸、体躯前窄后宽呈流线型的品种特征已不多见。有的长白猪的耳型较大，虽也前倾平伸，但略下耷；有的长白猪体躯前后一样宽，流线型已不明显；有的四肢很粗壮，不像以前长白猪四肢较纤细。成年公猪体重250～400千克，成年母猪体重200～350千克。

在营养和环境适合的条件下，长白猪生长发育较快。一般5～6月龄体重可达100千克，育肥期日增重可达800克左右，每千克增重消耗配合饲料2.5～3.0千克。国内测定最好的生产性能是：5月龄体重可达100千克，育肥期日增重为900克以上，每千克增重消耗配合饲料2.3～2.7千克。体重100千克时屠宰，胴体瘦肉率为65%～67%。

由于长白猪产地来源不一样，其繁殖性能也不完全一样。一般母猪7～8月龄、体重达110～120千克时开始配种。初产母猪产仔数一般为9～11头，经产母猪产仔数为11～13头。

在农村，长白猪多用作父本与地方猪种进行杂交，其杂种在饲料营养适宜的条件下，育肥期日增重可达600克以上，体重90千克时屠宰，胴体瘦肉率可达47%～54%；长白猪与我国培育猪种杂交，育肥期日增重可达700克左右，胴体瘦肉率可达52%～58%；长白猪与大白猪或杜洛克猪杂交，育肥期日增重可达800克以上，胴体瘦肉率可达64%以上。

（三）杜洛克猪

杜洛克猪原产于美国东北部的新泽西州等地，因其被毛呈红色，故又称红毛猪。我国最早从美国、匈牙利和日本引入杜洛克猪。由于杜洛克猪生长快，胴体瘦肉率高，一般在杂交利用中用作终端父本。目前，我国杜洛克猪主要来源于匈牙利、美国、加拿大、丹麦和我国的台湾省，以我国台湾省和美国的杜洛克猪分布较多。杜洛克猪全身被毛呈砖红色或棕红色，色泽深浅不一。两耳中等大，略向前倾，耳尖下垂。头部清秀，嘴较短且直。背腰在生长期呈平直状态，成年后有的呈弓形。四肢粗壮结实，蹄呈黑色。成年公猪体重300～400千克，成年母猪体重250～350千克。

在饲料营养、管理和环境适宜的条件下，杜洛克猪一般5～6月龄体重可达100千克，育肥期日增重可达800克左右，每千克增重消耗配合饲料2.4～2.9千克。有的种猪场测定的最好性能为日增重850克以上，饲料利用效率（料肉比）为2.3～2.7。体重100千克时屠宰，胴体瘦肉率可达65％，高的可达68％。

杜洛克猪繁殖性能不如大白猪和长白猪。公猪开始适宜配种年龄为9～10月龄，体重为120～130千克；母猪适宜的初配年龄为8月龄以上，体重100～110千克。初产母猪的产仔数为9头左右，经产母猪的产仔数为10.5头左右，有的猪场经产母猪的产仔数可达11头以上。

由于杜洛克猪生长速度快，胴体瘦肉含量高，一般在杂交中用作父本。在大型养猪场多用杜洛克猪作终端父本，用杜洛克公猪配大长母猪（大白猪配长白猪的杂种）或长大母猪（长白猪配大白猪的杂种）生产商品猪。用杜洛克公猪与我国地方猪种进行两品种杂交，其一代杂种猪的日增重可达500～700克，胴体瘦肉率为50％以上；用杜洛克公猪与培育猪种或瘦肉型猪品种或品系杂交，其杂种猪的日增重可达600～800克，胴体瘦肉率可达56％～64％。

（四）皮特兰猪

原产于比利时布拉邦特省的皮特兰地区。是由法国的贝叶杂交猪与英国的巴克夏猪进行回交，然后再与英国大约克夏猪杂交育成的。

主要特点是瘦肉含量高，后躯和双肩肌肉丰满。被毛灰白色，并带有不规则的深黑色斑点，有的出现少量棕色毛。头部清秀，颜面平直，体躯宽短，双脊间有一条深沟，后躯丰满，肌肉发达。两耳向前平伸，稍向下斜。成年公猪体重200～300千克，成年母猪体重180～250千克。

在较好的饲料营养和适宜的环境条件下，育肥期日增重为700～800克，每千克增重消耗配合饲料2.5～2.8千克。皮特兰猪采食量少，后期增重较慢，生长速度不如大白猪和长白猪。肉质较差，肌纤维较粗，灰白水样肉（PSE）的发生率较高，但胴体瘦肉率较高，最高可达78%。

公猪达到性成熟后一般具有较强的性欲，母猪母性较好。据饲养皮特兰猪的种猪场测定数据表明，皮特兰猪的繁殖能力为中等，经产母猪一般产仔10～11头。母猪前期泌乳较好，中后期泌乳较差。

在杂交利用中，皮特兰猪主要用作父本或终端父本，可以显著提高杂交猪的瘦肉率和后躯丰满程度。但由于皮特兰猪的肉质较差，有条件的猪场在生产商品猪过程中，可以用皮特兰猪与杜洛克猪的杂种一代作终端父本，这样既可提高商品猪的瘦肉率，又可减少灰白水样肉（PSE）的出现。

（五）汉普夏猪

原产于美国肯塔基州，是美国分布最广的瘦肉型猪种之一。在我国汉普夏猪的数量不如长白猪、大白猪和杜洛克猪多。其主要特点是生长发育较快，抗逆性较强，饲料利用率较好，胴体瘦肉率较高，繁殖性能不如长白猪和大白猪。头和身体的中后躯被毛为黑色，肩颈结合处有一白带，白带包括肩和前肢。头中等大，耳直立，体躯较长，背宽大略呈弓形，体型紧凑。成年公猪体重300～400千克，成年母猪体重250～350千克。

在饲料营养和管理环境条件较好的条件下，育肥期日增重可达800克以上，每千克增重消耗配合饲料2.8千克左右。体重90千克时屠宰，胴体瘦肉率可达64%左右。

性成熟较晚，母猪一般在7～8月龄、体重90～110千克时开始发情和配种，发情期19～22天，发情持续期2～3天。初产母猪产仔数 8 头左右，经产母猪产仔数 10 头左右。

汉普夏猪在杂交利用中，一般作为父本。用汉普夏公猪与长太（长白公猪配太湖母猪）杂种母猪杂交，其三品种杂交猪在育肥期日增重 700 克左右，胴体瘦肉率可达 56% 左右。

（六）斯格猪

原产于比利时。过去我国引进少量斯格猪。1999 年，河北安平引进了由 23，33 两个父系和 15，12，36 三个母系组成的 5 系配套猪。其主要特点：父系生长快，饲料利用效率好，胴体瘦肉率较高；母系发情明显、泌乳力强。全身毛白色，鼻直，腿臀肌肉发达，背腰较长宽。父系猪耳直立、稍向前倾；母系猪的 12 系耳向前伸，36 系和 15 系耳直立、稍前倾。

斯格猪生长发育较快，5～6 月龄体重可达 100 千克，父系猪育肥期日增重为 800 克以上，每千克增重消耗饲料 2.6 千克左右，胴体瘦肉率为 65%～67%。母系猪的日增重、饲料利用效率和胴体瘦肉率低于父系。

祖代母系猪的经产母猪产仔数一般为 11～13 头，父母代经产母猪产仔数为 11.8～12.8 头，每头母猪平均年育成断奶仔猪 23～25 头。母系猪的母性好，泌乳力较强，繁殖力较高。

斯格猪一般是父母系杂交配套生产商品猪，其商品猪生长快，育肥期日增重 800 克左右，每千克增重消耗饲料 2.2～2.8 千克。胴体肉质好，屠宰率为 75%～78%，胴体瘦肉率为 64%～66%。

（七）湖北白猪

产于湖北省武汉市及华中地区。是由大约克夏猪、长白猪和本地通城猪、监利猪和荣昌猪杂交培育而成的瘦肉型猪种。该品种于 1986 年通过湖北省新品种鉴定。主要特点：胴体瘦肉率高，肉质好，生长发育较快，繁殖性能优良，能耐受长江中游地区夏季高温、冬季湿冷等不良气候条件。全身被毛白色，头中等大小，嘴直长，两耳中等大小、略向前倾、稍下垂，背腰平直，中躯较长，腹小，腿臀较丰满，肢蹄结实。成年公猪体重 260 千克以上，成年母猪体重 210 千克以上。

在良好的饲养条件下，6月龄体重可达90千克。在每千克日粮含消化能12.1～12.6兆焦、粗蛋白质14%～16%的营养水平下，体重20～90千克阶段，日增重580克以上，每千克增重消耗配合饲料3.5千克以下。体重90千克屠宰，屠宰率70%以上，眼肌面积31平方厘米以上，腿臀比例30%以上，胴体瘦肉率59%以上。

小公猪3月龄、体重40千克时出现性行为。小母猪初情期为3.0～3.5月龄，性成熟期在4.0～4.5月龄，适宜配种年龄7.5～8.0月龄。母猪发情周期21天左右，发情持续期3～5天。初产母猪产仔数9.5～10.5头，3胎以上经产母猪产仔数在11头以上。

用杜洛克猪、汉普夏猪、大约克夏猪和长白猪作父本，分别与湖北白猪母猪进行杂交，其一代杂种猪体重20～90千克阶段，日增重分别为611克、605克、596克和546克；每千克增重消耗配合饲料分别为3.41千克、3.45千克、3.48千克和3.42千克；胴体瘦肉率分别为64%、63%、62%和61%。杂交效果以杜×湖一代杂种最好。

（八）三江白猪

产于东北三江平原，是由长白猪和东北民猪杂交培育而成的我国第一个瘦肉型猪种。该品种于1983年通过品种鉴定。主要特点：生长快，省料，抗寒，胴体瘦肉多，肉的品质好等。外形头轻嘴直，耳下垂。背腰宽平，腿臀丰满，四肢粗壮，蹄质坚实。被毛全白，毛丛稍密。具有肉用型猪的体躯结构。成年公猪体重250～300千克，成年母猪体重200～250千克。

按三江白猪饲养标准饲养，6月龄育肥猪体重可达90千克，每千克增重消耗配合饲料3.5千克。体重90千克时屠宰，胴体瘦肉率58%；眼肌面积为28～30平方厘米，腿臀比例29%～30%。

三江白猪继承了东北民猪繁殖性能高的优点，性成熟较早，发情征候明显，配种受胎率高，极少发生繁殖疾病。母猪适宜配种月龄为8月龄左右，体重90千克以后。初产母猪产仔数平均10.17头，经产母猪产仔数为12头以上。

三江白猪在育成时，多作为杂交利用的父本，与当地猪杂交表现出好的配合力和杂种优势。目前，三江白猪多作为杂交母本。用杜洛克公猪杂交，其杂种猪的日增重为650克以上，胴体瘦肉率在62%

以上,且肉质优良。

(九) 浙江中白猪

培育于浙江省,主要是由长白猪、约克夏猪和金华猪杂交培育而成的瘦肉型品种。1980年通过省品种鉴定。具有体质健壮、繁殖力较高、杂交利用效果显著和对高温、高湿气候条件有较好适应能力等良好特性,是生产商品瘦肉猪的良好母本。体型中等偏大,头颈较轻,面部平直或微凹,耳中等大呈前倾或稍下垂。背腰较长,腹线较平直,腿臀肌肉丰满。全身被毛白色。成年公猪体重200~250千克,成年母猪体重180~250千克。

190日龄左右体重达90千克,生长育肥期日增重550~680克,每千克增重消耗配合饲料3.1~3.3千克。90千克体重时屠宰,屠宰率72%~74%,胴体瘦肉率57%~58%。

据测定,母猪初情期157天左右,8月龄可配种。初产母猪平均产仔9.9头;经产母猪平均产仔12.9头。

浙江中白猪在品种育成时,一般用作杂交父本。近年来,由于浙江中白猪具有较高的繁殖性能,多用作杂交母本生产商品猪。用杜洛克、长白猪和大白猪杂交,其二元杂种猪均具有较高的杂种优势率。与杜洛克猪杂交,其杂种猪170日龄左右体重达90千克,育肥期日增重700克以上,每千克增重消耗配合饲料3.2千克,育肥猪体重90千克时屠宰,胴体瘦肉率为62%左右。

(十) 渝荣I号配套系猪

"渝荣I号猪配套系"是以优良地方猪资源——荣昌猪优良基因资源利用为基础,采用现代分子生物技术、信息技术、系统工程技术与常规育种技术有机结合的新育种技术体系,由重庆市畜牧科学院20余位科技人员、历经九年深入研究和艰苦攻关培育而成的新配套系,它克服了现有瘦肉型猪种(配套系)生产类型单一、抗逆境能力差、繁殖性能较低及肌肉品质差等不足,具有肉质优良、繁殖力好、适应性强等突出特性,特色鲜明。"渝荣I号猪配套系"的培育以市场为导向,以地方猪优良品种资源的发掘利用为基础,采用品系合成技术,较好地解决了以地方猪优良特性利用为基础的配套系培育的理论与实践问题,为我国地方猪的开发利用创造了新经验,处于国内同类研究的领先水平。

渝荣Ⅰ号猪配套系采用三系配套模式,母本母系(B系)由优良地方猪种荣昌猪与大白猪杂交选育而成,母本父系(C系)由丹系与加系长白猪杂交合成,父本父系(A系)由丹系与台系杜洛克猪杂交合成。该配套系遗传性稳定,体型外貌一致,综合生产性能优秀:该母本母系经产仔数12.77头,父母代经产仔数13.14头,母本父系瘦肉率67.14%,终端父系瘦肉率63.57%;配套系商品猪20~100千克,日增重827克,料重比2.75∶1,瘦肉率62.8%,肉色评分为3.8,肌肉pH为6.22,肌内脂肪含量2.59%,猪肉品质优良。该配套系具有多个专门化品系组装集成和繁育体系完整的内在属性,并在培育过程中经过不同生态环境条件下的中试推广与区域试验和反馈改良,具有"优质、抗逆、高产、高效"的综合表现和适应环境能力强、易饲养、好管理等优点,既适宜规模化猪场养殖,在农村条件下也表现出优秀的生产性能。

(十一)湘白Ⅰ系猪

湘白Ⅰ系猪是由大约克夏猪、长白猪、苏猪和大围子猪杂交培育而成。湘白Ⅰ系猪遗传性能稳定,适应性强,繁殖力高,生长发育快。以湘白Ⅰ系猪的母猪与杜洛克猪的公猪杂交生产商品猪,其杂种猪生长快,省饲料,好饲养。

头中等大,鼻嘴平圆,耳中等大、直立、稍向前倾。背腰结合良好且平直,臀部较丰满,腹线不下垂。全身被毛白色。成年公猪平均体重170千克,成年母猪平均体重155千克。176~184日龄体重达90千克,育肥期日增重604~671克,每千克增重消耗配合饲料3.51~3.64千克。体重90千克时屠宰,屠宰率71%,胴体瘦肉率59%。

性成熟较早,公、母猪适宜配种月龄为7~8月龄,体重70~85千克。初配母猪发情周期19.8天,发情持续期3~5天;经产母猪发情持续期3~4天。初产母猪产仔数10头左右,产活仔数9头左右;经产母猪产仔数12头以上。

用杜洛克猪作父本与湘白Ⅰ系母猪杂交,其杂种猪生后146~

165日龄体重达90千克，日增重691～798克，每千克增重消耗配合饲料3.14～3.42千克，胴体瘦肉率61%～63.7%；用汉普夏猪作父本与湘白Ⅰ系母猪杂交，其杂种猪生后153～163日龄体重达90千克，日增重685～749克，每千克增重消耗配合饲料3.46～3.48千克，胴体瘦肉率61.8%～62.1%；用长白猪作父本与湘白Ⅰ系母猪杂交，其杂种猪生后163～187日龄体重达90千克，日增重585～694克，每千克增重消耗配合饲料3.54～3.84千克，胴体瘦肉率60.7%～61.8%；用大约克夏猪作父本与湘白Ⅰ系母猪杂交，其杂种猪生后172～192日龄体重达90千克，日增重563～703克，每千克增重消耗配合饲料3.54～3.85千克，胴体瘦肉率为59.9%～60.9%。

第二节　后备母猪的选留

后备母猪是指生长期至初配前留作种用的母猪。后备母猪的选择是生猪生产的基础性工作，选择什么样的后备母猪，要根据猪场的生产目的来确定。一般有两种情况：种猪生产场——主要是选择纯种的后备猪进行培育；商品猪生产场——主要是选择二元杂交母猪直接与第三个品种的纯种公猪进行杂交，生产商品猪。但不管什么猪场，后备母猪的选留都应遵循以下原则。

一、母猪的外貌鉴定

母猪的外貌鉴定包括体型、毛色、外生殖器官、乳房乳头等。外貌鉴定对母猪的选留有很重要的意义。不同品种猪既有共同的体形外貌，又具备本品种特征。选择时先看所选猪是否符合本品种特征，再在共同的体形外貌上选择优秀的个体留作后备猪。由于繁殖性能好的母猪，常具有相应的体形外貌特征，选择的要求是：①同窝中体形较大但不过分发育，活动灵活，躯体较长，背腰和腹平直，四肢高、粗和开阔。②臀部宽，阴户大，阴唇和阴蒂发育正常，乳房乳头排列整齐、乳头间隔大小一样、乳头数多，有效乳头12个以上，乳头大小一致、无瞎乳头。③全窝猪皆无遗传疾病和传染病。④瘦肉型猪的头小、躯体长、肌肉紧凑、背部略弓、臀部宽长、腿臀肌肉发达呈球形,但注意纯种猪与杂交猪的区别。⑤还可将母猪群体设定几个评定项目和标准,每个项目制订几个评定等级,综合评定后,选择较高等级的猪留种。通常选择产仔数和20日龄窝重作为评定的主要项目。

二、审查母猪的系谱

作为种猪应有档案记载。系谱是记录猪亲缘关系的证明。通过系谱可以查询其来源,了解其祖辈的生产性能,查找其父母代、祖代、曾祖代的生产情况和表现。根据"选女先看娘"的原则,选择产仔数多,仔猪个体大又整齐、发病率低、成活率高、生长快、无遗传病的母猪所产的小猪留作后备猪。同时,也可以从系谱审查中,了解猪是否有遗传疾患史,了解母猪是否性情温顺,护仔和带仔能力如何,泌乳力是否强等。

三、母猪的疾病情况

母猪是否患有疾病,对选留母猪关系重大。因此,在购买和选留母猪时要严把疾病关,防止因带入传染病而使猪场造成严重损失。尤其是购买母猪时应该注意:①要了解母猪原产地疾病情况,严禁从疫病区购买母猪;②在购买母猪时,要观察母猪的现时表现、精神状态、饮食欲、毛色皮肤和粪便是否正常;③对购买回的母猪要先隔离,饲养一段时间,观察无任何疫病后,再混入猪群中饲养。

四、饲料条件

后备母猪的选留,应充分考虑当地的饲料条件。精饲料充足,尤其是蛋白质饲料较多的猪场和养猪户,可以选留生产性能高、生长速度较快、瘦肉含量较高的品种或品系用作母猪。精饲料较少,尤其是蛋白质饲料缺乏的猪场或养猪户,应选留适应性较强、生长速度适中的含有地方品种特性的杂种母猪。因此,饲料决定选留什么样的品种或品系作为后备猪。

五、市场需要

饲养母猪主要是为了提供种猪和商品猪,而商品猪必须适应市场的需求。市场需要高瘦肉含量的瘦肉型猪,选留的母猪应该是纯瘦肉型猪种（品系），或是含高瘦肉量的杂种猪。例如，供港猪或大中城市居民消费，都需要高瘦肉含量的商品育肥猪，后备母猪应选择瘦肉型猪种或两洋一土的三元杂种猪。市场需要瘦肉含量不太高的商品育肥猪，如小城市或农村人民的消费，后备猪选留应是含中等瘦肉率或偏肥的母猪。

第三节 后备母猪的培育

后备母猪的培育与商品肉猪不同，饲养商品肉猪的目的是要求快速生长和发达的肌肉组织，生长期短。而后备母猪培育的主要目标是保持良好的种用体况，促进生殖系统的正常发育和体成熟，保证初情期适时出现，并达到初配体重，担负着繁殖任务。因此，后备母猪要求体格健壮、骨骼结实，体内各器官特别是生殖器官发育良好，具有适度的肌肉组织和脂肪组织，过度发达的肌肉和大量的脂肪会影响繁殖性能。后备母猪的培育必须抓好以下关键技术。

一、适宜的营养水平

后备母猪的饲料不同于育肥猪的饲料。瘦肉型猪种的日粮蛋白质水平不应低于15%；地方猪种日粮的粗蛋白质水平不应低于13%，土、洋结合的二元杂种母猪的日粮粗蛋白质水平不应低于14%。日粮能量水平应当比育肥猪低10%左右，但钙的含量应比育肥猪提高0.1%，有效磷的含量应提高0.05%，同时给予充足的维生素和矿物质。有条件的猪场可适当为后备母猪提供一定量的优质粗饲料或青绿多汁饲料。后备母猪日粮中不应添加过量的铜或激素类添加剂。后备母猪每千克日粮的营养含量见表2-1。

表2-1 后备母猪每千克日粮的营养含量

体重/千克	代谢能/(兆焦/千克)	粗蛋白质/%	钙/%	有效磷/%	维生素A/单位	维生素D/单位	维生素E/单位	赖氨酸/%	粗纤维/%
20~60	12.5	17	0.75	0.30	6000	600	20	0.9	3.0
60~90	12.5	15	0.70	0.25	6000	600	20	0.8	3.0

二、科学的饲养方法

1. 阶段饲养

后备母猪体重在 60 千克前,一般采用自由采食;体重 60 千克后,一般采用限制采食量饲喂方法(表2-2)。体重 60~90 千克阶段,日增重不超过 700 克;体重 90~120 千克阶段,日增重不超过 500 克。但配种前两周应当优饲,以促进排卵,一旦受胎即应将饲料量降至妊娠前期的水平。

表 2-2　瘦肉型后备母猪每日每头采食量推荐

月　龄	体重/千克	日采食量/千克
5	70~80	1.8~2.0
6	90~100	2.2~2.5
7	110~120	2.5~2.8
8	130~140	2.8~3.0

因此,后备母猪的日粮蛋白质水平应达到 15% 左右,日粮中添加动物性蛋白质饲料,如鱼粉、蚕蛹等,日采食量不超过 3 千克,自由采食,增喂青粗饲料,锻炼消化道。

2. 合理分群

为使后备母猪生长发育均匀整齐,后备母猪最好小圈群养,尽量不定位饲养。饲养密度要适当,每群 4~6 头为宜,每头占地面积为 0.8~1.0 平方米。小群饲养有两种饲喂方式:一种是群养群饲,即同一圈舍,同一饲槽;一种是同一圈舍,单槽饲喂。第二种方式比第一种对后备母猪的采食、生长发育更为有利。

3. 调教

为了后备母猪产仔护理的需要和管理上的方便,应建立人与猪的亲和关系,严禁粗暴对待猪只。从仔猪开始,可通过称重、饲喂、清圈、抚摸和刷拭的方式,接近后备母猪,训练猪有良好的生活习惯,拉屎排尿有固定点;经常触摸猪耳根、腹部和乳房等敏感部位,从而有利于以后的疫苗注射、配种、接产和产后护理等管理工作,还能促进乳房发育。另外,饲养人员也应该相对固定。

4. 运动

后备猪应饲养在有运动场的栏舍内，有条件的地方可适度放牧运动，促进后备猪筋骨发达，体质健壮，四肢灵活坚实，这对后备母猪生长发育和延长使用寿命十分有利。

5. 日常管理

冬季防寒保温，夏季降温防暑；做好疫苗注射、驱虫等工作；注意做好每头母猪的初情、二次发情记录，准确计算第三次发情时间，以便及时配种。

第三章 提高母猪发情期受胎率

第一节 母猪的生殖生理

一、母猪的生殖器官及功能

母猪生殖器官由卵巢、输卵管、子宫角、子宫、阴道、阴唇等组成（图3-1）。

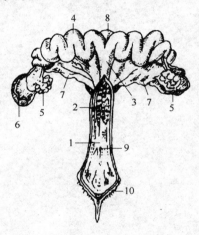

图3-1 母猪的生殖器官
1—阴道；2—子宫颈管道；3—子宫体；
4—子宫角；5—卵巢；6—输卵管；
7—子宫阔韧带；8—膀胱；
9—尿道外口；10—阴唇

（一）卵巢

母猪的卵巢位于子宫角和输卵管的上端，分左右两个。卵巢的第一个功能是产生雌性细胞——卵细胞。第二个功能是产生雌性激素，主要是动情素（雌二醇）。雌二醇有促进母猪生殖道发育、维持雌性第二性征和交配欲的作用。在雌激素的作用下，子宫黏膜增厚，为受精卵能够附植于子宫壁上提供良好条件。同时，还可刺激乳腺生长。

（二）输卵管

输卵管是连接卵巢和子宫角的一条弯曲管子，靠卵巢一端有个很大的喇叭口，称为"输卵管伞"，伞被覆于卵巢表面，距卵巢很近。卵子从卵巢中排出后，自然落入输卵管的喇叭口内，并沿着输卵管向下运行。输卵管是精子和卵子结合的地方，精子和卵子在输卵管的上 1/3 处结合，形成结合子。

（三）子宫

子宫是受精卵着床植入并进行胚胎发育和胎儿生长的地方。子宫由子宫角、子宫体和子宫颈三部分组成。

子宫角左右各 1 条，长为 50～90 厘米，外形与小肠相似，俗称"花肠子"。子宫角是胚胎和胎儿生长发育的地方。

子宫体是两条子宫角汇合的地方，与子宫颈相连接，为短圆筒形。

子宫颈是阴道通向子宫的门户，猪发情配种时，子宫颈张开，让精子通过，受胎后又密闭起来，保护胎儿正常生长发育。猪没有明显的子宫颈阴道部，子宫颈内腔称子宫颈管，猪的子宫颈管较其他家畜长。

（四）阴道及外阴部

阴道和外阴部是母猪的交配器官，也是排泄道和分娩时胎儿的通道。阴道是指由子宫颈口起至尿道口前方的部分。阴道前庭是阴门至处女膜间的一段。外阴部包括阴门、阴唇和阴蒂。

二、母猪的性成熟

母猪第一次出现发情称为性成熟期。此时母猪发生一系列生理变化：卵巢开始排出成熟的卵细胞，并产生雌性激素，出现性条件反射，如喜接近公猪、食欲减退、外阴部红肿等。母猪的性成熟期与品种特性、气候、饲养管理、饲料营养条件、个体发育情况等有关。在正常饲养情况下，我国地方脂肪型品种猪性成熟较早，一般在 3～4 月龄达到性成熟；国外引进和培育的瘦肉型品种猪性成熟较晚，一般在 5～6 月龄达到性成熟。但是，母猪达到性成熟后，不等于可以立刻进行配种繁殖。因为母猪的性成熟期和体成熟期不一致。也就是说，母猪达到性成熟时，身体的生长发育还在继续，此时配种会影响母猪的正常发育，而且过早配种也会影响母猪的繁殖成绩。一般来说，我国地方脂肪型猪种在 7～8 月龄、体重达 60 千克以后，国外引进和培育的瘦肉型猪种在 8～10 月龄、体重达 100 千克左右开始配种最为合适。

第二节 母猪的发情与排卵

一、母猪发情与发情周期

（一）发情

发情是指母猪在一定时间内，外部体态发生一系列变化，同时体内部的生殖器官也发生一系列生理变化，卵巢排出成熟卵子的综合过程。如果母猪只有外部体态的变化，而卵巢中没有成熟的卵子排出，就叫假发情。母猪在发情期，除内生殖器官发生一系列变化外，其身体外部征候也很明显，主要表现出行为和体态的变化。如不爱吃食，鸣叫不安；爬墙拆圈，拱门，爬跨其他猪等；外阴部发生红肿，红肿时间最长10天，最短4~5天，平均7天左右。用力按压母猪腰部和臀部时静止不动，两耳直立，尾向上举，有接受公猪爬跨的要求。我国地方猪种发情征候最为明显，从国外引进的猪种发情征候不太明显，二者杂交的母猪处于中间状态。对于发情征候不明显的母猪，要细致观察。为了防止漏配，最好的办法是用试情公猪试情。

（二）发情周期

猪是多周期发情家畜，即只要发情时不配种怀孕，还会发情，故可常年发情。母猪的发情是有周期性的，母猪从上次发情止到下次发情开始，称为一个发情周期。母猪刚到达性成熟时，发情不太规律，经几次发情后，就比较有规律了。在正常饲养管理条件下，母猪的发情周期为18~23天，平均21天。从发情开始到结束这段时间叫发情期，一般持续3~5天，初产母猪发情期略长于经产母猪。在发情周期内，母猪身体从内到外发生一系列变化。发情开始时，由于促卵泡成熟素和促黄体生成素两种激素的共同作用，促使卵泡逐渐成熟，母猪的性情和生殖器官均发生变化，表现为食欲减退，精神不安，外阴潮红、膨大，阴门内黏膜呈淡黄色，阴门内流出白色透明黏液。这时母猪不让饲养人员靠近,若赶公猪试情(配种),母猪不让公猪爬跨。此段时间持续1天左右,称为发情前期。到了发情中期,母猪食欲逐渐减少,甚至不食,精神不安,外阴膨大如核桃形,阴门内黏膜潮红,黏液外溢,阴户掀动,频频排尿。这时饲养员若进圈,母猪主动靠近。用手按压母猪腰背,母猪呆立不动,若赶公猪配种,母猪允许公猪爬跨。如果黏液由清变浊,手感滑腻,可以开始配种。此段时间持续1~2天。到了发情后期,卵子从卵巢的卵泡中排出后,卵泡腔内形成黄体。此时母猪表现安静,食欲逐渐恢复,精神恢复正常,外阴逐渐收缩,阴门内黏膜呈淡黄色,躲避公猪,不允许交配,发情结束,此段时间持续1~2天。如果卵子排出后与精子结合受精,卵泡中的黄体直到分娩前才消失,在黄体消失前母猪不表现发情征候。若母猪排出的卵子未受精,经14天左右卵泡中的黄体逐渐退化消失,新的卵泡继续发育,则进入下一个发情周期。

二、母猪发情异常

(一) 安静发情

又称隐性发情,是指母猪在一个发情期内,卵泡能正常发育并排卵,但无发情症状或发情症状不明显,而失去配种机会。这种异常发情,在外国品种和杂种母猪中多见,日常管理中要加强观察,或借助公猪试情进行鉴定。

(二) 孕后发情

指母猪在妊娠后相当于一个发情周期的时间内又发情,这种发情的症状不规则,也不排卵,又称假发情。假发情的母猪一般不接受交配,如果强行配种,可造成早期流产。假发情在青年母猪中表现得较多。

(三) 累配不孕发情

指母猪多次配种后多次返情。引起返情的原因主要是母猪患生殖道疾病,一般多见于子宫内膜炎。这种发情除有正常发情的表现外,常常阴道口流出的黏液中带有脓性分泌物。

(四) 长时间发情不退

指母猪外阴部长时间红肿不消退,阴道黏液少,又不接受公猪交配。这种情况大都由母猪饲喂霉变饲料所引起。

三、母猪不发情的原因及处理

(一) 遗传因素

由于遗传选种不严格,使一些遗传缺陷得以遗传,造成母猪不发情和繁殖障碍。如母猪雌雄同体,即从外表看是母猪,肛门下面有阴蒂、阴唇和阴门,但腹腔内无卵巢却有睾丸。另外,其他生理疾患也可造成母猪不发情,如阴道管道形成不完全,子宫颈闭锁或子宫发育不全等。在实际生产中,上述生殖器官缺陷一般难于发现。一旦发现因繁殖障碍不发情的母猪,必须淘汰作为肥育猪出售。

(二) 营养因素

除猪的遗传疾患外,在农村养猪中,营养不良是造成不发情的主要原因。母猪过瘦或长期缺乏某些营养,如能量、蛋白质、维生素和无机盐等摄取不足,使某些内分泌异常,导致不发情。如果母猪营养过剩,造成过度肥胖,卵巢脂肪化,也会影响发情和生理繁殖障碍。为了防止母猪营养不良或营养过剩,应该合理地饲养母猪,使母猪一直保持正常的体况。

(三) 品种原因

我国地方猪种多为早熟脂肪型猪种,而且饲料多添加青绿饲料,只要不是营养水平过低、母猪体况过瘦,不发情的比例很小;而国外引进的瘦肉型猪种,不发情的比例较高。对于不发情的母猪,应先注射促卵泡激素、绒毛膜促性腺激素,注射后还不发情,应予以淘汰。

(四) 疾病和病理原因

一是病原性的,如伪狂犬病、乙脑、细小病毒、慢性猪瘟、衣原体、蓝耳病及霉菌毒素等。二是病理性的，如子宫炎、阴道炎、部分黄体化及非黄体化的卵泡囊肿等。

（五）季节因素

季节主要指夏季。夏季主要是温度和湿度的影响。在热应激条件下，某些母猪卵巢功能减退，可能是热应激改变了猪内分泌功能的正常状态。有资料认为，猪受到持续性热应激后，会间接地影响卵巢功能，严重时会诱发卵巢囊肿。南方地区常表现在6~9月份，这4个月份母猪发情较差，3~4月份的高湿对后备母猪发情也有较大影响。

四、母猪的排卵

（一）排卵过程

排卵是指卵子从卵巢中的卵泡内排出后，进入漏斗状的输卵管伞中，借助输卵管伞部纤毛上皮摆动所造成的液流，把卵子吸入输卵管，再借助输卵管管壁肌肉的收缩和输卵管壁纤毛上皮的摆动，使卵子朝着子宫方向前进的过程。

（二）母猪排卵的一般规律

1. 排卵时间

母猪排卵一般发生在发情开始后的24~48小时，排卵高峰在发情后的36小时左右。排卵持续时间一般为10~15小时。卵子在输卵管中约需运行50小时，在输卵管中保持受精能力的时间为8~10小时。

猪是多胎动物，每次发情都要排出许多卵子。为了提高养猪的经济效益，减少公猪负担，掌握母猪的排卵规律，适时配种，提高母猪受胎率，增加产仔数，乃是养猪生产的重要课题。

2. 青年母猪的发情期与排卵的关系

一般认为母猪初情期后，第二个发情期比第一个发情期增加1~2个卵子，第三个发情期又比第二个发情期平均增加1.0~1.5个卵子。所以，青年母猪第三个发情期后再配种，对提高产仔数有利。

3. 营养与排卵的关系

研究表明,限量饲喂的青年母猪初情期推迟,排卵数较少;而不限量饲喂的母猪,初情期比限喂的母猪提前约20天,排卵数增加3个左右。

研究还发现,短时间的催情补饲可提高排卵数。对于限量饲喂的青年母猪,在配种前的一个发情期催情补饲,会产生与整年优饲母猪同样的排卵效果,而且即使短时间(6天)进行补饲,也会增加排卵数。

五、促进母猪发情排卵的措施

(一) 选留无遗传疾病的母猪

一是检查待留种母猪的外表形态,二是检查猪的系谱,凡上几代有遗传疾患的母猪不能留作种用。

(二) 加强母猪的营养

母猪的饲养应按不同时期和繁殖阶段给予不同的营养物质。在空怀期和妊娠期,母猪身体膘情应维持在七八成,哺乳期防止母猪过度消瘦,应保证仔猪断奶后母猪能及时发情。

(三) 应用公猪催情

对于不发情的母猪,可用试情公猪追逐或爬跨,每日2~3次,每次10~20分钟;或把公、母猪关在同一个圈舍内,使母猪得到异性刺激,引起内分泌激素的变化而发情,群众称此法为"逗情"。

(四) 控制仔猪哺乳时间

在猪的繁殖生理方面,泌乳和排卵是相互制约的。因此,用控制仔猪断奶时间,促进母猪发情是十分有效的方法之一。尤其是在规模化养猪生产中,由于采用全进全出的饲养方式,控制母猪发情就显得格外重要。控制哺乳时间可有效弥补发情不一致的缺陷。

(五) 注射催情素

每日给不发情的母猪注射孕马血清5毫升,连续4~5天后一般可发情。体重100千克的母猪,每日肌内注射绒毛膜促性腺激素800~1000单位;或用合成雌激素、已烯雌酚等,都可促使母猪发情。为了避免母猪发情不排卵,最好把合成雌激素与孕马血清或绒毛膜促性腺激素联合使用。

另外,也可用中草药催情。

第三节 母猪配种

一、公猪的生殖生理及饲养管理技术

(一)公猪的生殖器官及其功能

公猪的生殖器官由睾丸、附睾、输精管、副性腺(包括精囊腺、前列腺、尿道球腺)、阴茎及包皮等组成,见图3-2。

1. 睾丸

睾丸是产生精子和睾酮的组织,是公猪最主要的性器官。睾丸由血管、神经、结缔组织及产生精子的组织等组成。睾丸分成若干小叶,小叶内由许多又细又长的小管子构成。这些小管叫做"曲细精管",精子产生于"曲细精管"。各"曲细精管"间的间质细胞,可以分泌雄性激素——睾酮,它有维持公猪雄性特征和激发公猪交配欲的作用。

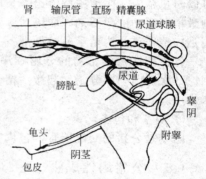

图3-2 公猪的生殖器官

2. 附睾

是精子后期成熟和贮存精子的组织器官。附睾中具备保存精子的适宜条件,精子在附睾中停留很长时间,并经历重要的发育阶段而完全成熟。精子在附睾中可以停留2个月以上,而仍然保持着与卵子结合受精的能力。附睾的另一作用是在精子通过附睾尾时,可以获得管壁细胞分泌的脂蛋白,在精子外表形成一层脂蛋白质的保护性薄膜,

使其在母猪生殖道中产生较大抵抗力,以抵抗不良酸性环境和各种盐类的影响。

3. 阴囊

阴囊有保护睾丸和调节睾丸内温度的作用。检测得知,阴囊温度比腹腔的温度低 3~4℃。如果睾丸温度与腹腔温度相等,就不能产生精子。因此,患隐睾症的公猪往往不能生产正常的精子,造成公猪不育。

4. 输精管

输精管是一条细长管道,与神经、血管及提睾肌等组织组成精索。输精管是精子由附睾排出的通道。

5. 副性腺

副性腺由精囊腺、前列腺、尿道球腺等腺体组成。副性腺分泌物是构成精液的成分。精囊腺分泌物能在猪的阴道中形成凝块和栓塞,可以防止精液从阴道中倒流出来。前列腺分泌物可促进精子运动,是刺激精子活动的激活剂。尿道球腺分泌少量的碱性黏稠分泌物,其作用是冲洗尿道,为精子通过做准备。

各种副性腺分泌物的分泌顺序:尿道球腺首先分泌,起消毒作用;其次是前列腺分泌,起激活精子作用;最后是精囊腺分泌,起栓塞作用。

6. 阴茎和包皮

阴茎是公猪的交配器官。包皮是保护阴茎的。

(二) 公猪的性成熟

小公猪生长发育到一定阶段,睾丸中产出成熟的精子,此时称为性成熟。性成熟的时间受猪的品种、年龄、营养状况等影响。在正常饲养条件下,我国地方猪种在 3~4 月龄、体重 25~30 千克时达到性成熟。有的早熟品种,在 2 月龄左右时睾丸中就产生了成熟精子。如四川的内江猪,小公猪在 62 日龄时,睾丸切片中就发现有成熟精子。而我国的培育猪种、国外引进猪种及其杂种猪,性成熟期要晚些,一般在 5~6 月龄、体重达 70~80 千克时才性成熟。有些引进高瘦肉含量的猪种,性成熟更晚,其体重达 90 千克以后才性成熟。

公猪达到性成熟,只表明生殖器官开始具有正常的生殖功能,此时的公猪还不能参加配种。过早地使用刚刚性成熟的公猪配种，不仅会影响生殖器官的正常生长发育，还会影响其身体的生长发育。如果使用过度，将会缩短使用年限，降低种用价值。

公猪性成熟后，在神经和激素的相互作用下，表现喜欢接近母猪，有性欲冲动和交配等方面的反射，这些反射称为性行为。性行为受中枢神经控制。中枢神经接受信号后，传给丘脑下部，脑下垂体前叶分泌激素，在性激素的作用下，完成性反射的全部过程。

（三）公猪的饲养管理

1. 种公猪的选择

一般来说，公猪的选择可分两个阶段。一是生后 3～4 月龄到参加初次配种前的前期选择；二是参加配种后的后期选择。另外，在选择公猪时，应从遗传系谱、体质外貌和配种成绩等几方面进行全面的考察。

（1）前期选择　公猪的前期选择，应从遗传系谱的查阅和体质外貌两方面来进行。从遗传角度出发，查阅公猪所在猪群系谱，可以考察公猪的父亲、母亲、祖父、祖母和曾祖父、曾祖母等的生产性状，包括公猪品种的纯度和是否有遗传疾患等。从体质体型外貌出发，公猪必须具备该品种特定的体型外貌，体格健壮结实，具有雄性特征，前胸宽深，后躯丰满，四肢强健。公猪雄性特征明显，睾丸大，发育正常、饱满，而且两侧睾丸大小相差不多。凡有单睾、隐睾和阴囊疝等遗传缺陷的公猪都不能留作种用。另外，有较严重的包皮和积尿缺陷的公猪，也不能留作种用。

（2）后期选择　公猪后期选择，是通过对其精液品质的检查，确定是否能参加配种。精液品质差、久治不好的公猪，不能留作种用。对参加配种公猪的配种产仔成绩进行调查，淘汰受胎率和产仔数极低的公猪。通过对公猪后裔的测定检查，发现其后裔有遗传缺陷的，不能留作种用。另外，还应考察参加配种公猪的性行为，性欲差、不能爬跨母猪的公猪不能留作种用。

2. 种公猪的饲养

种公猪的饲养不仅影响母猪的配种和受胎率，而且影响产仔数和后代的生长性能。俗话说，"母猪好好一窝，公猪好好一坡"就是这个意思,可见公猪在养猪生产中的重要作用。为此,应特别重视种公猪的选留、培育、利用和饲养管理工作。

饲养公猪应遵循的原则是:保持公猪具有良好的体况、旺盛的性欲和排出大量高质量的精液;保持公猪营养、运动和配种利用三者之间的平衡。营养、运动和配种三者之间是互相联系又互相制约的,如三者之间失去平衡,就会对公猪体况及其繁殖性能产生不良影响。如在营养丰富而运动和使用不足的情况下,公猪就会肥胖,导致性欲降低,精液品质低劣,影响配种效果。当然,在运动和配种使用过度,营养供应不足的情况下,也会影响配种效果。

由于公猪配种使用频繁,而且射精量多,需要大量的营养物质,因此应经常喂给营养全面的日粮。特别是饲喂品质好的蛋白质饲料,对于保证公猪的健康和旺盛性欲,保证精液质量是十分重要的。

(1) 营养需要 适宜的营养水平是满足公猪正常生理需要的重要保证。因此,应首先为公猪提供适宜的营养需要量。当然,为公猪提供什么营养物质,即提供什么饲料,应根据公猪本身生理状况和生产阶段来考虑。但所提供的饲料应少而精,品质高,营养价值全面,尤其是蛋白质、无机盐和维生素含量要丰富。在公猪的饲养过程中,要注意营养水平适宜。水平过高,会使公猪体内沉积过多脂肪,体型过于肥胖,行动不便,性欲降低,特别在夏天因暑热易应激而失去交配能力;营养水平过低,会消耗公猪体内的脂肪、蛋白质,使公猪变得过于消瘦,进而影响精液质量。因此,应根据公猪肥瘦程度、精子质量及利用情况,随时增减饲料量,调整营养水平。

公猪精液中干物质占5%左右,其中蛋白质占3.7%。蛋白质对精液数量的多少和质量好坏,对精子寿命的长短,都有很大的影响。因此,在公猪日粮中必须供给足够的优质蛋白质饲料,尤其是公猪配种旺季更应如此。如在配种旺季,为公猪每顿增加1~2个鸡蛋,或在日粮中加喂3%~5%的优质鱼粉。在配制公猪日粮时,必须选择多品种蛋白质饲料。由于动物性蛋白质(如鱼粉、蚕蛹等)生物学价值高,氨基酸含量平衡,适口性好,对提高公猪精液品质有良好效果。有条件的地区,在公猪饲料配方中不应缺少鱼粉,尤其是进口优质鱼粉。实在无鱼粉,可用部分蚕蛹、鲜鱼虾等代替。

除蛋白质对公猪精液品质有很大影响外,维生素、无机盐也对精液品质有很大影响。如果公猪日粮中长期缺乏钙、磷,或二者比例失调,就会使精液品质显著降低,出现较多死的、发育不全的、畸形的或活力不强的精子。因此,在公猪的日粮中要保持足够的钙、磷,而且要保持二者之间的相互平衡。在公猪的日粮中加喂骨粉或磷酸氢钙,是最好的补钙、补磷方法,因为骨粉中钙和磷的比例适合于猪的需要,有利于猪的吸收利用。如果公猪日粮中缺乏维生素,也会影响精液品质。长期缺乏维生素A,会使公猪睾丸生理功能减退,使睾丸肿胀或干枯萎缩,进而使精液品质下降或无精子。缺乏维生素D,会影响机体对钙、磷的代谢利用,间接影响精液品质。缺乏维生素E,会使睾丸发育不良,精原细胞退化,精子畸形率增加,最终影响受精能力。

在维生素缺乏时,可给公猪饲喂适量青绿饲料,如胡萝卜、苜蓿和三叶草等,这些都是公猪的优质青绿饲料,可以保证维生素A的供给。因此,有条件的猪场,应在公猪日粮中增加一定量的青绿饲料,但加入量不要多。在规模化、集约化饲养情况下,应在公猪日粮中添加维生素。一般每千克日粮中添加维生素A 4000单位。公猪不会缺乏维生素D,只要让公猪每日日光浴1~2小时,就可满足机体对维生素D的需要。如不晒太阳,应在每千克日粮中添加维生素D 300单位。维生素E可用麦胚芽来补充,也可在每千克日粮中添加维生素E 10~15单位。研究证明,维生素E的吸收与元素硒(Se)有密切关系。如果饲料中缺少硒,也会影响猪机体对维生素E的吸收,引起贫血和精液品质下降。因此,在缺硒地区要注意在日粮中添加硒。

配种公猪每千克饲粮养分含量和每日每头营养需要量,详见表3-1。

(2) 饲养方式 主要根据公猪1年内配种任务的集中和分散情况,分别采取一贯加强饲养和配种季节加强饲养两种饲养方式。

一贯加强的饲养方式,适用于全年配种猪场的公猪、青年公猪和体况较瘦的公猪。因为全年配种猪场的公猪负担较大,需要的营养较多;青年公猪正处于生长发育阶段,机体各种组织还没有完全生长发育成熟;体况较瘦的公猪,需要马上恢复体况。只有一贯地、连续地加强饲养,才能使公猪正常参加配种。

表 3-1 配种公猪每千克饲粮和每日每头养分需要量（88%干物质）①

类　别	每千克饲粮含量	每日需要量
饲粮消化能含量/[兆焦/千克(千卡/千克)]	12.95(3100)	12.95(3100)
饲粮代谢能含量/[兆焦/千克②(千卡/千克)]	12.45(2975)	12.45(975)
消化能摄入量/[兆焦/千克(千卡/千克)]	21.70(6820)	21.70(6820)
代谢能摄入量/[兆焦/千克(千卡/千克)]	20.85(6545)	20.85(6545)
采食量/(千克/天④)	2.2	2.2
粗蛋白质/%③	13.50	13.50
能量蛋白质/[千焦/%(千卡/%)]	959(230)	959(230)
赖氨酸能量比/[克/兆焦(克/兆卡)]	0.42(1.78)	0.42(1.78)
氨基酸		
赖氨酸	0.55%	12.1 克
蛋氨酸	0.15%	3.31 克
蛋氨酸+胱氨酸	0.38%	8.4 克
苏氨酸	0.46%	10.1 克
色氨酸	0.11%	2.4 克
异亮氨酸	0.32%	7.0 克
亮氨酸	0.47%	10.3 克
精氨酸	0.00%	0.0 克
缬氨酸	0.36%	7.9 克
组氨酸	0.17%	3.7 克
苯丙氨酸	0.30%	6.6 克
苯丙氨酸+酪氨酸	0.52%	11.4 克
矿物元素⑤		
钙	0.70%	15.4 克
总磷	0.55%	12.1 克
有效磷	0.32%	7.04 克
钠	0.14%	3.08 克
氯	0.11%	2.42 克
镁	0.04%	0.88 克
钾	0.20%	4.40 克

续表

类　　别	每千克饲粮含量	每日需要量
铜	5 毫克	11.0 毫克
碘	0.15 毫克	0.33 毫克
铁	80 毫克	176.00 毫克
锰	20 毫克	44.00 毫克
硒	0.15 毫克	0.33 毫克
锌	75 毫克	165 毫克
维生素和脂肪酸⑥		
维生素 A⑦	4000 单位	8800 单位
维生素 $D_3$⑧	220 单位	485 单位
维生素 E⑨	45 单位	100 单位
维生素 K	0.50 毫克	1.10 毫克
硫胺素	1.0 毫克	2.20 毫克
核黄素	3.5 毫克	7.70 毫克
泛酸	12 毫克	26.4 毫克
烟酸	10 毫克	22 毫克
吡哆醇	1.0 毫克	2.20 毫克
生物素	0.20 毫克	0.44 毫克
叶酸	1.30 毫克	2.86 毫克
维生素 B_{12}	15 微克	33 微克
胆碱	1.25 克	2.75 克
亚油酸	0.1%	2.2 克

① 需要量的制订以每日采食 2.2 千克饲粮为基础，采食量需根据公猪的体重和期望的增重进行调整。

② 假定代谢能为消化能的 96%。

③ 以玉米—豆粕日粮为基础。

④ 配种前 1 个月采食量增加 20%～25%，冬季严寒期采食量增加 10%～20%。

⑤ 矿物质需要量包括饲料原料中提供的矿物质。

⑥ 维生素需要量包括饲料原料中提供的维生素量。

⑦ 1 单位维生素 A＝0.344 微克维生素 A 醋酸酯。

⑧ 1 单位维生素 D_3＝0.025 微克胆钙化醇。

⑨ 1 单位维生素 E＝0.67 毫克 D-α-生育酚或 1 毫克 DL-α-生育酚醋酸酯。

配种季节加强饲养方式，适用于母猪实行季节性产仔的猪场。参加季节配种的公猪，应在配种开始前1个月，逐步给公猪增加营养，并在配种季节保持较高的营养水平。配种季节过后，逐步降低营养水平，只供给公猪维持种用体况的营养需要量。

(3) 饲喂方法　种公猪的饲料要少而精，千万不能喂给含有大量粗纤维的饲料或含有大量碳水化合物的饲料，更不能喂给含水量过多的稀饲料，以防公猪腹部下垂而影响配种，或使公猪体况过于肥胖而影响配种。最好采用生饲干喂，配给充足的清洁饮水（用自动饮水器饮水最好）；也可饲喂湿拌料（或潮拌料），料与水的比例为 $1:(0.3\sim1)$，同时供给清洁饮水。公猪应定时定量饲喂，一般每日喂3次，早、中、晚各1次。夏季天气炎热时，早、晚两次可适当延长饲喂时间。

3. 公猪的管理

(1) 合理运动　合理运动是保证公猪有旺盛性欲必不可少的措施。运动不仅可以维持公猪正常生理代谢，促进食欲，帮助消化，增强体质，提高精液数量和质量，还可以锻炼四肢，防止各种肢蹄病的发生。公猪在被采精或配种时，整个身体的重量几乎全部落在后腿上，如果没有强健的四肢，就很难完成配种任务。公猪在非配种季节，一般要求上、下午各运动1次，每次 $0.5\sim1.0$ 小时，行程约2千米。夏季应在早、晚进行，冬季应在天气晴暖时进行。在配种季节，也应给予适度的运动。

(2) 建立正常的管理制度　妥善安排公猪的饲喂、饮水、运动、刷拭、配种、休息等生活日程，是使公猪养成良好的生活习惯，增进健康，保持好的配种体况，提高配种能力的有效方法。公猪的配种时间一般安排在饲喂前后的 $1.0\sim1.5$ 小时。每日给公猪刷拭体表，可以保持公猪皮肤清洁，减少体外寄生虫（如疥螨、虱子等）的寄生；更重要的是刷拭可以增进皮肤新陈代谢，促进血液循环，提高代谢功能，从而提高精液品质；还可以增加种公猪与饲养人员的感情，易于接近，便于管理。

每日坚持清扫公猪舍，保持清洁卫生、干燥、透光的环境，坚持定期消毒。圈舍内要求做到"吃、睡、便"三定位，对于不能三定位的公猪要耐心训练。训练方法是先将公猪赶出圈外，经过彻底打扫并用药水消毒后，闲置一段时间后再用有气味的药水消毒，然后在圈舍中预定的排粪地点用水浇湿或放一点粪便,让猪知道在什么地方排便。最后把公猪赶进圈舍,此时应有人看护,并经常驱赶公猪到排便位置大小便,使其养成习惯。

(3) 防寒防暑　在北方寒冷的冬季,应做好公猪的防寒防冻工作。饲养在封闭式猪舍内的公猪,应保持一定的舍温,舍温应保持10℃左右。要求舍内地面干燥,以减少肢蹄病的发生。在敞开式猪舍饲养的公猪,应防止冷风的侵袭,猪舍要向阳背风、干燥,地面铺厚垫草。在饲料方面,要重视能量饲料的供给。

在南方高温高湿的夏季,要注意防暑降温。由于猪的皮下脂肪较厚,汗腺不发达,汗腺主要集中在鼻吻部、脚趾间和颈颊等部位,所以一遇高温高湿气候,体热不能迅速散发,直接影响到睾丸内的温度,影响精子质量。当气温超过30℃时,加上高湿的影响,种公猪易发生中暑,出现不爬跨母猪或射精时间短等性功能减退现象,严重者还会出现死精子、畸形精子增加和精子活力下降等劣质精液。

防暑降温可采取以下措施:①改进种公猪舍的设计。在建造公猪舍时,使用的材料应能防止热辐射,通风散热好。要改进屋面热传导,增设天花板和顶棚。墙体最好用空心砖,空心砖的阻热值比实心砖高40%左右;另外,有条件的地方还可在空心墙体中填充隔热材料,如玻璃纤维等。②加强公猪舍周围的绿化工作。绿化不但有净化空气、防止风害、改善小气候和美化环境的作用,还具有缓和太阳辐射、降低环境温度的重要作用。③供给凉水降温。在公猪舍的屋面和小运动场安装喷雾水管和水嘴,进行喷雾降温;提供充足的18℃以下的清凉饮水,可直接或间接从猪体表吸收热量,达到降低温度的目的。④增强猪舍通风。除在猪舍建造上考虑自然通风外,有条件的地方还应考虑安装调速电风扇或排风扇,加强空气对流,降低猪舍温度。⑤调整营养,增喂一些清凉解暑的饲料,如青绿多汁饲料等。

4. 公猪的合理利用

(1) 公猪的使用次数与年龄有关　青年公猪(1~2岁)身体尚处在继续生长发育时期,一般以每周配种3~4次为宜。成年公猪(2岁以上)体躯发育基本完成,在饲料营养较好的情况下,每日可使用1~2次,冬季上、下午各1次,夏季早、晚各1次,但连续配种后,每周应休息2日。5岁以上的公猪,依其体况和性欲情况,可隔1~2

日使用1次。

(2) 公猪使用次数与营养有关　在发情母猪较多的配种季节，应根据公猪的营养状况和饲料条件，合理使用公猪。也就是说，营养状况好的公猪可以适当多用几次，营养状况差的公猪不但要少用，而且要增喂含有丰富营养的饲料，如鱼粉、鸡蛋等动物性饲料。

(3) 人工采精公猪的利用次数　成年公猪每周可采精4天。如果公猪营养状况好、性欲旺盛，每日可采精1～2次。青年公猪每周可采精2～3次。如果公猪是初次采精，或间隔长时间未采精，其第一次采精的精液，应做显微镜检查，查看精子活力、密度和品质，精液品质不合格的公猪，要加强饲养管理，待精子质量镜检合格后才能使用。

5. 种公猪饲养管理中的一些问题

(1) 防止公猪自淫　有些猪种性成熟较早，性欲旺盛，常引起非正常性射精，即自淫的恶癖。杜绝这种恶癖的方法是公猪单圈饲养。公猪舍尽量远离母猪舍，配种点与母猪舍隔开。同时，加强公猪的运动，调整营养标准，建立合理的饲养管理制度等，可有效地防止公猪的自淫现象。

(2) 防止过度使用　在配种旺季，当需要配种的发情母猪较多，而公猪又较少时，有可能过度使用公猪，不但影响母猪受胎率，也影响以后公猪的使用价值。因此，在实际工作中，应尽量按预先制订的配种方案去做，切不可贪图眼前利益，因小失大，过早地结束优良种公猪的使用期限。

(3) 非配种期种公猪的管理　在没有配种任务的空闲时期，不能放松对种公猪的饲养管理。应按饲养标准规定的营养需要量饲喂，切不可随便饲喂，使公猪过于肥胖或瘦弱，以致降低性欲或不能承受配种期间的繁重任务。因此，在非配种期，应本着增强种公猪体质，调节和恢复种公猪身体状况的原则，进行科学饲养管理，以便在配种期更好地发挥作用。

6. 种公猪的繁殖障碍及其防治

公猪繁殖障碍有先天性和后天性两类。先天性主要是遗传缺陷，包括睾丸先天性发育不良、隐睾、死精和精子畸形等；后天性主要有骨骼及肢蹄病、生殖器官传染病、营养缺乏病、饲养管理和环境因素造成的疾病、不合理的配种制度和配种方法造成的疾病等。

(1) 肢蹄病

① 蹄冠部化脓性炎症。蹄冠部柔软组织遭受创伤，引起化脓性炎症，由于剧烈疼痛而呈现跛行。严重者发病蹄仅能提举而不能着地，或只能蹄尖着地，行走困难。防治方法是，尽量避免蹄部损伤，一旦发现蹄部损伤，应及时治疗，先用消毒药液清洗擦干后，涂以青霉素或磺胺药膏，包扎绷带后静养。

② 腐蹄。腐蹄病主要是公猪长期饲养在不清洁、潮湿的圈舍里造成的。公猪蹄底部腐烂，因而疼痛、跛行，严重者不能行走。防治方法是，用蹄刀把蹄底腐烂部分除掉，再用松馏油1份、橄榄油9份混合后涂抹，并清理圈舍，保持卫生，使腐蹄痊愈。

(2) 性欲减退或缺乏　主要表现对母猪无兴趣，不爬跨母猪，没有咀嚼吐沫的表现。造成此现象的主要原因是缺少雄性激素，营养状况不佳，或营养过剩。防治方法：除调整饲粮中蛋白质、维生素和无机盐水平，适当运动和合理利用外，严重者可用5000单位绒毛膜促性腺激素，每头每日1支，用2～4毫升生理盐水稀释，肌内注射。

(3) 不能交配　公猪性欲正常，但不能交配。发生的原因：①先天性阴茎不能勃起；②阴茎和包皮异常；③阴茎有外伤造成发炎；④肢蹄伤痛等。对可治疗的病要及时治疗，不能治疗的要淘汰。

(4) 精液不正常　公猪性欲正常，但精液中死精子多或无精子。发生的原因：①饲养管理不当，饲料突然改变，尤其是蛋白质、维生素A突然减少；②利用过度，高温高湿气候影响等。防治方法：改善饲养管理，稳定饲料配方，尤其是蛋白质和维生素A、维生素E的供给要稳定。对于生殖器官有疾患的公猪要淘汰。

(5) 睾丸炎和阴囊炎　发生睾丸炎和阴囊炎的公猪，使精子生成发生障碍，精子尾部畸形等。对这样的公猪，要及时发现，及早治疗。一般治疗方法是，在睾丸外部涂以鱼石脂软膏，再配合注射抗生素等消炎药。对于无治愈希望的公猪，应及早淘汰。

二、公猪精液品质的检查和判定

(一) 采精用具准备

采精前要仔细检查采精台和采精用具。假母猪台是否结实，有无破损，防止伤害公猪；假母猪台和场地是否清洁卫生，防止污染采集的精液。对假阴道、采精器皿要进行严格的蒸煮消毒，高温消毒后，用生理盐水冲洗一遍；胶皮用具洗涤干净后，再用70%的酒精消毒。严格检查假阴道的内胎、漏斗是否脱胶、漏水，内胎必须严密地固定在外壳上；集精瓶外用纱布包好，冬季要加保暖装置；在外筒和内胎之间要加水调温，水温一般以40～42℃为宜。加水后用双联球加压充气，使内胎充气靠拢成三角形。

准备好精液品质检查仪器、用具和药品，备好精液稀释液。

（二）采精

当公猪与母猪接近时，通过对母猪毛色、气味、鸣叫等的视、嗅、听、触，引起公猪神经系统的兴奋，形成性反射，导致射精。采集公猪精液可以应用假阴道采精和徒手采精两种方法。

1. 假阴道采精法

是借助于特制模仿母猪阴道功能的器械采集公猪精液的方法。我国常用的猪假阴道，由外筒、内胎、胶皮漏斗、集精瓶、双联球、橡皮塞和橡皮圈等组成。外筒一般用厚硬橡胶管制成，长约30厘米，外径7～8厘米，内径6～7厘米，距一端20厘米处有一注水孔，连接双联橡皮球，假阴道一端由胶皮漏斗连接集精瓶（图3-3）。

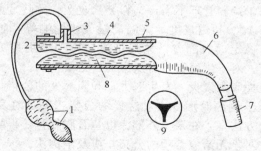

图3-3 猪用假阴道的构造

1—双联橡皮球；2—假阴道内胎；3—注水孔；4—假阴道外筒；
5—固定胶圈（或绳子）；6—胶皮漏斗；7—集精瓶；8—温水；
9—假阴道口（最适当的胀度）

采精前要先装好假阴道，调节好适宜的温度和压力，并在内胎上涂抹润滑剂,而后置于采精台(也称假母猪台)内。采精时公猪爬跨假母猪台,人工辅助将公猪阴茎导入假阴道内,而后有节奏地手压双联橡皮球,调节假阴道内的压力,刺激公猪射精。

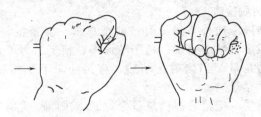

图 3-4 徒手采精法(箭头示阴茎进入方向)

2. 徒手采精法

此方法不使用假阴道装置,采精员只要戴上橡胶手套,蹲于公猪右侧,左手握成空拳,待公猪在爬跨台上伸出阴茎后,立即将公猪的阴茎导入空拳内,用手指由轻到紧有节奏地握住螺旋状阴茎龟头后部,以拇指适当摩擦,引起公猪射精。同时,采精员一手持集精瓶接取公猪的精液(图 3-4,图 3-5)。徒手采精法不需

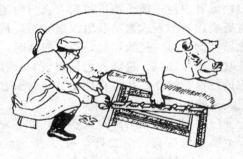

图 3-5 徒手采精

要更多的设备,而且操作简单易行,是当前较广泛使用的一种采集公猪精液的方法。

(三)精液品质检查

1. 精液处理

精液采出后检查处理前,应将精液立即过滤,去除胶状物。过滤方法一般是用消毒生理盐水浸泡过的消毒双层纱布盖在玻璃漏斗的嘴部,尖端靠近容器的内壁,然后将精液过滤干净,立即存放在 35～37℃ 的水浴锅内或保温箱内保温,以免因温度降低而影响精子活力,

然后进行各项目的品质检查。整个检查活动要迅速、准确，在红外线灯下进行，一般在 10 分钟内完成。每检查一次公猪精液，都要有一份详细的检查记录，以备对比及总结。

2. 精液品质检查

常用的精液品质检查指标有：射精总量、射精量、色泽和气味、浑浊度、酸碱度、精子密度、精子畸形率、精子活力等。

(1) 射精总量　当猪射完精后，直接记录下集精瓶上的刻度读数，即为射精总量。

(2) 射精量　把猪的射精总量经过滤、排除胶状物后剩余的精液量，即为射精量。公猪每次射精量平均为 200 毫升左右，胶状物一般占精液总量的 20% 左右。

(3) 色泽与气味　精液的直观色泽和气味，能直接反映精液品质的好坏和性器官功能是否正常。一般来说，正常的公猪精液颜色为灰白色或乳白色，精子浓度越高，乳白色越浓。若混有异物，颜色相应有所变化。如混入血液及组织细胞时，精液带浅褐色或暗褐色；混入化脓性物质时，呈浅绿色；混入尿液时，则稍带橙黄色；混入新鲜血液时，稍带红色。精液异色的出现，表明公猪生殖器官有病理变化，应进行诊断治疗，并停止使用。正常公猪精液具有一种特殊的腥味，但无臭味。

(4) 浑浊度　用肉眼观察时，如果精液呈滚滚云动状，很浑浊，表示精子浓度高，活力好，可用"＋＋＋"号表示，稍差可用"＋＋"表示，最差用"＋"号表示。这种肉眼观察法是一种间接表示，准确性较差。

(5) 酸碱度测定　公猪精液呈弱碱性（pH 7～8）。一般用万能 pH 试纸检验。测定时，用消过毒的玻璃棒点少量精液滴于试纸上，再与标准比色纸进行比较，即可得出 pH 值。若精液 pH 值上下变动过大，说明精液品质不良，不能使用。

(6) 精子密度　精子密度较大，说明精液品质好，反之则不好。检查精子密度的方法是，取精液 1 滴，涂在干净消毒的载玻片上，在显微镜下观察，同时也可检查活力。精子的密度常分为密、中、稀 3 级。精子稠密表示精液中所含精子数多，在显微镜下检查时，充满整个视野。精子彼此之间的空隙不足 1 个精子的长度，一般很难看出单个精子的活动情况。此种精液精子密度为密级。中等密度，在显微镜下可以看到精子的各部分，精子彼此之间的距离可容纳 1～2 个精子，单个精子的活动清楚可见。稀薄级，精子数很少，精子分布于显微镜视野中的各处，精子彼此之间的距离大于 2 个精子。一般来说，每毫升猪精液中含 2 亿个以上精子为"密"，1 亿～2 亿个精子为"中"，1 亿个以下为"稀"。

精液的密度可用血细胞计数器计算。其方法是：第一步先将待检查的精液样本轻轻摇匀，然后用血细胞计数器的吸管，吸取精液至吸管上 0.5 刻度的地方。第二步是用消毒纱布迅速将吸管上所沾染的精液抹掉，并随即将管内的精液吸至吸管的膨大部。第三步是再吸取 3% 的氯化钠溶液至刻度管的 101 处，如此便将原精液稀释到 200 倍。精液与 3% 的氯化钠溶液混合，一方面达到稀释的目的，另一方面可杀死精子，便于对精子的观察和计算。第四步是将吸管中的精液与 3% 氯化钠溶液充分摇匀，然后把吸管的混合液体吹出 4～5 滴弃掉，将吸管尖端放在计算板与盖玻片之间的空隙边缘，使吸管中的精液流入计算室（室高 0.1 毫米），至渗满为止。第五步是将装有精液的计算板放在显微镜下观察，计算板在显微镜下静放 3 分钟左右，让精子全部沉淀，再进行检查。将计算室放在显微镜的接物镜下，转动大小螺旋调节器，直到看见双线方格内的精子为止。计算板上用刻线划成 25 个正方形大方格，共由 400 个小方格组成

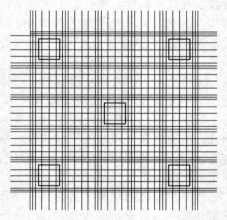

图 3-6　血细胞计数器的计算方格
（希里格式黑圈为应计数的方格）

（图 3-6），面积为 1 平方毫米。计算四角及中央的 5 个大格内的精子数，亦即计算 80 个小方格内的精子数。计算时以精子头部为准，位于方格各四边线条的精子，只计算上边和左边的，不计算下边和右边的，避免重复计算。选择的 5 个大方格应在一条对角线上，或四角各

取1个，再加上中央1个。求得5个大方格中的精子数后，即可换算出1毫升精液中的精子数。方法是：用所得5个大方格精子数乘以5，即为25个大方格（面积为1平方毫米，高0.1毫米的容积）内的精子数，再乘以10，即为1立方毫米内的精子数，再乘以1000，即为1毫升（即1立方厘米，等于1000立方毫米）内的精子数，最后再乘以稀释倍数，即可求得1毫升原精液中的精子数。例如猪精液稀释10倍，5个大方格内有精子数250个，则1毫升原精液中的精子数为：

$$5\times250\times10\times1000\times10=125000000(1.25亿)$$

为了减少检查误差，应连续检查两次样品，求其平均数，如果得到两次样品数字相差太多，可再进行第三次检查。为了检查准确，应首先做到取样正确，取样前将吸管内的水滴吹尽，用口吸或先将吸管上连接的小胶管折叠过来，慢慢放松，吸到精液入内即可；其次应做到稀释准确，稀释时要看精液是否已吸到管内，如尚未吸入，必须先把精液吸入后再稀释。吸管内如有气泡，应暂时停止稀释，用拇指和食指塞住吸管两端，将吸管上下摇动，使其内部精液与稀释液混合后再吸。否则，由于气泡吸至胶管中，必然影响精子密度测定的准确性。吸入的稀释液，一定要吸至管的101刻度处，不容许过多或不足。

稀释液可用伊红盐水混合液，使精子染成红色，清晰可见。伊红盐水配制方法：2%伊红液2毫升，加蒸馏水50毫升混匀即成。

稀释方法掌握后，还应做到准确操作显微镜，才能保证检查的准确性。实验室条件较好的猪场或养殖单位，可用分光光度计测定精子密度。用仪器测定比较准确。有条件的单位还可以购买精虫数测定仪和精子密度测定仪。可按仪器说明书使用。

（7）精子活力　精子活力是一个重要检查项目，是精液品质的重要指标之一。检查精子活力时，用滴管或细玻璃棒取1滴精液放在载玻片上，盖以盖玻片，置于显微镜下，放大300～500倍观察。检查时的温度应控制在38～40℃。温度过高时精子活动激烈，耗能过大，可造成精子很快死亡；温度过低时，精子活动缓慢，表现不充分，评定结果不准确。因此，在检查精子活力时，应给显微镜加保暖装置。如果猪精子密度较小，检查活力时可不加稀释液，直接取精液检查即可。

精子活力的评定，一般是推算能前进运动的精子所占的百分率。活力强的标以 0.9，0.8；活力中等的标以 0.7，0.6；活力弱的标以 0.5，0.4、0.9、0.8、0.7、0.6、0.5、0.4 分别代表 90%、80%、70%、60%、50% 和 40% 的精子具有前进运动。在显微镜下检查时，应多看几个视野，并上下扭动细螺旋，观察不同深度的精子运动情况。同时，还要注意精子的运动形式（转圈、摆动）和速度。对常温保存的猪精液，检查活力时需升温，并轻轻振动以充氧，否则活力不易充分恢复。猪精子活力一般在 0.7~0.8。

精子活力也可用死活鉴别染色法进行评定。把经过染色处理的精液涂在载玻片上，可将死活精子区别出来，然后算出活精子的百分比。这种检查方法相当准确，但需正确而迅速地制成抹片。方法是取 1 滴待检查的精液，放在干燥洁净的载玻片上，立即再取 1 滴 5% 水溶性伊红溶液（用蒸馏水或磷酸盐缓冲液制备）与精液均匀混合，然后再滴上 2 滴 1% 的苯胺液，随后用另一载玻片（磨边的）迅速推成抹片，待自然干燥后，在显微镜下观察。由于染色时活动着的精子不着色，死精子则因伊红渗入细胞膜而呈红色，据此可计算出活动精子的百分比。用此方法计算的精子活力，比实际活力稍高，因为此法只能区别精子的死活，而不能区别运动方式。采用此法应注意在抹片时保持一定的温度（35~38℃），制作要快，保证精液与染色液相混合。应用此法评定精子活力时，也可同时检查畸形精子的百分比。

（8）**精子畸形率** 精液中除正常精子外，或多或少有不正常的精子存在。不正常的精子称之为畸形精子。畸形精子在精子总数中所占的比例，称为精子畸形率。据测定，健康公猪精液中的精子畸形率为 5% 左右，大部分为带有原生质滴的未成熟精子或卷尾精子。试验证明，精子畸形率超过 14% 时，就会影响受胎率。畸形精子大致分为头部畸形、颈部畸形、中片部畸形和尾部畸形四类：头部畸形包括大头、小头、细长头、梨状头、双头等；颈部畸形包括大颈、长颈、屈指颈等；中片部畸形包括膨大、纤细等；尾部畸形包括卷尾、折尾、长大尾、短小尾、双尾、无尾等。

精子畸形率的检查方法是，先取 1 滴精液，放在干净载玻片一端，再用另一载玻片一端接触精液前面，向前呈 35°~45° 角轻轻地拉引，把精液在载玻片上均匀地涂上一薄层，置于空气中干燥后，浸入

95％酒精中固定 1～3 分钟。取出后用清水洗一下，再用 0.5％龙胆紫酒精溶液、红墨水或蓝墨水少许，滴在载玻片的精液涂层上，经 1～3 分钟，精子便染上了颜色，再用清水冲洗，待干燥后镜检。检查时计算 500～1000 个精子，看其中有多少畸形精子，用下列公式计算精子畸形率：

精子畸形率＝畸形精子数/计算的精子总数×100％

（9）精子存活能力　精子存活能力与受精能力密切相关，存活能力保持越久，则受精能力越高。为此，检查精子的存活能力，也是判断精液品质的重要指标，特别是判断长期保存后的精液品质，更具有特殊意义。其检查方法有以下两种。

① 美蓝褪色法。精液中的活精子，在生活时需要消耗氧气，结果使美蓝褪色。活动精子越多，氧气消耗越多，美蓝褪色越快。品质优良的精液，美蓝褪色时间一般为 3～6 分钟，如超过 9 分钟，就不能用来输精。测定时取一小玻璃瓶，加入 3.6％柠檬酸钠溶液 100 毫升，再加入美蓝 50 毫克，使之溶解，配成美蓝溶液。另取一试管，加入卵黄柠檬酸钠稀释液 0.8 毫升，再加入精液 0.2 毫升，充分混合。吸取美蓝溶液 0.1 毫升加入稀释液中，滴加 1 厘米厚的消过毒的中性液状石蜡于稀释精液表面，将试管放入 43～46℃的水中，保持静止，观察美蓝褪色所需的时间。

② 抗力测定法。精子抗力测定是通过精子能忍受 1％氯化钠溶液作用的强度来测定的。具体方法是，用吸管吸取 0.02 毫升精液，放入一容量为 200 毫升的三角瓶中，然后在滴定管中装入 1％氯化钠溶液，滴入盛有精液的三角玻璃瓶中，每次滴后使溶液与精子混合均匀。然后用吸管从三角瓶中取出一小滴稀释的精液，放在载玻片上置于显微镜下进行检查，直到精子活动停止。进行抗力测定时，室温应保持在 18～25℃，并应于 15 分钟内操作完毕。抗力系数测定公式如下：

抗力系数＝所用氯化钠溶液毫升数/所取精液的毫升数

三、母猪发情鉴定与催情

（一）母猪发情鉴定

瘦肉型品种及其杂交母猪的发情行为和外阴变化不及地方品种明

显，个别猪出现安静发情，因而不容易发现，不能及时配种，降低了母猪利用效率。因此，对母猪发情要注意连续鉴定，及时掌握母猪发情过程，以便确定最佳配种时机，防止发情母猪漏配。理想的检查方法是：晚上用公猪进行检查，早晨人工检查，这种方法能发现正在发情的母猪和在10小时内将要发情的母猪。观察母猪发情的表现，除前面说的行为变化外，还要结合黏液判断法、试情法和压背法来进行发情鉴定。

1. 黏液判断法

用两指分开外阴，由浅至深以目测和手感黏液特性相结合，仔细检查被鉴定母猪，不同发情阶段的黏液特性不同。未发情母猪的黏膜干燥无黏液、无光泽，同时外阴部没有红肿；母猪开始发情就会出现黏液，发情开始的黏液稀而清亮，外阴部开始肿大呈粉红色，两天后黏液浓而黏稠，外阴部紫红色、肿大，此时是配种的时机，第四天后黏液减少，阴部红肿开始消退（后备母猪比经产母猪的外阴部红肿时间长）。

2. 试情法

借助公猪接触母猪，以观察母猪的性欲表现，并确定开始接受爬跨的时间和推算配种时间。

3. 压背法

是一种仿生法，以人工模拟公猪行为，用力将手压在母猪背部，并发出类似公猪的叫声，当母猪接受这些刺激信号时，反射性地表现特异行为，如接受按压、身体不动、尾根上翘等，可以依据母猪的行为来判断发情。

（二）母猪催情

1. 公猪诱情

用公猪追逐不发情的空怀母猪，或把公母猪放在同一栏内，由于公猪爬跨和公猪分泌激素气味的刺激，能引起母猪产生促卵泡激素，促使其发情排卵。

2. 仔猪提前断奶

为减轻瘦弱母猪的哺乳压力，将仔猪提前到21～28天断奶，让母猪提前发情。

3. 合群并栏

把不发情的空怀母猪合并到发情母猪的栏内饲养，通过发情母猪的分泌物和发情母猪的爬跨等刺激，促进空怀母猪发情排卵。

4. 按摩乳房

对不发情的母猪，每天早晨喂料后，将手指尖端放在母猪乳头周围皮肤上做圆圈运动，按摩乳腺（不要触动乳头），依次按摩每个乳房，促使分泌排卵。

5. 激素催情

对卵泡囊肿或持久黄体不退的母猪，用孕马血清促性腺素（PMSG）或合成雌激素等注射，促进发情排卵的效果好。

6. 药物冲洗、治疗

对子宫炎引起的配后不孕母猪，用0.3%的食盐水或0.1%高锰酸钾水冲洗子宫，再用抗生素（如恩诺沙星）注入子宫内，同时肌内注射青链霉素合剂消炎和注射催产素促使子宫污染物排出，隔1~2天再进行一次。

7. 营养调节

体膘肥壮的母猪，停料1~2天，只饮水，待第2、第3天后限制用料，同时加强运动和用公猪诱情；体膘偏瘦的母猪，饲喂哺乳料3~5天，并保证用量，同时也用公猪诱情。

四、母猪配种

母猪发情时完成与公猪的交配行为的过程称为配种。交配行为完成得好不好，配种时间掌握得准不准，将直接影响精子与卵子的结合及结合子——受精卵的发育，也就是直接影响母猪的发情期受胎率和产仔数。

（一）母猪排卵与受精

1. 排卵过程

卵子从卵巢中的卵泡排出后，进入漏斗状的输卵管伞中，借助输卵管伞部纤毛上皮摆动所造成的液流，把卵子吸入输卵管，再借助输卵管管壁肌肉的收缩和输卵管壁纤毛上皮的摆动，使卵子朝着子宫方向前进。公母猪交配后，精子从下向上游动，卵子从上向下运动，精子和卵子只能在输卵管上端 1/3 处（即输卵管峡部）结合，卵子运行超过 1/3 处，一般失去受精能力。因此，应掌握适时配种，让精子游到输卵管上 1/3 处，等待卵子的到来。如果卵子和精子结合，其结合子（受精卵）继续沿输卵管下行到子宫角，然后附植着床在子宫角中，随后发育成胚胎和胎儿。如果卵子未与精子结合，通过输卵管峡部后，逐渐老化，失去了受精能力，同时被包上一层输卵管的分泌物，阻碍精子进入而不能受精。

2. 受精过程

母猪的受精过程包括 4 个阶段：第一阶段是卵子准备精子进入阶段——精子驱散卵子放射冠，准备进入卵子；第二阶段是精子钻进卵子中——精子驱散卵子放射冠后，继续穿透卵子的透明带和卵黄膜而进入卵子；第三阶段是精子与卵子之间的相互融合、同化；第四阶段是精子与卵子核的合并。在整个受精过程中，开始是许多精子共同作用，当驱散卵子放射冠后，只有少数精子进入卵子，最后真正与卵子核结合的只有 1 个精子。

（二）配种时间

根据母猪的排卵时间及卵子、精子运行和存活时间，母猪最适宜的配种时间应是发情后 24～48 小时，此时受胎率最高（表 3-2）。因此，确定母猪最适宜的配种时间，应为母猪排卵前的 2～3 小时。

表 3-2　不同时间配种对母猪受胎的影响

发情至交配时间 /小时	配种头数 /头	受胎头数 /头	受胎率 /%
12	12	0	0
24	11	3	27
48	44	39	89
60	10	1	10
72	3	0	0

母猪适宜的配种时间受品种的影响。我国地方品种猪发情持续时间长，一般宜在发情开始后的第 2～3 天配种；从国外引进的猪种和培育品种猪发情持续时间较短，多在发情开始后的第二天配种。

母猪配种时间还受年龄的影响。由于青年母猪发情时间较长，一般多在发情开始后的第二天下午或第三天上午配种；老母猪发情时间短，配种时间应适当提前。多年来，群众根据猪的年龄总结的配种经验是："老配早，小配晚，不老不小配中间。"

根据发情母猪的举止，判断适宜的配种时间。一是以手用力按压母猪背腰和臀部时，母猪站立不动，双耳直立，等待接受公猪爬跨，是进行第一次配种的时间，过 10～12 小时以后，再进行第二次配种，可以提高受胎率。二是母猪开始发情时，根据外阴部变化判断适宜配种时间。当母猪外阴部逐渐肿大变红的高潮过后，外阴部产生小的皱褶时，为配种的适宜时间。三是发情母猪完全允许公猪爬跨，是最适宜的配种时间。但是，对那些发情表现不明显的母猪，应综合判断最适宜的配种时间。

对青年母猪而言，培育品种或引进的瘦肉型猪种的初次配种年龄，一般为 8～10 月龄、体重 90～130 千克；我国地方脂肪型猪种的初配年龄，一般为 6～8 月龄、体重 70～90 千克。猪的配种年龄不宜过早，过早配种会影响母猪生长发育。有资料证明，过早配种母猪排卵数较少，还可能引起胚胎发育不良，或乳腺发育不充分而影响泌乳。

总之，要掌握好以下配种技术和操作细则，才能提高母猪受胎率，增加产仔数。

① 把握母猪的最适当配种时机，及时配种。

② 选择合适的配种方式。根据母猪体形大小，选择采用公猪本交还是人工授精。采用本交时，体形小的母猪应选择体形小的青年公猪进行交配，需要采用大公猪时，要人工给予辅助交配。

③ 选择宽敞的配种场地，先将母猪赶进去，并对母猪外阴部及臀部进行清洗和消毒（使用 0.1% 高锰酸钾溶液）后，再赶进公猪。交配时，母猪体形小，让公猪站在地势低的一头交配；公猪体形小，让公猪站在地势高的一头交配。同时，配种人员将母猪的尾巴拉向一边，使阴茎顺利插入阴道中，待公猪射精后，缓缓将公猪赶下，并对母猪的腰部用力挤压，使子宫收缩，减少精液外流。

④ 人工授精时，先要检查精液的质量（如精子密度、活力），给母猪输精时要仿照公猪配种的动作进行操作，尽可能让母猪享受用公猪配种的感觉。

⑤ 冷天、雨天、风雪天应在室内交配，夏天宜在早晚凉爽时配种。

（三）配种方式

猪的配种有本交和人工授精两种方式。

1. 本交

本交也称自然交配，可分为单次配种、重复配种、双重配种和多次配种 4 种方法。

(1) 单次配种　指在母猪的一个发情期内只用 1 头种公猪交配 1 次。这种配种方法在适时配种的情况下，可以获得较高的受胎率，但是，生产中往往难以掌握最适宜的配种时间，从而降低受胎率和产仔数。所以，除非公猪数量不足，否则一般不宜采用此种配种方法。

(2) 重复配种　是指在母猪的一个发情期内，用同 1 头种公猪先后配种 2 次，即在第一次配种后间隔 8~12 小时再配种 1 次，这样可提高母猪受胎率和产仔数。目前多数猪场采用此种配种方法。

(3) 双重配种　在母猪的一个发情期内，用不同品种的 2 头公猪或同一品种但血缘关系较远的 2 头公猪先后间隔 10~15 分钟各与母猪配种 1 次。这种配种方法，不仅受胎率高，而且产仔多，所产仔猪生存力强。

(4) 多次配种　在母猪的一个发情期内隔一段时间，连续采用双重配种的方法或重复配种的方法配几次，这样可提高母猪多怀胎、多产仔、产好仔的效果。

以上配种方法，应根据猪的不同生产用途选择应用。在瘦肉型猪种原种场为避免血统混杂，应采用单次配种和重复配种，而利用瘦肉型猪种作父本与地方猪种（或杂交母本猪种）进行二元或三元杂交，生产杂交商品瘦肉猪的商品猪场，除采用单次配种和重复配种的方法外，还可采用双重配种和多次配种的方法。

自然交配还可分为自由交配和人工辅助交配两种方式。

(1) 自由交配　这种方法就是任公、母猪自由交配，没有人为的帮助。此方法对猪的育种、杂交生产和公、母猪本身的健康发育有不良影响，故自由交配的方法已不提倡使用。

(2) 人工辅助交配　这种方法是在人工辅助的情况下配种。交配

图 3-7 配种用垫脚板

场所应选择距公猪舍较远、安静而又平坦的地方。具体做法是：让母猪站在适当位置，辅助人员在公猪爬跨母猪时，一手将母猪尾巴拉向一侧，另一手牵引公猪包皮将阴茎导向母猪阴户。然后，根据公猪肛门附近肌肉伸缩情况，判断公猪是否射精。

与配公猪体格大小最好与母猪相仿，否则应采取一些辅助措施。当公猪小母猪大时，应为公猪准备斜面垫板（图 3-7），或把母猪赶到斜坡上，让公猪站在高处；当公猪大母猪小时，应准备配种支架（图 3-8）或让公猪站在斜坡上的低处。

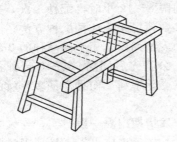 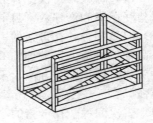

图 3-8 配种支架

2. 人工授精

猪的人工授精又称人工配种，是人为地采集公猪精液，经过处理后，再输入母猪的生殖器官内，使其受胎的一种方法。

（1）人工授精的优点

① 人工授精可以提高良种公猪的利用率。人工授精可以充分利用优良公猪，减少公猪的饲养头数，节约饲料，降低饲养管理成本。自然交配，1 头公猪 1 天只能配 1 头母猪，最多不超过 3 头。如果公猪使用过于频繁，就会损伤公猪的身体和降低精液品质。采取人工授精，1 头公猪的精液经过稀释后，可以为 10～20 头母猪输精，最多可为 30 头以上的母猪输精。

②人工授精可以加速猪群改良速度。由于采集1头公猪的精液可以为许多头母猪输精,因而可以促进猪群改良,有效地提高猪群的质量。

③人工授精可以避免一些传染病的发生。由于人工授精是按严格的消毒方法操作,避免了公猪直接接触母猪可能造成的某些传染病的传播。

④人工授精可以克服公母猪体格大小不同造成不易交配的困难。如我国地方猪种一般体型偏小,而引入猪种一般体型偏大,在杂交过程中,造成配种困难。而采用人工授精方法,可以不受体型大小的限制。

⑤人工授精可以克服远距离公母猪不能交配的困难。在养猪生产中,为了改良猪种,更新血缘,采用远距离运送优良种公猪的精液,为母猪输精,解决了公母猪不在同一地区饲养难以交配的问题。

(2) 人工授精的方法

①稀释公猪精液。精液稀释液的作用是增加精液的营养成分、提供缓冲剂、维持精液的pH值、维持适当的渗透压和电解质平衡、抑制细菌生长。精液稀释的目的是扩大对母猪的输精头数、提高优秀公猪利用率、有利于精液的保存和运输。精液的稀释要做到如下几点。

a. 精液稀释液保鲜。稀释液要现配现用,配制精液稀释液的用具,必须彻底清洗消毒;所用的药品成分要纯净(一般选用分析纯),称量要准确(一般用0.01克感量的天平);所用的水要用双蒸馏水;抗生素必须在稀释液冷却至室温时,按用量临时加入。

b. 精液稀释倍数的确定。精液的稀释倍数应根据每次输精所需的有效精子数、精子密度和稀释后对精子保护时间的影响等因素确定,稀释比例一般为1:(2～4)。稀释倍数计算公式为:稀释倍数=采精量×精子密度/稀释后精液的要求密度。

c. 稀释方法。采取的精液要迅速放入37℃左右的保温箱中保温,并在半小时内完成稀释;稀释液与精液的温度必须调至一致才能进行稀释;稀释时,使稀释液沿精液瓶壁缓慢加入,不可将精液倒入稀释液内;稀释后将精液瓶轻轻转动,使精液与稀释液混合均匀,切忌剧烈震荡;如做高倍稀释,应分次进行,先低倍后高倍,防止精子所处的环境突然改变，造成稀释打击；精液稀释后即进行镜检，如果活力下降，说明稀释液有问题或操作不当。

c. 稀释后的分装。精液的分装有瓶装和袋装两种，装精液用的袋子应是对精子无毒害作用的塑料制品。瓶子上面要有刻度，最高刻度为100毫升。分装后的精液要贴上标签，上面写明公猪耳号、采精与处理时间、稀释后密度、操作人员等，贴上标签后继续放入保温箱内，并将这些项目做好记录，以备查验。为了便于区分，一般一个品种使用同一颜色的标签。

② 输精前的准备

a. 做好输精器具的消毒工作。对于多次重复使用的输精管，要严格消毒、清洗，使用前最好用精液冲洗1次。

b. 做好母猪阴部的消毒工作。首先把母猪阴部冲洗干净，再用消毒的毛巾擦干，并防止再次污染，防止将细菌带入阴道。

c. 识别母猪最佳配种时间。发情鉴定是输精成功的关键。大多数瘦肉型猪种发情不明显，需要仔细观察。适宜配种的母猪其阴户内表颜色由红色变成紫红色，手压其背时会出现静立反射，用公猪试情时，母猪会出现强烈的交配欲。有人认为，断奶后6天之内发情的经产母猪，在出现静立反射后的8~12小时进行首次输精；断奶后7天以上发情的经产母猪，以及后备母猪、返情母猪，出现静立反射后应马上输精。

d. 输精前精液的镜检。镜检主要检查精子活力、密度、畸形率等。对于畸形率超过20%的精液不能进行输精。输精前应将精液在34~37℃的水浴锅中升温5~10分钟。

③ 输精方法。输精前用0.1%高锰酸钾溶液清洗母猪外阴部，再用清水洗去消毒水，防止消毒水污染精液。用一点精液或人工授精用的润滑液涂抹在输精管的海绵头上，以利于输精管插入时的润滑。然后用手将母猪的阴唇分开，将输精管沿着阴道背面斜向上45°慢慢插入阴道内，当插入25~30厘米时，会感到有阻力，此时，输精管已到子宫颈口，用手再将输精管左右旋转，稍一用力，输精管顶部则进入子宫颈的第二至第三皱褶处，发情好的母猪便会将输精管锁定，当回拉时则会感到有一定的阻力，此时便可进行输精。

用输精瓶输精时，当插入输精管后，用剪刀将输精瓶盖的顶端剪去，插到输精管尾部就可输精；而用输精袋输精时，只要将输精管尾部插入输精袋入口即可。为了便于输精和精液的吸收，可在输精瓶底部开一个口，利用空气压力促进吸收。每次输精应持续 5 分钟以上，输精时严防精液倒流，输精完毕折弯输精管尾部插入精液瓶（袋）中，留置 5~10 分钟，让其自行脱落或退出少许后再拉出。为了便于输精和精液的吸收，可在输精时，将试情公猪赶到输精母猪的栏外，刺激母猪性欲的提高，也可按摩乳房、阴户、肋部，或输精员倒骑在母猪背上等，都能增加输精效果。

宫内输精。近几年，推出一种新的输精管，是在常规输精管内安装一套管，输精时用力挤压将套管挤出，使套管比原输精管多进入子宫深部约 20 厘米，精液直接输入到子宫深部，故称为子宫内输精。宫内输精的主要优点是输精速度快、精液用量少、减少精液回流，缺点是输精成本较高。

④ 输精量。过去给母猪输精一般为 5~30 毫升，有效精子数为 5 亿~20 亿。现在的输精量一般为 50~100 毫升，有效精子数 20 亿左右。有些商业化精液一般每个输精头份为 80 毫升，总精子数 30 亿左右，精子活力不低于 0.7。

(3) 影响人工授精效果的因素

① 公猪的精液。公猪精液品质的好坏是影响母猪发情期受胎率和产仔数的直接原因。

a. 公猪精液的品质。采出的精液应经过检查，再给母猪输精，否则会导致母猪发情期受胎率和产仔数降低。当精液中死精率超过 20% 或精子活力低于 0.7 时，母猪受胎率和产仔数就会受到影响。精液的稀释和保存，都应按操作规程进行，否则会影响品质，进而降低母猪的受胎率和产仔数。

b. 输精时精液的保管。在炎热的夏天或寒冷的冬天，输精时精液瓶或袋暴露在外界时间太长，会使精液品质发生变化，精子活力降低，导致母猪受胎率和产仔数降低。若母猪输精量较大，应将精液放入泡沫箱中保存，做到冬天保温、夏天降温（但温度不能低于 15℃）。

② 母猪健康状况

a. 母猪的体况。母猪太肥或太瘦，发情不明显或假发情，即使输了精也容易返情。因此,在母猪配种前应注意调节母猪的日粮和体况,保证母猪有良好的体况,使母猪正常发情与配种。

b. 疾病。母猪患有疾病会严重影响人工授精效果。例如,母猪患猪瘟、乙型脑炎、巴氏杆菌病等,母猪输精后容易返情;母猪患有可见性或隐性子宫炎,无论怎样输精都不会受胎。

c. 母猪生殖器官问题。如母猪输卵管堵塞等,输精后大都不会受孕。

③ 输精技术 输精时间、方法、配种员技术水平等都会影响授精效果。输精员配种经验是否丰富、观察母猪发情和掌握输精时间、输精技术水平高低等,直接影响输精效果,甚至影响母猪的受胎率和产仔数。因此,要加强对配种员的培养,提高其配种责任心和配种技术。

④ 温度 温度对母猪的受精效果有一定的影响,温度过高或过低,都会对精子和卵子及受精过程不利。因此,在母猪配种时应避开温度过高或过低时间,一般在夏季炎热时,应选在早上7时以前或下午6时以后温度较低时输精。

⑤ 输精管的选择 输精管应选择质量较好的一次性输精管。多次使用的输精管易造成消毒不严导致疾病的传播;质量较差的一次性输精管,由于前端海绵头太薄或易脱落,输精时易损伤母猪阴道,使母猪发生子宫炎,影响母猪的受胎率和产仔数。

⑥ 母猪的品种 地方品种猪发情明显,输精效果好;引进品种猪,特别是大白猪和长白猪,由于发情不明显,输精时间不好掌握,输精效果也不如地方品种猪。但如果工作做得好,引进品种母猪发情期受胎率仍可达到85%以上。

第四章 妊娠期母猪的饲养技术

第一节 妊娠母猪的生理特点

妊娠母猪是指从配种受胎到分娩这一阶段的母猪。这一期间胎儿的生长发育完全依靠母体,所以通过对妊娠母猪的科学饲养管理,可以保证胎儿良好的生长发育,最大限度地减少胚胎死亡,提高窝产活仔数、仔猪初生重,同时保证母猪产后有健康的体况和良好的泌乳性能。

妊娠期内胎儿与母体间存在着交互复杂的生理过程,相互以内分泌活动为基础,经历一个妊娠的识别、维持和终结(分娩)的完整过程。胎儿在不同发育时期,获取母体营养的方式不同,在妊娠早期,游离的受精卵发育着床后,开始胎盘的形成和发育,这个时期依靠吸收和吞食子宫乳,称为"组织营养"方式。到妊娠的第四周后,胎儿具备了与母体胎盘交换物质的能力,胎盘发育成熟后,由胎盘进行养分吸收,这是仔猪出生前取得营养物质的主要途径,称为"血液营养"方式。

第二节 胚胎生长发育规律

一、胚胎发育

母猪受精后,受精卵沿输卵管往下移动,着床附植在子宫角上,并在它的周围形成胎盘,进而形成胚胎。在妊娠前期,胎儿增重较慢,妊娠中期后则急剧增加(表4-1)。

由表4-1可见,妊娠前期胎儿增重的绝对量是很小的,而在最后20多天内,胎儿重量的增加却占其初生重的60%左右。了解胚胎发育情况后,可以更科学地饲养妊娠母猪。

表 4-1 猪胚胎发育情况

胚胎日龄/天	胚胎重量/克	占初生重/%
30	2.0	0.15
40	13.0	0.90
50	100.0	3.00
60	110.0	8.00
70	263.0	19.00
80	400.0	29.00
90	550.0	39.00
100	1060.0	79.00
110	1150.0	82.00
初生	1300.0	100.00

二、胚胎死亡

（一）母猪的潜在产仔数和实际产仔数

一般情况下，成年母猪每次排卵数在 20 个以上。但是每胎产仔只有十几头。前者实际排卵数称为潜在产仔数，后者产仔数称为实际产仔数。例如，在观察长×枫（长白公猪配枫泾母猪）杂种母猪排卵数与实际产仔数之间的关系时发现，其每次排卵数平均为 26.7 个，但在生产实践中，母猪平均产仔数却只有 15 头左右。潜在产仔数和实际产仔数之间的差异，主要是由于所排出的卵子未能全部受精，或是受精后在胚胎期死亡造成的。如果给发情母猪适时配种，在配种前注意加强营养，就会增加精子和卵子结合的机会，保证胚胎的早期发育，有利于受精卵着床，减少死亡，从而可以提高母猪产仔数，也就使实际产仔数尽可能接近潜在的产仔数。

（二）排卵率与胚胎成活率

从配种后屠宰的母猪观察，排卵数与胚胎成活率之间存在高度负相关（-0.75），也就是说排卵数越多，胚胎成活率越低（表4-2）。

表 4-2 二元、三元杂种母猪排卵数与胚胎成活率

品种	观察头数/头	胚胎日龄/天	卵巢黄体数/排卵数	胚胎数	胚胎成活率/%
长-枫(后备)	42	28	15.4(8～23)	11.3(4～19)	73.4
长-枫(成年)	9	28	26.7(21～40)	16.7(6～36)	62.5
大×长-枫(成年)	19	46	20.8(13～29)	14.5(6～23)	69.7

（三）胚胎死亡原因

影响胚胎存活的因素很多，如遗传因素、排卵数、母猪的胎次、妊娠持续期、胎儿在子宫角的位置、疾病及营养等。多数人认为，胚胎死亡的第一个高峰是在胚胎着床（受精卵附植）期前后，此时胚胎易受各种因素的影响；第二个高峰出现在胚胎器官形成期，在妊娠3周左右时；第三个高峰期在妊娠60～70天，胎盘停止生长而胎儿生长迅速时期，由于此时胎盘功能不健全，从而影响了营养的通过，造成营养供应不足，不能持续支持胎儿发育，造成胚胎死亡。

第三节 母猪妊娠诊断

一、母猪妊娠诊断的意义

在妊娠初期，诊断可以早期发现母猪是否受胎，如果没有受胎可以及时补配，减少空怀；在妊娠中期，通过诊断可以对已受胎的母猪加强保胎工作；在妊娠后期，通过诊断可以估计出胎儿头数，便于确定母猪的饲养定额和分群管理，可以更正确地掌握分娩日期，及早做好接产准备工作，确保母猪的安全分娩，进而提高母猪生产能力。

二、母猪妊娠诊断的方法

1. 根据母猪发情周期判断

母猪的发情周期一般为21天，如果母猪配种后21天不再发情，

可推断它已经妊娠。当配种后到第二个发情周期开始时，母猪还没有任何发情征候时，就可以确认为已经妊娠。

2. 根据母猪行为和外部形态变化判断

母猪配种后，如果表现疲倦、贪睡、食欲旺盛、食量逐渐增加、容易上膘（肥胖）、性情变得温驯、行动稳重，一般可推断为已妊娠。在配种后2个月时，母猪的体态发生一些变化，如腹下垂，乳腺、乳房开始膨大等，就可以确认已妊娠。

3. 用注射激素的方法进行妊娠诊断

该方法是在母猪配种后第16、第17天，注射人工合成的雌性激素（己烯雌酚或苯甲酸二醇等）。一般是在母猪耳根部皮下注射3~5毫升。注射后出现发情征候的母猪是空怀母猪，注射后5天内不表现发情征候的母猪为妊娠母猪。这种方法的准确率达90%~95%。

4. 应用超声波进行早期诊断

用特制的超声波测定仪，在母猪配种后20~29天，进行超声波测定。方法是把超声波测定仪的探头贴在母猪腹部体表后，发射超声波，根据胎儿心脏跳动的感应信号音，或者脐带多普勒信号，可判断母猪是否妊娠。配种后1个月之内诊断准确率为80%，配种后40天测定准确率为100%。

目前，在大型规模化养猪场，多使用B超进行母猪早期妊娠诊断。其操作方法如下。

① 把被检母猪保定在限位栏内，将母猪大腿内侧、最后乳头外侧腹壁洗净，剪毛，涂上超声偶合剂。

② 打开B超仪，调节好比度、辉度和增益，以适合当时当地的光线强弱及检测者的视觉。将探头涂上偶合剂后，放在检测区，使超声发射面与皮肤紧密接触，再调节探头前后上下位置及入射角度，先找到膀胱暗区，再在膀胱顶上方寻找子宫区和卵巢切面。

③ 图像观察。当看到典型的孕囊暗区即可确认早孕阳性，熟练的操作者可在几秒钟内完成1头母猪的检测。但早孕阴性的判断须慎重，因为在受胎数目少或操作不熟练时难以找到孕囊，未见孕囊不等于没有受胎，因此会存在漏检的可能。此时，可将探头放在两侧进行大面积探测，并须在几天后做多次复检。

第四节 妊娠期母猪的营养需要

母猪妊娠期的营养,除供母猪本身的维持需要外,还包括供胎儿和胚盘的生长、子宫的增大、乳腺的发育及母猪本身的增重和妊娠期代谢率提高所需。因此,妊娠母猪的饲养与胚胎的生长发育,仔猪的初生重、出生后的生活力和日增重等密切相关,并显著影响母猪产仔后的泌乳量。

一、妊娠母猪营养需要的特点

妊娠前期,对养分的需要较少,后期需要大量营养物质(见图 4-1、图 4-2)。

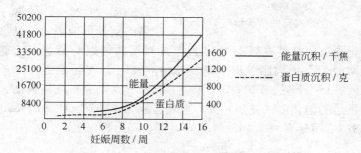

图 4-1 母猪在妊娠不同阶段体内
能量和蛋白质的增长情况

由图 4-1 和图 4-2 可见,母猪的蛋白质和能量有一半以上是在妊娠后 1/4 时期内贮积的,胎儿重量(或初生重)的 2/3 也是在妊娠后期增长较快。因此,妊娠后期营养需要量大量增加。

妊娠母猪本身的增重为胎儿等妊娠产物的 1.5~2 倍,本身贮积养分的能力和代谢率增强,代谢率平均提高约 11%~14%,妊娠后期提高 20%~40%。

(一) 能量需要

正常情况下,提高能量水平可促使母猪体重显著增加,仔猪初生重稍有增加。但是,每天采食的消化能超过 25.1 兆焦时,不会增加

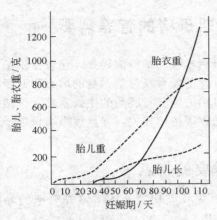

图 4-2　妊娠期胎儿长、胎儿重和胎衣重的增长情况

仔猪初生重，反而会导致母猪过肥，影响正常繁殖。若每天采食的消化能超过 25.1 兆焦时，每增加 6.3 兆焦，产仔数减少 0.5 头。但能量水平过低，也会降低仔猪初生重及产仔数。

近 30 多年来，妊娠母猪的能量需要不断下降。美国国家研究委员会规定妊娠母猪的消化能需要，已从 1950 年的 37.66～46.86 兆焦下降到 1988 年的 26.36 兆焦。我国猪的饲养标准规定，妊娠前期的消化能需要量是在维持基础上增加 10%，妊娠后期是在前期的基础上增加 15%。肉脂兼用型猪饲养标准按四个体重等级（90 千克以下、90～120 千克、120～150 千克、150 千克以上）及妊娠前、后期分别供给的消化能（兆焦）为：前期分别为 17.57、19.92、22.26 及 23.43；后期分别为 23.43、25.77、28.12 及 29.29。

（二）蛋白质的需要

蛋白质对母猪繁殖的影响，要经过连续几个繁殖周期才能确定。母猪妊娠期虽然对蛋白质的需要有较大的缓冲调解作用，但如果长期缺乏蛋白质，就会影响到以后的繁殖性能及仔猪的生后表现，对初产母猪的影响尤为明显。日粮中蛋白质水平过高，既是浪费，也无益。因此，为获得良好的繁殖性能，必须给予一定数量的蛋白质，同时考虑品质。保证妊娠母猪饲粮蛋白质的全价性，可显著提高蛋白质的利用率，降低蛋白质的需要量。我国肉脂型猪饲养标准规定，妊娠母猪，每千克饲粮粗蛋白质含量为：前期 11%，后期 12%。同时也规定了赖氨酸、蛋氨酸、苏氨酸和异亮氨酸的含量（%）：前期分别为 0.35、0.19、0.23 和 0.31，后期分别为 0.36、0.19、0.28 和 0.31。

二、妊娠期母猪营养标准

(一) 妊娠母猪每日每头营养需要量（表 4-3）

表 4-3 妊娠母猪每日每头营养需要量

项目	妊娠前期体重/千克				妊娠后期体重/千克			
	90以下	90~120	120~150	150以上	90以下	90~120	120~150	150以上
采食风干料量/千克	1.50	1.70	1.90	2.00	2.00	2.20	2.40	2.50
消化能/兆焦	17.57	19.92	22.26	23.43	23.43	25.77	28.12	29.29
粗蛋白质/克	165	187	209	220	240	264	288	300
赖氨酸/克	5.3	6.00	6.70	7.00	7.20	7.90	8.60	9.00
蛋氨酸+胱氨酸/克	2.90	3.20	3.60	3.80	3.80	4.20	4.50	4.70
苏氨酸/克	4.20	4.80	5.30	5.60	5.60	6.20	6.70	7.00
异亮氨酸/克	4.70	5.30	5.90	6.20	6.20	6.80	7.40	7.80
钙/克	9.2	10.4	11.6	12.2	12.2	13.40	14.6	15.3
磷/克	7.4	8.3	9.3	9.8	9.8	10.8	11.8	12.3
食盐/克	4.8	4.5	6.1	6.4	6.4	7.0	8.0	8.0

(二) 妊娠母猪每千克饲料养分含量（表 4-4）

表 4-4 母猪每千克饲料养分含量

项目	妊娠前期	妊娠后期
消化能/兆焦	11.71	11.71
粗蛋白质/%	11.0	12.0
赖氨酸/%	0.35	0.36
蛋氨酸+胱氨酸/%	0.19	0.19
苏氨酸/%	0.23	0.28
异亮氨酸/%	0.31	0.31
钙/%	0.61	0.61
磷/%	0.49	0.49
食盐/%	0.32	0.32

第五节 妊娠母猪的饲养管理

母猪配种后,从精子和卵子结合成为结合子到胎儿出生、分娩结束,这一过程称为妊娠阶段。该阶段饲养管理的基本任务,一是保证受精卵在子宫角植入、着床和胎儿正常发育;二是保证母猪多生产健壮、生活力强、出生体重大的仔猪;三是保证母猪有中上等体况(七八成膘),为哺乳期泌乳做准备;四是注意保胎,防止流产;五是保证青年母猪自身的生长发育。

一、饲养方式

妊娠前期母猪的代谢增强,饲料利用率提高,蛋白质合成增强,此期母猪的体况和饲料营养水平高低对受胎率影响较大。因此,饲养方式要因猪而异:①对于断乳后体瘦的经产母猪,应从配种前10天起增加饲料喂量,直至配种后恢复体况为止,然后按饲养标准降低能量浓度,并多喂青饲料。②对于妊娠初期7成膘的经产母猪,前中期饲喂低营养水平的日粮,到妊娠后期再给予优质日粮。③对于青年母猪,由于本身尚处于生长发育阶段,同时负担着胎儿的生长发育,因此,在整个妊娠期内,应采取随着妊娠日期的延长逐步提高营养水平的饲养方式。

二、日粮水平及饲养方案

妊娠前期日粮的营养水平应比妊娠后期低些,妊娠期间日粮参考配方:玉米58%~60%、豆粕14%~16%、麦麸18%~20%、怀孕母猪预混料4%。妊娠母猪每头每天饲喂饲料量见表4-5。

表4-5 妊娠母猪饲料喂量

妊 娠 期	每头每天饲料喂量/千克	饲料种类
配种后~3天	1~1.5	怀孕母猪料
4~40天	1.5~2.0	怀孕母猪料
41~80天	2.1~2.3	怀孕母猪料
81~110天	2.5~3.2	哺乳母猪料
111天,分娩前2天	3.0~2.7	哺乳母猪料
114天(分娩当天)	0~1.0	哺乳母猪料

表 4-5 内饲喂量仅作参考，应根据妊娠母猪体膘情况进行增减，有的母猪怀子较多，后期一天可喂 4.5 千克。有条件的猪场在母猪怀孕期间每天应饲喂青饲料。

三、日常管理

① 保证饲料质量及稳定性。母猪怀孕期间对饲料质量非常敏感，饲料原料及种类应保持相对稳定，不宜经常变换；严禁饲喂发霉、变质、冰冻或带有毒性和有强烈刺激性的饲料，否则会引起流产。

② 加强对妊娠母猪的检查。夏季注意防暑，防止拥挤和惊吓，防止急转弯和在光滑路面上运动，严禁驱赶、追打，以防流产。

③ 后备母猪在妊娠前期可合群饲养，后期应单个饲养，临产前应停止运动。

④ 产前 21 天打好仔猪黄白痢基因工程疫苗，其他疫苗应在母猪空怀期或哺乳期注射完毕。

⑤ 搞好栏舍卫生，预防疾病，防止流产。

第五章　母猪的分娩、接产及救护

第一节　产前征兆

一、预产期推算

母猪妊娠期为110～118天，平均114天。妊娠母猪的预产期，是从最后一次配种日期起加上114天。可用"三、三、三"的方法推算，即配种之日起加三月，三周再加三天，即为母猪预产期时间。例如，母猪配种日期是2月3日，预产期推算应为2月加3等于5月，3日加21天再加3天等于27日，即为5月27日；另外一种方法也可用月份加上四，日期减去六推算，如四月八日配种，其产仔日期是（四加四为八月，八日减去六为二日）八月二日。

母猪预产期推算见表5-1。

二、产前征兆

母猪分娩前，在举动、体态、乳房等方面均要发生一系列变化。

（一）举动变化

母猪临产前行动不安，时时用嘴叼垫草或用腿将草集在一起做窝。俗话说："母猪叼草，产仔儿到了。"一般认为，母猪出现叼草征候，6～12小时就要分娩。当母猪把窝做好后，就会安稳地趴下，不再反复起卧。如果发现母猪频频排尿，腹部出现阵痛，经6～7小时就要分娩；如看到阴道流出带黏性的羊水（胎水），经2～3小时就要产仔。俗话说："母猪频频尿，仔猪就来到。"

（二）体态变化

母猪肷窝塌陷，阴唇逐渐变柔软，肿胀膨大，皱褶消失，骨盆韧

表 5-1 母猪预产期推算表（日/月）

配种期	产仔期	配种期	产仔期	配种期	产仔期	配种期	产仔期	配种期	产仔期
1/1	25/4	5/2	30/5	12/3	4/7	16/4	8/8	21/5	12/9
2/1	26/4	6/2	31/5	13/3	5/7	17/4	9/8	22/5	13/9
3/1	27/4	7/2	1/6	14/3	6/7	18/4	10/8	23/5	14/9
4/1	28/4	8/2	2/6	15/3	7/7	19/4	11/8	24/5	15/9
5/1	29/4	9/2	3/6	16/3	8/7	20/4	12/8	25/5	16/9
6/1	30/4	10/2	4/6	17/3	9/7	21/4	13/8	26/5	17/9
7/1	1/5	11/2	5/6	18/3	10/7	22/4	14/8	27/5	18/9
8/1	2/5	12/2	6/6	19/3	11/7	23/4	15/8	28/5	19/9
9/1	3/5	13/2	7/6	20/3	12/7	24/4	16/8	29/5	20/9
10/1	4/5	14/2	8/6	21/3	13/7	25/4	17/8	30/5	21/9
11/1	5/5	15/2	9/6	22/3	14/7	26/4	18/8	31/5	22/9
12/1	6/5	16/2	10/6	23/3	15/7	27/4	19/8	1/6	23/9
13/1	7/5	17/2	11/6	24/3	16/7	28/4	20/8	2/6	24/9
14/1	8/5	18/2	12/6	25/3	17/7	29/4	21/8	3/6	25/9
15/1	9/5	19/2	13/6	26/3	18/7	30/4	22/8	4/6	26/9
16/1	10/5	20/2	14/6	27/3	19/7	1/5	23/8	5/6	27/9
17/1	11/5	21/2	15/6	28/3	20/7	2/5	24/8	6/6	28/9
18/1	12/5	22/2	16/6	29/3	21/7	3/5	25/8	7/6	29/9
19/1	13/5	23/2	17/6	30/3	22/7	4/5	26/8	8/6	30/9
20/1	14/5	24/2	18/6	31/3	23/7	5/5	27/8	9/6	1/10
21/1	15/5	25/2	19/6	1/4	24/7	6/5	28/8	10/6	2/10
22/1	16/5	26/2	20/6	2/4	25/7	7/5	29/8	11/6	3/10
23/1	17/5	27/2	21/6	3/4	26/7	8/5	30/8	12/6	4/10
24/1	18/5	28/2	22/6	4/4	27/7	9/5	31/8	13/6	5/10
25/1	19/5	1/3	23/6	5/4	28/7	10/5	1/9	14/6	6/10
26/1	20/5	2/3	24/6	6/4	29/7	11/5	2/9	15/6	7/10
27/1	21/5	3/3	25/6	7/4	30/7	12/5	3/9	16/6	8/10
28/1	22/5	4/3	26/6	8/4	31/7	13/5	4/9	17/6	9/10
29/1	23/5	5/3	27/6	9/4	1/8	14/5	5/9	18/6	10/10
30/1	24/5	6/3	28/6	10/4	2/8	15/5	6/9	19/6	11/10
31/1	25/5	7/3	29/6	11/4	3/8	16/5	7/9	20/6	12/10
1/2	26/5	8/3	30/6	12/4	4/8	17/5	8/9	21/6	13/10
2/2	27/5	9/3	1/7	13/4	5/8	18/5	9/9	22/6	14/10
3/2	28/5	10/3	2/7	14/4	6/8	19/5	10/9	23/6	15/10
4/2	29/5	11/3	3/7	15/4	7/8	20/5	11/9	24/6	16/10

续表

配种期	产仔期	配种期	产仔期	配种期	产仔期	配种期	产仔期	配种期	产仔期
25/6	17/10	2/8	24/11	9/9	1/1	17/10	8/2	24/11	18/3
26/6	18/10	3/8	25/11	10/9	2/1	18/10	9/2	25/11	19/3
27/6	19/10	4/8	26/11	11/9	3/1	19/10	10/2	26/11	20/3
28/6	20/10	5/8	27/11	12/9	4/1	20/10	11/2	27/11	21/3
29/6	21/10	6/8	28/11	13/9	5/1	21/10	12/2	28/11	22/3
30/6	22/10	7/8	29/11	14/9	6/1	22/10	13/2	29/11	23/3
1/7	23/10	8/8	30/11	15/9	7/1	23/10	14/2	30/11	24/3
2/7	24/10	9/8	1/12	16/9	8/1	24/10	15/2	1/12	25/3
3/7	25/10	10/8	2/12	17/9	9/1	25/10	16/2	2/12	26/3
4/7	26/10	11/8	3/12	18/9	10/1	26/10	17/2	3/12	27/3
5/7	27/10	12/8	4/12	19/9	11/1	27/10	18/2	4/12	28/3
6/7	28/10	13/8	5/12	20/9	12/1	28/10	19/2	5/12	29/3
7/7	29/10	14/8	6/12	21/9	13/1	29/10	20/2	6/12	30/3
8/7	30/10	15/8	7/12	22/9	14/1	30/10	21/2	7/12	31/3
9/7	31/10	16/8	8/12	23/9	15/1	31/10	22/2	8/12	1/4
10/7	1/11	17/8	9/12	24/9	16/1	1/11	23/2	9/12	2/4
11/7	2/11	18/8	10/12	25/9	17/1	2/11	24/2	10/12	3/4
12/7	3/11	19/8	11/12	26/9	18/1	3/11	25/2	11/12	4/4
13/7	4/11	20/8	12/12	27/9	19/1	4/11	26/2	12/12	5/4
14/7	5/11	21/8	13/12	28/9	20/1	5/11	27/2	13/12	6/4
15/7	6/11	22/8	14/12	29/9	21/1	6/11	28/2	14/12	7/4
16/7	7/11	23/8	15/12	30/9	22/1	7/11	1/3	15/12	8/4
17/7	8/11	24/8	16/12	1/10	23/1	8/11	2/3	16/12	9/4
18/7	9/11	25/8	17/12	2/10	24/1	9/11	3/3	17/12	10/4
19/7	10/11	26/8	18/12	3/10	25/1	10/11	4/3	18/12	11/4
20/7	11/11	27/8	19/12	4/10	26/1	11/11	5/3	19/12	12/4
21/7	12/11	28/8	20/12	5/10	27/1	12/11	6/3	20/12	13/4
22/7	13/11	29/8	21/12	6/10	28/1	13/11	7/3	21/12	14/4
23/7	14/11	30/8	22/12	7/10	29/1	14/11	8/3	22/12	15/4
24/7	15/11	31/8	23/12	8/10	30/1	15/11	9/3	23/12	16/4
25/7	16/11	1/9	24/12	9/10	31/1	16/11	10/3	24/12	17/4
26/7	17/11	2/9	25/12	10/10	1/2	17/11	11/3	25/12	18/4
27/7	18/11	3/9	26/12	11/10	2/2	18/11	12/3	26/12	19/4
28/7	19/11	4/9	27/12	12/10	3/2	19/11	13/3	27/12	20/4
29/7	20/11	5/9	28/12	13/10	4/2	20/11	14/3	28/12	21/4
30/7	21/11	6/9	29/12	14/10	5/2	21/11	15/3	29/12	22/4
31/7	22/11	7/9	30/12	15/10	6/2	22/11	16/3	30/12	23/4
1/8	23/11	8/9	31/12	16/10	7/2	23/11	17/3	31/12	24/4

带松弛，尾根两侧有凹陷征候。

（三）乳房乳头变化

母猪分娩前乳房膨大，乳头饱满。母猪在产前 15～20 小时，乳房从后向前逐渐膨大、下垂。到临产前，乳房膨大有光泽，两侧乳头外胀，呈"八"字形向外分开，好像两条黄瓜一样，俗称"奶头奓，不久就要下"。一般情况下，母猪前面的乳头挤出浓乳汁后，大约 24 小时后就可分娩；中间的乳头挤出浓乳汁后，大约 12 小时后就可分娩；后面的乳头挤出浓乳汁后，2～6 小时后就可分娩。用挤乳汁的方法估计分娩时间受较多因素的影响，因为乳汁出现的多少和早晚，与母猪吃的饲料种类和体况有直接关系。但有一个比较准确的判断母猪产仔时间的方法，这就是当用手轻轻地挤压母猪的任何一个乳头时，都能挤出很多浓的乳汁，此时母猪可能马上就要产仔猪了。俗话说"奶水穿箭杆，产仔离不远"。

母猪产前的表现与产仔时间存在着一定关系，见表 5-2。

表 5-2　母猪产前表现与产仔时间表

产 前 表 现	距产仔的时间
乳房胀大	15 天左右
阴户红肿，尾根两侧开始下陷	3～5 天
挤出乳汁（乳汁透明）	1～2 天（从前面乳头开始）
含草做窝	8～16 小时（初产、本地猪和冬天要早）
乳汁变为乳白色	6 小时左右
呼吸急迫（每分钟 90 次左右）、排尿次数多	4 小时左右（产前一天每分钟约 54 次）
躺下、四肢伸直、阵缩间隔时间逐渐缩短	30～90 分钟
阴户流出分泌物	2～10 分钟

掌握了这些变化规律，便可合理安排时间和劳力，做好接产准备。

第二节　产前准备

一、产房（圈舍）准备

根据母猪的预产期，在母猪分娩前 5～7 天，要把产房准备好。

产房要求干燥、保温、阳光充足、空气新鲜。产房圈栏及设备用具应彻底消毒。在农户利用坑圈养猪或栓系养猪的情况下，在母猪产前应把圈舍或作为产仔用的地方彻底清理，用3％～5％来苏尔溶液、2％～3％烧碱（氢氧化钠）溶液喷洒消毒。在潮湿的地面上，可用生石灰、草木灰铺垫消毒，然后更换经太阳光照射过的垫草。在封闭式规模养猪场内，除用上述消毒药外，还可用过氧乙酸、次氯酸钠、百毒杀等消毒药消毒。

在寒冷的冬季，产房中应采用土暖气、热风炉、红外线灯等为仔猪取暖。敞开式猪舍应当用塑料薄膜封闭起来，也可用煤火炉取暖，并铺以切碎的厚垫草等保温。产房内的温度应控制在15～20℃。在规模化封闭式养猪场的产房中，相对湿度不应超过70％。湿度过大将影响母猪和新生仔猪的健康。农户应用传统养猪方法时，应在产房中准备充足的垫草，供母猪"絮窝"用，同时还可观察母猪叼草情况，以判断产仔时间。垫草一定要切碎，母猪分娩所用垫草的长度以不超过6厘米为好。垫草过长，往往会缠住仔猪腿，使仔猪行动不便，易被母猪踩死、压死。为了防止母猪产仔时踩压仔猪，农户养猪应在圈舍中安装护仔栏（图5-1），以保证仔猪的安全。护仔栏通常在产圈猪床靠墙的三面，用直径为9～12厘米的圆木或角钢、钢管，在距墙20～30厘米、距地面高25～30厘米处安装，有了护仔栏，当母猪沿墙往下躺时，只能躺在护仔栏之外，如果有仔猪在母猪身下，仔猪就可躲避到墙与栏之间的空隙中，防止被压死。

二、接产用具的准备

在母猪产仔前要准备好接产用具，如消毒用的酒精、碘酊，装仔猪用的箱子，取暖用的煤火炉、红外线灯等，照明用的灯、手电筒等，擦仔猪用的干净布或毛巾，剪耳号用的耳号钳，剪犬牙用的剪牙钳及称仔猪用的秤等。

三、母猪进入产房

在有产房的条件下，应根据母猪配种记录、预产期推算表，或观察母猪临产征候，在预计分娩前的3～7天，把母猪迁入产房，使其早日适应产房新的环境。

图 5-1 护仔栏（架）

在母猪迁入产房之前，为了防止传染病和寄生虫病，要对母猪彻底洗刷消毒。其方法是，在夏季先用温肥皂水把猪全身洗刷干净，特别要把腹下部乳房及阴户等处的污泥清除，再用2%来苏尔水等无腐蚀性的消毒药消毒，然后再用温水冲洗擦干。冬季应先用刷子把猪身体刷干净，然后在温暖的房屋里用药水消毒。母猪进入产房前的消毒，在规模化养猪场尤其重要，如果进入产房的母猪消毒不彻底，就会把病原体带入产房，污染已彻底消毒好的产房，仍然会使猪发生疫病。因此，妊娠母猪进入产房前，不仅产房要消毒，母猪也要消毒。

另外，妊娠母猪迁入产房后，要派专人看守和观察，一旦母猪出现临产征候，就应做好接产准备，防止发生意外。

第三节　人工接产

一、分娩过程

母猪分娩时，全身肌肉组织剧烈收缩，通常称之为阵痛。阵痛一般间歇发作，直到所有胎儿和胎衣全部产出为止。仔猪出生一般是胎衣破裂后才排出，但有时同胎衣一同排出，此时必须把胎衣撕破，否则会使仔猪窒息死亡。由于猪是多产家畜，胎儿较小，胎位变化比较大，所以分娩时有的先出头，有的先出后腿。

母猪通常是卧下分娩的，但有些母猪在分娩过程中，时常要起来走动，在此种情况下，必须有人护理接产，以保证新生仔猪的安全，尤其对母性不好的母猪，更应加强人工接产。

母猪分娩的间歇时间，一般为5～25分钟产出1头仔猪，全部分娩持续时间为2～4小时。短的可在1～2小时产完，但长的可达12～24小时。仔猪全部产出后，隔10～30分钟排出胎衣。胎衣在仔猪全部产出后排出，或在产几头仔猪后就排出一些胎衣，这些都是正常的，但前一种情况较多。胎衣排出后必须及时取走，不要让母猪吃掉，以免养成吃仔猪的恶癖。

二、人工接产

人工接产的任务之一，是护理好新生仔猪，防止仔猪假死，被母猪踩、压死和在寒冷季节受冻又不会吃奶而死亡；任务之二，是护理好母猪，在母猪发生难产时，做到及时处理，防止母猪和仔猪发生意外。接产时要保持舍内安静，勿使母猪受惊。接产员要换上工作服，剪短指甲，消毒手臂。当羊水流出时即为产仔前兆，这时母猪多半侧卧，屏住呼吸，腹部鼓起，四肢伸展，努责，尾巴摇动表示仔猪即将产出。仔猪产出后，接产员立即按以下步骤进行新生仔猪护理。

（一）新生仔猪的护理

对新出生仔猪要抓好"掏、擦、理、剪、烤"五个环节。一掏，是在仔猪出生后马上用干净的布或毛巾，将仔猪嘴、鼻中的黏液掏出，防止黏液把仔猪闷死。二擦，是用干净抹布及新鲜垫草，将仔猪身上的黏液尽快擦干，一方面防止由于身上的水分蒸发带走很多热量，另一方面可促进仔猪的血液循环。三理，是理出脐带。如果仔猪出生后脐带自动从母体脱落，则比较理想。如果脐带不脱离母体时，千万不能生拉硬扯，以防扯断后大出血导致仔猪死亡。最好的办法是用双手互相配合，慢慢将脐带理出。四剪，是剪断脐带。剪脐带前，先将脐带内的血液向仔猪腹部方向挤压，然后在距离腹部4厘米处把脐带剪断，或用手指掐断，断处用碘酒消毒。若断脐时流血过多，可用手指捏住断头，直到不出血为止。五烤，是将新生仔猪置于红外线灯下或保温箱中，把仔猪身上的水分烤干，并训练仔猪经常卧于红外线灯下或保温箱中。这在寒冷的冬季尤为重要，可防止仔猪因受冻而死亡。

母猪产仔结束后，立即清除胎衣及污物，用温水和干净布擦净母猪外阴及后躯，必须让仔猪出生后 2 小时内吃上初乳，并给母猪饮水。产后 3 天要控制喂食量，供足饮水，防止发生乳房炎或便秘。3 天以后逐渐增加喂食量，至 1 周后恢复到正常饲喂量。

（二）假死仔猪的处理

有的仔猪生下后不动，也不呼吸，但脐带基部和心脏仍在跳动，这种现象叫做"假死"。发现这样的仔猪不应马上抛弃，要立刻急救。急救方法以人工呼吸最为简单有效。

1. 造成假死的原因

一是仔猪通过母猪产道时被黏液堵塞了气管；二是由于母猪过度肥胖，年龄过大，子宫收缩无力，仔猪在产道内停留时间过久，而此时脐带又脱离了胎盘，造成仔猪窒息；三是仔猪胎位不正，卡在母猪骨盆腔处，造成仔猪停留时间过长而假死；四是仔猪被胎衣包裹着产出，造成假死。一般来说，凡是心脏、脐带跳动有力的假死仔猪，如抢救及时都能救活。在抢救假死仔猪时，首先用干净布或毛巾迅速将口、鼻中的黏液清除，再进行人工呼吸，效果更好。

2. 抢救方法

一是将仔猪头朝下，两手握仔猪两侧肋骨处，有节奏地一合一张地挤压，直至仔猪咳出声为止；二是将仔猪头朝下，一只手把住仔猪肩部，另一只手托住臀部，然后一屈一伸地反复伸缩，直至仔猪咳出声为止；三是倒提仔猪后腿，用手连续拍打仔猪的胸背部和臀部，待仔猪呼吸出现为止，也可堵住仔猪嘴巴，对准鼻孔有节奏地吹气；四是如果出生仔猪被胎衣包裹，应及时撕开胎衣，再抢救。

（三）难产处理

母猪分娩时，羊水已流出，虽经母猪长时间剧烈阵痛，用力努责，甚至排出粪便，但不见仔猪产出；或因母猪体弱没有宫缩现象，仔猪长时间产不出，都称为难产。母猪难产在生产中较为常见。发生难产如不及时采取措施，可能造成母仔双亡，即使母猪幸免而生存下来，也可能发生生殖器官疾病而导致不育。

母猪难产一般发生在分娩开始和分娩中间,以分娩开始时发生较多。

1. 发生难产的原因

一是母猪初产和配种过早,骨盆发育不全、产道狭窄等造成难产。二是老龄、过于肥胖或营养不良以及近亲交配的母猪,由于仔猪死胎多或分娩缺乏持久力、子宫弛缓、收缩无力等造成难产。三是胎儿横位或臀位等胎位异常,或是胎儿过大,或习惯性难产等。

2. 解决难产的措施

① 对于老龄、体弱、分娩力不足的母猪,可肌内注射催产素 10~20 单位,或按每 100 千克体重注射 2 毫升,以促进子宫收缩。注射催产素 20~30 分钟后,一般可使仔猪产出。如果注射催产素无效,可采用手术助产。具体操作方法是:把手指甲剪短磨光,以防损伤产道。用肥皂水把手和手臂洗净,用 2% 来苏尔溶液或 0.1% 高锰酸钾液消毒,再用 70% 酒精消毒,然后在已消毒的手臂上涂抹清洁的润滑剂,同时在母猪外阴部也用上述浓度的药液消毒。趁母猪努责间歇时,将手指尖合拢呈圆锥状,慢慢伸入产道,摸到仔猪后,确认是横位时应先将仔猪顺位,再握住胎儿的适当部位,随着母猪努责动作慢慢将仔猪拉出。仔猪拉出后,如果母猪进入正常分娩,不必再施行手术。手术助产后,应给母猪及时注射抗生素或其他消炎药物,以防产道、子宫感染发炎。

② 对于母猪羊水排出过早,产道干燥、狭窄,胎儿过大等因素引起的难产,可先向母猪产道中注入生理盐水或清洁的润滑剂,然后按上述手术方法将胎儿拉出。如果用上述方法仔猪仍产不下来时,可实施剖腹产手术。

如果母猪经长时间的难产发现有脱水症状,应及时给母猪耳静脉注射 5% 葡萄糖盐水 500~1000 毫升及含维生素 C 0.2~0.5 克的注射液。

(四) 剪牙

1. 剪牙的目的

剪牙不是把仔猪的牙全部剪掉,只是剪掉仔猪上下牙床两边的犬牙。目的是防止仔猪在争抢奶头时互相咬伤嘴巴和母猪的乳头,在一窝仔猪数量多时更应剪牙。由于仔猪出生后要争抢乳头,在争抢过程中犬牙很容易伤害母猪的乳头和乳房。如果母猪的乳房和乳头受伤过多,母猪感到疼痛,会拒绝哺乳并变得起卧不安,增加了踩死、压死仔猪的机会。如果母猪长时间拒绝哺乳,乳房中的乳汁不能及时排出,就可能引起乳房炎,严重地影响母猪的健康和仔猪的存活。

2. 剪牙方法

剪牙的工具一般使用电工用的小偏口钳。用一只手的拇指和食指卡住仔猪的两边嘴角,使仔猪嘴张开,露出上下颌两边的4对犬牙,用偏口钳沿犬牙根处把犬牙全部剪掉。剪牙时要把仔猪头部保定好,防止剪破牙床和舌头。

第四节 母猪最新繁殖技术简介

一、母猪繁殖障碍病疫苗预防术

母猪的繁殖障碍病主要有猪细小病毒病、乙型脑炎、伪狂犬病、母猪繁殖与呼吸障碍综合征、圆环病毒病、猪瘟等。其疫苗、药物预防办法见第八章"母猪常见疾病的防治"。

二、药物诱导母猪发情、排卵术

采取合理的营养水平使母猪处于良好的种用体况,是确保母猪正常发情、排卵的基础。但是,母猪发情、排卵是一个复杂的生理过程,受体内多种因素的制约,特别是体内激素的制约。正常情况下,母猪断奶后3~7天即可发情配种。对断奶后7天以上仍不发情的母猪,可采用药物催情、排卵。常用药物有三合激素,每毫升含丙酮睾丸素25毫克、黄体酮125毫克、苯甲酸雌二醇15毫克。1次肌内注射2毫升,一般注射后5天内即发情配种。对发情症状不明显的后备母猪可肌内注射促性腺激素进行催情,效果良好。

为了提高母猪受胎率和产仔数,可应用促排2号($LRH-A_2$)、促排3号($LRH-A_3$)促进母猪排卵。使用方法是在母猪配种前12小时至配种的同时肌内注射,对提高母猪受胎率和产仔数有良好效果。使用此技术可实现同期发情。

三、氯前列烯醇诱发分娩术

一般情况下，母猪分娩多在夜间，尤其以上半夜较多。母猪夜间分娩，助产操作很不方便，特别是冬季或早春季节夜间分娩，天气寒冷，给母猪接产、仔猪护理带来较大困难。因此，人们希望让母猪集中在白天产仔。其方法是在母猪临产前1~2天颈部肌内注射氯前列烯醇注射液2毫升（内含氯前列烯醇2毫克），多数母猪在注射后20~30小时内分娩，并可缩短分娩持续时间，对母猪、仔猪均无副作用。

四、产期病预防术

母猪产后阴道炎、子宫炎、乳房炎等产期病的发病率较高。发病后轻者影响母猪食欲、泌乳和仔猪生长，重者引起全窝仔猪和母猪死亡。其预防办法除了做好圈舍及猪体清洁卫生工作外，在母猪产仔娩出胎衣后，根据其体重大小肌内注射青霉素320万~480万单位、链霉素3~4克、复方氨基比林注射液10~20毫升。注射后如发现个别母猪仍有阴道流白、乳房发热、不食等症状，可间隔12小时后再注射1次。

五、仔猪下痢病预防术

仔猪下痢病发病率很高，它不仅影响仔猪增重，严重者会引起死亡。下痢分黄痢、白痢和红痢3种，以白痢多见。为了预防仔猪下痢病的发生，给妊娠母猪产前接种仔猪大肠埃希三价灭活菌苗或猪大肠杆菌-猪魏氏梭菌二联灭活菌苗，垂直传递抗体，对预防初生仔猪下痢效果十分显著。该菌苗安全、高效，可防止僵猪产生。

第六章 哺乳母猪的饲养技术

第一节 母猪泌乳行为及规律

一、母猪乳房乳腺结构及泌乳特点

母猪的每个乳头有 2~3 个乳腺团,各乳头之间相互没有联系。母猪的乳房内没有乳池,不能随时排乳。牛的乳房有乳池,小牛可以随时吃奶,但仔猪不能任何时间都能吃到奶。因此,只有当母猪放乳时仔猪才能吃到奶。

二、母猪泌乳行为及规律

母猪的乳汁是由乳腺细胞分泌的。腺泡上皮部分活动开始于妊娠中期。这种分泌活动,自分娩以后开始,直至产仔后 20 天左右,泌乳活动才逐渐减弱,泌乳量随之下降。母猪产仔后,乳汁生产量迅速增加,神经调节与仔猪哺乳对促进乳汁分泌起着重要作用。在仔猪哺乳时,仔猪用鼻端摩擦和拱动乳房,对母猪的乳房进行刺激,此刺激通过神经传导到脑下垂体后叶,引起有关激素的释放,使乳腺上皮细胞收缩,促进乳汁形成和排放。因此,母猪泌乳不但需要物质基础保证,同时也需要神经调节作用。

(一)母猪的初乳和常乳

母猪在全程泌乳期内,乳汁的数量和质量变化较大。猪乳分为初乳和常乳两部分。母猪分娩后 3 天内的乳,称为初乳,3 天以后的乳,称为常乳。初乳和常乳中营养成分差异很大。初乳中的蛋白质比常乳中含量多(表 6-1)。

(二)乳头位置与泌乳量的关系

母猪有 6~8 对乳头,一般来说,靠近前部的乳头比后部的乳头

表 6-1 母猪初乳与常乳的营养成分比较/%

项目	水分	干物质	蛋白质	脂肪	乳糖	灰分
初乳	70.8	29.2	20.0	4.7	3.9	0.6
常乳	81.0	19.0	5.4	7.5	5.2	0.9

表 6-2 母猪各对乳头泌乳量

乳头对次(前→后)	1	2	3	4	5	6	7
泌乳量/%	23	24	20	11	9	9	4

泌乳量大（表 6-2）。

（三）泌乳次数的变化规律

不同的泌乳阶段或同一阶段昼夜间的泌乳次数是不同的。一般前期泌乳次数高于后期，白天稍高于夜间。

第二节 影响母猪泌乳量的主要因素

影响母猪泌乳量的因素较多，主要有饲料、饲养、母猪年龄和胎次、猪的品种和体重大小及泌乳期所处的环境条件等。

一、饲料与饲养

饲料种类、营养价值、饲养方法均对母猪泌乳量有较大影响。合理地配制饲料，给泌乳母猪喂含充足蛋白质、维生素、无机盐等营养比较完善的日粮，是提高母猪泌乳量的重要措施。在饲料条件较差、精饲料较少、青绿饲料较多的猪场，对泌乳母猪增加饲喂次数，用适宜的方法调制饲料，特别是夜间增加饲喂次数，可以有效地促进母猪乳汁的分泌。

母猪的泌乳量，不但受泌乳期饲养的影响，而且受妊娠期饲养的影响。母猪妊娠期的营养和膘情，对泌乳期泌乳量的高低也有很大影响。由于母猪在妊娠期间所获得的营养，不仅要供给胎儿的生长和维持本身的生长发育，而且还要有一部分作为哺乳期泌乳的储备。如果妊娠后期饲养失调，营养不足，会造成母猪缺乳，进而使仔猪发育受阻或死亡。因此，加强妊娠母猪的饲养，控制母猪的膘情，改善母猪的体况，是保证母猪产后正常泌乳的基础。

二、饮水

泌乳母猪饮水量的多少，也会影响其泌乳量。因为母猪乳汁中水的含量占80％左右。由于哺乳母猪新陈代谢旺盛，分泌大量的乳汁，故每天都需要饮用较多的水。饮水不足就会影响母猪的泌乳量，并且使乳汁变得过浓，含脂量相对增加，影响仔猪的消化与吸收，有可能导致仔猪出现消化不良性腹泻。因此，要注意给哺乳母猪提供充足的饮水。

母猪的饮水要常添常换，保证新鲜清洁。一般每天应清洗水槽1～2次。炎热夏季，更应多次更换饮水，保持水质清洁，防止变质。有条件的猪场可安装自动饮水器，保证母猪饮水。还可给泌乳母猪补喂一些优质青绿多汁饲料，这样既可补充营养成分，又可补充水分，能更有效地提高母猪泌乳量。

三、母猪的年龄与分娩胎次

一般认为，母猪乳腺的发育与泌乳哺育能力是随胎次的增加而提高的。初产母猪泌乳量一般比经产母猪低。第一胎母猪泌乳量较低，以后随胎次增加而逐渐上升，到第五胎泌乳量达到高峰，第六、第七胎以后逐渐下降。

如果以各产次泌乳量的总平均值作为100，则母猪分娩胎次与泌乳量的关系是：初产时的泌乳量为80％，二产时为95％，三至六产时为100％～120％。

后备母猪年龄过小就配种，第一胎泌乳量往往受到影响；但是，适当的年龄配种并加强饲养，第一胎母猪泌乳量虽然少于经产母猪，但差别不会很大。至于老龄母猪，多数泌乳量显著下降，主要原因是母猪的新陈代谢功能减退，营养转化能力差。

四、品种和体重

一般规律是，大体型母猪泌乳能力较强，小体型或产仔头数较少的母猪泌乳能力较低（表6-3）。

表 6-3　不同品种猪泌乳能力比较

猪　　种	产仔数/头	泌乳量/千克
地方品种猪	13.56	47.1
长白猪	10.55	57.9
大白猪	11.87	49.2

五、分娩季节

春、秋两季气候温和，青绿饲料较多，母猪食欲旺盛，适宜分娩，泌乳量较高；反之，夏季天气炎热，蚊蝇干扰；冬季气候严寒，母猪消耗热能过多，不适宜分娩，泌乳量也会受到影响。

六、环境与管理

哺乳母猪所处环境和管理工作的好坏，对母猪泌乳也有很大影响。保持猪舍清洁干燥，安静舒适，空气新鲜，阳光充足，有利于提高母猪的泌乳量。相反，猪舍潮湿、阴暗、嘈杂，对待母猪粗暴，都会降低母猪的泌乳量。

七、疾病

当母猪患感冒、乳房炎、肺炎和高热等疾病时，都会降低母猪的泌乳量。

第三节　提高母猪泌乳量的主要措施

一、给母猪提供高质量的配合饲料或混合饲料

在哺乳期，母猪要把大量的饲料转化成乳汁供给仔猪，除动用自身积蓄外，大部分要利用外界提供的饲料。因此，有条件的猪场应为泌乳母猪配制全价配合饲料或营养较全面的混合饲料。因为配（混）合饲料适口性好，含有适宜的能量、蛋白质、维生素和无机盐等营养素，这些营养物质可以满足生成乳汁的需要。如果饲料条件不太好，可以把多种作物饲料混合在一起，再补喂一些动物性饲料（如鱼粉

等),效果会更好。鱼粉中蛋白质含量多,蛋白质中氨基酸种类齐全,且各氨基酸之间比较平衡。

二、给母猪适当增喂青绿多汁饲料

由于青绿多汁饲料适口性好,水分含量高,因此,在母猪饲料中适当搭配一些高质量的青绿多汁饲料,可提高泌乳量。青绿饲料中含有一种叫酚氧化酶的有机物质,这种物质能参与泌乳活动,可起增强泌乳能力的作用。但饲喂的青绿饲料一定要新鲜,喂量要由少到多。

青绿饲料越新鲜品质越好,营养越丰富。堆积多时,发热变黄的青绿饲料,适口性差,营养损失量大,故要少喂;腐败霉烂的青绿饲料,还会引起母猪中毒死亡,绝不能喂。

母猪在哺乳期间加喂青绿多汁饲料,应当由少到多,逐渐增加,而且青绿饲料要与配(混)合精饲料适当搭配,精饲料与青绿饲料的比例为1:(1~2)。最好用打浆机把青绿饲料打成青浆,混于精饲料中饲喂。在母猪临分娩前和分娩后的10天内,或仔猪断奶前的7~10天内,要控制青绿饲料的供给量,以防母猪患乳房炎。

长期以来,群众的实践经验证明,夜间给哺乳母猪补食1次青绿饲料,对促进泌乳有显著的作用。

三、保持母猪良好的食欲和体况

母猪良好的食欲是保证高泌乳力的重要因素,只有吃得多,才能转化得多。母猪食欲的好坏与饲料质量和饲喂方法有直接关系。要喂给适口性好、质量高的饲料,保持母猪的食欲旺盛;饲料的种类要稳定,不要经常更换。

根据母猪体况,做好母猪产前减料、产后逐渐增料的工作。一般说来,母猪分娩前5~7天,根据母猪的体况和乳房发育情况,体况比较好、较肥胖的母猪,产前应减少饲料的喂给量,每日喂料量应按妊娠后期每日喂料量的10%~20%比例递减,到分娩前2~3天,喂料量可以减少到平时喂料量的1/3或1/2,在分娩的当天可以停止饲喂,只喂给一些温麸皮水(1份麸皮加10份水),且停止饲喂青绿多汁饲料。对于体况较差的瘦弱母猪,在分娩前不但不能减少饲料喂量,还应增加优质饲料的喂量,特别是增加富含高质量蛋白质的饲料和富含维生素的催乳饲料。对于特别瘦弱的母猪,要不限量饲喂,如此才能保证母猪产后有足够的乳汁,保证仔猪的正常哺乳和生长发育,保证母猪在仔猪断奶后正常发情配种。

母猪分娩后的饲料喂量,也要根据体况肥瘦来决定。体况好的母猪,产仔后2~3天内,不可喂料太多,应逐渐增加料量,到产仔后的5~7天逐渐达到正常喂料量。因为体况好的母猪在分娩后乳汁的分泌量比较充足,而此时仔猪对奶的需要量有限,如果分泌过多,仔猪又吃不了,就很可能造成乳腺疾病,进而影响仔猪哺乳。当然,在母猪体况过瘦时,分娩后不但不应减少料量,还应增加饲料喂量,饲料增加多少,应视母猪体况、采食量和泌乳情况而定。一般在产后5~7天把料加到正常喂量。肥胖、泌乳多的母猪,可在产后7~10天加到正常喂量,切不可加料过急,以防影响母猪食欲和发生乳腺炎。母猪发生乳腺炎的,应及时注射抗菌药物。

四、保持良好的饲养管理环境

泌乳母猪圈舍应保持干燥、清洁、空气新鲜、阳光充足、环境安静。最适宜的温度应为15~25℃,相对湿度不应超过75%。这样的环境可以提高采食量,提高营养物质转化率,增加泌乳量。嘈杂的环境和粗暴对待母猪的行为,都会对母猪的泌乳量产生不良影响。在生产实践中,常看到这样的情况,在母猪给小猪哺乳时去喂料,或者猪舍内嘈杂,或者对母猪有惊扰动作,往往使母猪立即中断哺乳。反复出现这种情况,将严重影响母猪的泌乳能力。

第四节 哺乳母猪的营养需要

一、哺乳母猪的营养需要

泌乳是所有哺乳动物特有的机能和生物学特性。泌乳期饲养的主要目的,是为了提高母猪的泌乳量和乳的品质,以获得理想的仔猪;同时保证母体健康,能够在下一个繁殖周期正常发情、排卵,体重下降适中。泌乳母猪的营养需要量,取决于乳的成分、泌乳量与乳的合成效率,其需要量要根据母猪本身的维持需要、带仔头数、乳汁化学成分和泌乳量的多少进行综合考虑。对于青年母猪还需要考虑其本身生长发育的需要。

母猪在哺乳期间，分泌大量的乳汁。在60天的泌乳期内分泌200～300千克乳汁，优良母猪可分泌乳汁450千克左右。尤其是在泌乳前30天，母猪的物质代谢比空怀时要高得多，所需饲料量也显著增加。因此，应保证泌乳母猪的饲料供应。一般情况下，母猪吃多少给多少，不限量。

哺乳母猪对热能的需要，通常是在空怀母猪的基础上，按照哺乳仔猪的头数来计算。在一般情况下，母猪每增加1头仔猪，应多供给5.23兆焦消化能（约合0.36千克玉米）。

随着养猪生产的发展，仔猪断奶日龄提早，母乳对仔猪的营养作用已逐渐缩小。原因是在母猪分娩后，前10天的采食量很难满足泌乳所需，主要依靠母猪身体内的贮备转化，而分娩20天后仔猪开始补料，到30天时仔猪已开始大量吃料，母乳的营养逐渐居于次要地位。

加强哺乳期母猪的营养，可以延长泌乳高峰。母猪的泌乳高峰一般在产后21天左右出现，以后开始下降；若营养条件好，供给及时，可适当延长泌乳高峰到产后30天才下降。此时泌乳母猪每日需要的饲料量，大约可按下列方法计算：假若1头体重150千克的母猪，每天生产5千克乳汁，其维持体重需要混合饲料约1千克，泌乳所需混合饲料约3千克，两者相加，母猪每天约需混合饲料4千克。如果再加喂适量的青绿多汁饲料，就能基本满足需要。当然，在饲料条件较好的地方，对泌乳母猪最好采用不限量的饲喂方法，因为这个时期母猪泌乳越多，质量越好，仔猪生长发育就越快。母猪泌乳30天后，不但要加强母猪的饲养，而且更应该加强仔猪的饲养，给仔猪提供营养水平较高的补料。如果给仔猪补料合理，就能用0.8～1.0千克的料，加上母乳的营养，换取1千克增重。从经济角度看，是非常合算的。

根据我国肉脂型猪的饲养标准，母猪维持消化能需要量为$377BW^{0.75}$千焦（$0.377BW^{0.75}$兆焦）。按照大量试验统计，每头仔猪每天需要消化能4.49兆焦。如果有一头初产母猪体重150千克，哺养10头仔猪，则每天消化能需要量为：

$$0.377 \times 150^{0.75} + 4.49 \times 10 = 61.06 \text{ 兆焦}$$

哺乳母猪蛋白质需要量仍按维持加产奶需要进行推算。哺乳时维持蛋白质需要量的研究很少,一般借用妊娠期数值。产奶需要取决于产奶量、乳蛋白含量和饲料蛋白质的利用率,具体需要量可参阅猪的饲养标准。

但是,无论初产或经产的母猪,临产前几天都应减少喂量,分娩前10～12小时最好不再喂料,但要充足供水。冷天的饮水要加温。此时母猪如表现饥饿,可适当投给饲料。分娩后的当天,可喂给母猪饲料0.9～1.4千克,然后逐渐增加喂量,5天后达到全量。

总之,母猪在泌乳期的日粮需要量大大超过妊娠期。这是因为母猪只有吃够相适应的饲料,才能提供大量泌乳所需的营养物质。母猪带仔如少于6头,应限制饲料量。凡带8头以上仔猪的母猪,只要不显太肥,就不必限量,以尽可能提高泌乳量。

二、哺乳母猪的饲养标准

(一) 哺乳母猪每头每日营养需要量

见表6-4。

表6-4 哺乳母猪每头每日营养需要量

项 目	体重/千克			
	120以下	120～150	150～180	180以上
采食风干料量/千克	4.80	5.00	5.20	5.30
消化能/兆焦	58.28	60.70	63.13	64.35
粗蛋白质/克	672	700	728	742
赖氨酸/克	24	25	26	27
蛋氨酸＋胱氨酸/克	14.9	15.5	16.1	16.4
苏氨酸/克	17.8	18.4	19.2	19.6
异亮氨酸/克	15.8	16.5	17.2	17.5
钙/克	30.7	32.0	33.3	33.9
磷/克	21.6	22.5	23.4	23.9
食盐/克	21.1	22.0	22.9	23.3

(二) 哺乳母猪每千克饲料养分含量

见表6-5。

表 6-5　哺乳母猪每千克饲料养分含量

项　目	含　量
消化能/兆焦	12.13
粗蛋白质/%	14.0
赖氨酸/%	0.50
蛋氨酸+胱氨酸/%	0.31
苏氨酸/%	0.37
异亮氨酸/%	0.33
钙/%	0.64
磷/%	0.46
食盐/%	0.44

第五节　哺乳母猪的饲养管理

饲养哺乳母猪的主要任务,一是使母猪为仔猪提供品质好、数量多的乳汁,保证仔猪正常生长发育;二是维持母猪正常体况,在仔猪断奶后能正常发情配种。

一、饲养方式

(一)"前高后低"方式

这种方式一般适用于体况较瘦的经产母猪。根据一些资料计算,哺乳期的前1个月为泌乳旺期,占泌乳总量的60%～65%;乳母猪前1个月体重失重占总失重的85%左右。可见哺乳的前1个月,母猪需要的营养物质多,采用前高后低的饲养方式,既能满足母猪泌乳的需要,又能把精料重点地使用在关键性时期。

(二)"一贯加强"方式

一般适用于初产母猪和妊娠期体况较差的哺乳母猪。这种方式是用较高营养水平的饲料,在整个哺乳期对乳母猪不限量,吃多少给多少,充分满足母猪本身生长和泌乳的需要。

二、饲喂技术

通常情况下,母猪分娩前3天,饲喂量可适当减少,一般为10%~20%。如果母猪体况不好也可不减料。饲料应稀一些,可使分娩时消化道内粪便少,有利于分娩。分娩后的半天内,一般也不喂饲料,只给麦麸稀粥或一些稀料。产后2~5天,泌乳料的饲喂量逐渐从每天2~2.5千克加到最大的采食量。产后突然加料,可能引起消化紊乱,影响以后的采食和泌乳。因此,哺乳母猪的饲喂次数应当增加,一般日喂3~4次。饲料的营养浓度也相对较高。按我国2004年发布的《猪饲养标准》规定,哺乳母猪每千克饲料养分含量为,消化能13.8兆焦,粗蛋白质17.5%~18.5%,钙0.77%,磷0.62%。每天采食量为4.65~5.65千克。

在母猪分娩后的1~5天内不宜喂料太多,要减少精料喂量,应喂少量加水拌成的稀粥或麸皮稀粥,随分娩后时间的延长,逐渐增加精料的喂量。经3~5天逐渐增加投料量,至产后1周,母猪采食和消化正常,可放开饲喂。工厂化猪场35日龄断奶条件下,产后10~20天,日喂量应达4.5~5.5千克,20~30天泌乳盛期应达到5.5~6千克,30~35天应逐渐降到5千克左右,断奶后应根据膘情酌减投料量。

哺乳母猪要供足清洁饮水,以提高其泌乳量。如喂生干料,饮水充足与否是采食量的限制因素,饮水器应保证出水量及速度。泌乳母猪最好喂生湿料[料水比为1:(0.5~0.7)]。如有条件可以喂豆饼浆汁,给饲料中添加经打浆的南瓜、甜菜、胡萝卜、甘薯等催乳饲料。

哺乳期母猪饲料结构要相对稳定,不要频变、骤变饲料品种,不喂发霉变质和有毒饲料,以免造成母猪乳质改变而引起仔猪腹泻。

仔猪断奶后,喂量要适当减少,并控制饮水,以防发生乳房炎。对哺乳期间掉膘太快的母猪可少减料或不减料,使其尽快恢复膘情,及时发情配种。对泌乳性能很差或无奶的母猪,经过1~2胎的繁殖观察,应及时淘汰处理。

如按母猪泌乳期平均失重15千克计算,每天推荐饲喂量见表6-6。

表 6-6　泌乳母猪推荐饲喂量

窝日增重/(千克/天)	1.34	1.55		1.78		2.0		2.25
哺乳仔猪数/头	7	8	7	9	8	10	9	10
35日龄断奶重/千克	8	8	9	8	9	8	9	9
母猪采食量/(千克/天)	4.0	4.5	4.5	4.8	4.8	5.3	5.3	5.7

三、管理

(一) 日常管理

① 哺乳母猪应单圈饲养,且每天应有适当运动,以利恢复体力,增强母、仔体质和提高泌乳力。有条件的地方,特别是传统养猪,可让母猪带领仔猪在就近牧场上活动,能提高母猪泌乳量,改善乳质,促进仔猪发育。无牧场条件,最好每天能让母、仔有适当的舍外自由活动时间。如果哺乳母猪合群饲养,应进行合群训练,防止母猪互相咬架。

② 保持栏圈清洁卫生,空气清新,除每天清扫猪栏、冲洗排污道外,还必须坚持每 2~3 天用对猪无害的消毒剂喷雾消毒猪栏和走道。

③ 母猪产后及泌乳期,必须保持周围环境的安静,让母猪得到充分的休息和顺利泌乳。哺乳期禁止在产房内大声喊叫或粗暴对待母猪。日常管理工作程序必须有条不紊,以确保母猪正常泌乳。尽量减少噪声,禁止大声吆喝、粗暴对待母猪,保持安静的环境条件。

④ 保持乳头清洁,防止乳头损伤、冻伤和萎缩,严禁惊吓和鞭打母猪。保护母猪乳房不受损伤,并经常进行检查。发现有损伤,要及时治疗。

⑤ 调教母猪,使其养成到猪床外定点排粪的习惯,防止母猪尿窝。在冬季,圈舍内应铺厚垫草,保持圈舍内舒适和温暖。

⑥ 在规模化、集约化养猪场,哺乳母猪的管理很重要,尤其是在网床上扣笼产仔和哺乳的母猪,要做好母猪上下网床、进出产笼的训练,防止母猪跳笼,损伤腿、脚等。

（二）哺乳母猪异常情况的处理

1. 乳房炎

哺乳母猪患乳房炎，一种是乳房肿胀，体温上升，乳汁停止分泌，多出现于分娩之后。病情是由于精料过多，缺乏青绿饲料引发便秘、难产、发高热等疾病而引起。另一种是部分乳房肿胀。这是由于哺乳期仔猪中途死亡，个别乳房没有仔猪吮乳，或母猪断奶过急，使个别乳房肿胀，乳头损伤，细菌侵入而引起。

哺乳母猪患乳房炎后，可用手或湿布按摩乳房，将残存乳汁挤出来，每天挤4～5次，2～3天乳房出现皱褶，逐渐萎缩。如乳房已变硬，挤出的乳汁呈脓状，可注射抗生素或磺胺类药物进行治疗。

2. 产褥热

母猪产后感染，体温上升到41℃，全身痉挛，停止泌乳。该病多发生在炎热季节。为预防此病的发生，母猪产前要减少饲料喂量，分娩前最后几天喂一些轻泻性饲料，减轻母猪消化道的负担。如患病母猪停止泌乳，必须把全窝仔猪进行寄养，并对母猪及时治疗。

3. 产后少乳或无乳

母猪产后少乳或无乳主要有以下几种情况：母猪妊娠期间饲养管理不善，特别是妊娠后期饲养水平太低，母猪消瘦，乳腺发育不良；母猪年老体弱，食欲不振，消化不良，营养不足；母猪妊娠期间喂给大量碳水化合物饲料，而蛋白质、维生素和矿物质供给不足；母猪过胖，内分泌失调；母猪体质差，产圈未消毒，分娩时容易发生产道和子宫感染而引起乳少和无乳。为了防止产后乳少或无乳，必须搞好母猪的饲养管理，及时淘汰老龄母猪，做好产圈消毒和接产护理。对消瘦和乳房干瘪的母猪，可喂给催乳饲料，如豆浆、麸皮汤、小米粥、小鱼汤等。亦可用中药催乳（药方：木通30克，茴香30克，加水煎煮，拌少量稀粥，分2次喂给）。因母猪过肥而无乳，可减少饲料喂量，适当加强运动。

第七章 哺乳仔猪的培育

仔猪（初生~20千克体重）阶段是猪一生中相对生长最快的时期，也是养猪生产的关键环节。仔猪的生长处于"S"形曲线的前段，几乎呈指数增长，而母猪泌乳曲线则呈抛物线，产后3周时达顶峰，之后逐步下降。仔猪的快速生长与母猪泌乳量不足存在着突出矛盾。尤其是早期断奶又会因仔猪消化能力和抗逆能力差，造成食欲低下、消化不良、生长缓慢、饲料利用率低、抗病力下降、下痢等所谓"早期断奶综合征"。据全炳昭等（1996）报道，在调查的4个猪场6394头早期断奶仔猪中（28~35日龄），断奶应激发病率为54.25%~79.5%；断奶后10~60天死亡率达10.61%~15.07%，死亡原因主要为非感染性腹泻。四川农大宋育等（1995）的统计表明，断奶后8~13天的腹泻率为32%，14~17天增加到41.4%，耐过的仔猪生长发育不良，总体重下降33%，因而造成极大的经济损失。因此，仔猪腹泻是目前养殖业亟待解决而又一直未能攻克的世界性难题，也是导致仔猪存活率低、保育难的关键性因素。

第一节 仔猪的消化生理特点

一、代谢旺盛，生长发育快，需要的养分多

仔猪初生时体重小，不到成年体重的1%，与其他家畜相比是最小的，但出生后生长发育最快。一般仔猪出生重1千克左右，30日龄时增长5~6倍，60日龄时可增长10~13倍，高的则可达30倍。

仔猪生长快，是由于它的物质代谢旺盛，特别是对蛋白质和钙磷的代谢要比成年猪高得多。一般20日龄时，每千克体重沉积的蛋白质，相当于成年猪的30~35倍。可见，仔猪对营养物质的需要，无论在数量和质量上都高，对营养不全的反应特别敏感，这就给养猪生产增大了饲养的难度。

二、仔猪消化器官不发达,容积小,机能不完善

(一) 消化酶分泌不全,活性低

初生仔猪胃内仅有凝乳酶,胃蛋白酶游离很少,并且由于胃底腺不发达,还不能分泌游离盐酸(35日龄后才能大量分泌),胃蛋白酶不能被激活,不能消化蛋白质,这时只有肠腺和胰腺的发育比较完善,胰蛋白酶、肠淀粉酶和乳糖酶活性较高,食物主要在小肠内消化。因此,初生仔猪只能吃奶而不能利用植物性饲料。

(二) 胃液缺乏

由于仔猪胃和神经系统之间的联系还没有完全建立,缺乏条件反射性的胃分泌,仔猪的胃液只有当饲料直接刺激胃壁时才能分泌,量也很少。

(三) 食物在胃肠的滞留时间短,排空速度快

食物在仔猪胃内滞留的时间,随日龄的增长而明显加长。15日龄时为1.5小时,30日龄时为3~5小时,60日龄时为16~19小时。因此,仔猪日龄越小,对饲料的消化利用率越低。

三、缺乏先天性免疫力,容易患病

仔猪出生时,因为与母猪血管之间被多层组织隔开,限制了母猪抗体通过血液向胎儿的转移,所以缺乏先天免疫力。只有吃到初乳以后,靠初乳把母体的抗体传递给仔猪,并过渡到自身产生抗体而获得免疫力,初乳中免疫球蛋白的含量虽高,但降低也快。仔猪10日龄开始产生抗体,35日龄前还很少,因此3周龄内是免疫球蛋白青黄不接的阶段,仔猪最易下痢,这是最关键的免疫期,并且这时仔猪已开始吃料,胃液又缺乏游离盐酸,对随饲料、饮水而进入胃内的病原微生物没有抑制作用,因而容易引起仔猪下痢,甚至死亡。

四、自身调节能力差,对外界环境的应激能力弱

初生仔猪大脑皮层发育不全,调节体温等适应环境的应激能力

差，特别是出生后的第一周内。因此，初生仔猪的冬季保暖尤其重要。

五、早期断奶应激严重

① 早期断奶仔猪由于对饲料采食量少和对非母乳饲料的消化率低，造成仔猪暂时性营养不足。

哺乳仔猪采食的是温暖、具奶油香味的流质母乳，其中富含易消化的乳糖、酪蛋白和乳脂肪，断奶后转食粗糙的颗粒饲料，不仅适口性差，而且不再有易消化的乳糖成分，另外还出现了母乳中所没有的粗纤维和淀粉，不易消化，因此刚刚断奶的仔猪很不适应，3~4周龄断奶的仔猪一般在断奶后1~2天内几乎不采食，随着时间的延长，仔猪体重下降，体脂消耗，饥饿感促使仔猪慢慢开始采食，一般在断奶后一个星期内，仔猪仅采食1.5千克左右，体重增加很少或不增加。

另外，仔猪在6周龄以前消化道内几种主要消化酶的活性未能完全达到成年水平，对饲料中养分消化率较低。仔猪出生后1~2周乳糖酶逐渐上升，3周起迅速下降；麦芽糖酶徐缓上升，4周龄趋于平缓，蔗糖酶缓慢上升；小肠黏膜和胰脏从2周龄开始分泌淀粉酶，3周龄时仍很少。因此，早期断奶仔猪在断奶后两周内对可溶性淀粉的消化利用有限，对不溶性淀粉则很难消化，此时对乳糖的利用虽然较好，但饲料中含量很少；仔猪胰腺分泌脂肪酶及磷脂酶和胆固醇酶，而且不论在哪个发育阶段脂肪酶活性都很高，所以仔猪对脂肪的消化吸收一直较旺盛，哺乳期对乳脂的吸收率可达80%，遗憾的是饲料中脂肪含量不如母乳，仔猪的胃蛋白酶分泌从出生到四周龄逐渐上升，四周后平缓，胰蛋白酶的分泌在出生后两周时平衡，继而上升，三周后又趋于平缓；胃蛋白酶活性的最适pH值为2.0，而哺乳期仔猪胃内盐酸分泌很少，其酸度主要靠乳糖发酵产生乳酸来维持，断奶后乳酸产生终止，胃内酸度下降，降低了胃蛋白酶活性；而且，鱼粉、豆粕等饲料蛋白消化要求比酪蛋白更低的pH值（2.5和4.0），所以，刚断奶的仔猪对饲料蛋白的消化率较低。

② 饲粮改变引起断奶仔猪胃肠道微生物区系变化对仔猪健康的损害。

早在1907年，Metchnikoff便首次提出动物肠道微生物区系对维持动物健康起着重要作用。在健康状态下，动物体内的微生物区系保持着动态平衡，这个平衡一旦被打破，则会引起消化道疾病。在正常条件下，以乳酸杆菌占优势的肠道微生物区系有助于维持肠道健康，但乳酸杆菌又是最易受应激干扰的细菌之一。

仔猪在哺乳期，随着母乳的摄入，胃内存在的微生物以乳酸杆菌为主，断奶后，随着饲料的摄入，引入了大量的其他细菌和真菌；在断奶应激和饲粮改变的双重作用下，胃内环境发生了变化，这些细菌和真菌有可能大量繁殖，破坏乳酸杆菌的主导地位，从而影响仔猪健康。在控制仔猪胃肠微生物区系上，酸度起着主要作用。仔猪胃内酸度来自三个方面：乳酸、挥发性脂肪酸和盐酸。在哺乳期，仔猪的胃内酸度主要靠母乳中乳糖发酵产生的乳酸来维持，其次是挥发性脂肪酸，盐酸分泌很少。此时由于乳酸产量大，胃内酸度高，有利于酪蛋白的消化和抑制非乳酸杆菌类细菌的繁殖。断奶后第一周，由于乳糖的消失，乳酸产量下降，挥发性脂肪酸增加，盐酸分泌仍很少，使胃内总酸度较低，不利于蛋白质消化和抑制非乳酸杆菌的繁殖，易导致仔猪消化不良和大肠杆菌病发生。随后，乳酸和挥发性脂肪酸不断减少，盐酸分泌慢慢增加，直到断奶后3~4周，盐酸可占胃内总酸度的50%，此时胃内总酸度仍较低，同时，饲料中的一些蛋白质，特别是无机阳离子，也会与胃酸结合，使胃内酸度下降，所以，对于刚断奶仔猪，采取适当措施保证胃内一定的酸度或抑制非乳酸杆菌的繁殖极为重要。

③ 断奶应激引起仔猪肠绒毛的损伤，导致养分在肠道中的吸收率和机体免疫力进一步下降。

研究发现，断奶应激会导致仔猪肠绒毛损伤，肠壁萎缩，绒毛变短，从而降低养分在肠道中的吸收率，且断奶越早，损伤越严重。据测，哺乳仔猪21日龄时肠绒毛高度为527微米，35日龄时为410微米；21日龄断奶仔猪的绒毛高度，在24日龄时仅为183微米，到42日龄时恢复到429微米；35日龄断奶的仔猪，38日龄时为299微米，42日龄时为424微米。35日龄断奶比21日龄断奶绒毛恢复快。

六、阉割应激

对于非种用的试验猪只，阉割可消除由于性别带来的差异；对生长育肥猪，阉割则可减小由于性躁动所造成的影响。因此，阉割是商品仔猪生长发育的一个必需过程，是不可避免的。一般仔猪在30～35日龄进行阉割，阉割时由于捕捉、惊吓、疼痛以及性腺切除而引起仔猪内分泌失调，最终导致仔猪采食量下降而影响其生长，这种影响至少要持续3～5天，长的可达一周以上。

第二节 哺乳仔猪的饲养

一、早吃初乳

初乳是指母猪分娩后36小时内分泌的乳汁，它含有大量的母源性免疫球蛋白。仔猪出生后在24～36小时内肠壁可以吸收母源性免疫球蛋白，以获得被动免疫。初生仔猪不具备先天性免疫能力，必须通过吃初乳而获得。让仔猪出生后1小时内吃到初乳，是初生仔猪获得抵抗各种传染病抗体的唯一有效途径；推迟初乳的吸食，会影响免疫球蛋白的吸收。仔猪出生后立即放到母猪身边吃初乳，还能刺激消化器官的活动，促进胎粪排出。初生仔猪若吃不到初乳，则很难成活。

二、早期补铜铁、补硒

给初生仔猪补饲铜、铁，可有效预防仔猪贫血。具体方法是，每头仔猪在出生后3日龄内一次性肌内注射血多素0.1毫升/头或右旋糖苷铁1毫升/头；3日以后可用硫酸铜1克、硫酸亚铁2.5克，1000毫升凉开水制成铜铁合剂，用奶瓶喂给，每日两次，一次10毫升，或滴于母猪乳头处让仔猪同乳汁一并采食，每天4～6次。

大量实践证明，仔猪出生后2～3天补铁150～200毫克，平均每窝断奶育成活仔数可增加0.5～1头，60日龄体重可提高1～2千克。

在缺硒地区，还应同时注射0.1％亚硒酸钠与维生素E合剂，每头0.5毫升，10日龄时每头再注射1毫升。

三、补充水分

哺乳仔猪生长迅速，新陈代谢旺盛，需水量较多；而乳汁和仔猪补料中蛋白质和脂类含量较高，若不及时补水，就会有口渴之感，生产实践中便会看到仔猪喝尿液和污水，不利于仔猪的健康成长。补水方式，可在仔猪补料栏内安装自动饮水器或适宜的水槽，随时供给仔猪清洁充足的饮水。据试验，3～20日龄仔猪可补给0.8%盐酸水溶液，20日龄后改用清水。补饮盐酸水溶液可弥补仔猪胃液分泌不全的缺陷，具有活化胃蛋白酶和提高断奶重之功效，且成本较低。

四、早期诱食

仔猪出生1周后，前臼齿开始长出，喜欢啃咬硬物以消解牙痒，这时可向料槽中投入少量易消化的具有香甜味的颗粒料，供哺乳仔猪自由采食，其主要目的是训练仔猪采食饲料。给仔猪提早开食补料，是促进仔猪生长发育，增强体质，提高成活率和断奶重的一个关键措施。仔猪出生后随着日龄的增长，其体重及营养需要与日俱增，自第二周开始，单纯依靠母乳不能满足仔猪体重日益增长的要求，如不及时补料，弥补营养的不足，就会影响仔猪的正常生长。及早补料，还可以锻炼仔猪的消化器官及其功能，促进胃肠发育，防止下痢。补料在出生后7日龄左右进行，此时把饲料撒入食槽，让仔猪自由采食。补料的同时补喂一些幼嫩的青菜、瓜类等青绿多汁饲料，供足清洁饮水，并注意观察仔猪排便情况。开始补料后1周左右，仔猪才习惯采食饲料。仔猪诱食料要求香、甜、脆。具体方法如下。

① 用炒熟豌豆、麦粒拌少量糖水，撒些切细青料，放在仔猪经常游玩的地方，任其自由采食。

② 将仔猪和母猪分开，在仔猪吃奶前，令其先吃诱食料后吃奶。奶、料间隔时间以1～2小时为宜。

③ 对泌乳量多的母猪所产仔猪，可采用强制诱食，即先将配合饲料调制成糊状，然后挑取糊状物涂抹于仔猪嘴唇上，让其舔食，重复几次，仔猪便能自行吃料。当全窝仔猪开口吃料后，应立即将诱食料换为配合饲料。

提早开食补料，不仅可以满足仔猪快速生长发育对营养物质的需要，提高日增重，而且可以刺激仔猪消化系统的发育和功能完善，防止断奶后因营养性应激而导致下痢，为断奶的平稳过渡打下基础。

五、抓好旺食

经过早期诱食,哺乳仔猪到 20 日龄后,进入旺食期,旺食期内要求全部饲喂配合饲料。我国 2004 年发布的《猪饲养标准》规定,仔猪体重 3~8 千克阶段每千克饲料养分含量为,消化能 14.02 兆焦,粗蛋白质 21%,钙 0.88%,磷 0.74%。每天采食量 0.3 千克左右,预计日增重 0.24 千克。配合饲料可在当地饲料厂家购买,也可购进仔猪浓缩饲料搭配玉米、小麦和糠麸,或者全部利用自产饲料进行配合。饲喂方法:用配合饲料 1 斤❶、0.3~1 斤水和 0.2~0.5 斤青料拌匀任仔猪自由采食,精、青料均生喂,饮水另放,冬季用热水,其他季节用冷水。

第三节 哺乳仔猪的管理

一、人工接产

人工接产的方法前面已经阐述,其目的就是加强分娩看护,减少分娩死亡。母猪分娩一般持续 5 小时左右,分娩时间越长仔猪死亡率越高。此外,母猪分娩时应保持安静。若分娩间隔超过 30 分钟,应仔细观察并准备实施人工助产。另外,仔猪出生时编耳号、断尾以及注射铁制剂等工作可放到 3 日龄时进行,避免使哺乳仔猪感到疼痛而减少吮乳次数和吮乳量。

二、固定乳头

母猪的乳房各自独立,互不相通,自成 1 个功能单位。各个乳房的泌乳量差异较大,一般前部乳头泌乳量多于后部乳头。每个乳房由 1~3 个乳腺组成,每个乳腺有 1 个乳头管,没有乳池贮存乳汁。因此,猪乳汁的分泌除分娩后最初 2 天是连续分泌外,以后是通过刺激有控制地放乳,不放乳时仔猪吃不到乳汁。仔猪吮乳时,先拱揉母猪乳房,刺激乳腺放乳,仔猪才能吮到乳汁。母猪每次放乳时间很短,一般为 10~

---

❶ 1 斤=0.5 千克,全书余同。

20秒,哺乳间隔约为1小时,后期间隔加大,日哺乳次数减少。

仔猪有固定乳头吮乳的习性,乳头一旦固定,直到断奶时不变。仔猪出生后有寻找乳头的本能,产仔数多时常有争夺乳头的现象。初生体重大、体格强壮的仔猪往往抢先占领前部的乳头,而弱小的仔猪则迟迟找不到乳头,即使找到乳头,也只能是后部的乳头,且常常被强壮的仔猪挤掉,造成弱小的仔猪吃乳不足或吃不到乳,有的甚至由于仔猪互相争夺乳头,从而咬伤乳头或仔猪颊部,导致母猪拒不放乳或个别仔猪吮不到乳汁。为使同窝仔猪生长均匀,放乳时有序吮乳,须在仔猪出生后2~3天内应进行人工辅助固定乳头,使其养成固定吮乳的良好习惯。

固定乳头的方法是:在分娩过程中,让仔猪自寻乳头,待大多数仔猪找到乳头后,对个别弱小或强壮争夺乳头的仔猪再进行调整,把弱小的仔猪放在前边乳汁多的乳头上,体大强壮的放在后边的乳头上。这样就可以利用母猪不同乳头泌乳量不同的生理特点,使弱小的仔猪获得较多的乳汁以弥补先天不足;后边的乳头泌乳量不足,但仔猪的初生重较大,体格健壮,可弥补吮乳量相对不足的缺点,从而达到窝内仔猪生长发育快且均匀的目的。

当窝内仔猪差异不大,且有效乳头足够时,可不干涉。但如果个体间竞争激烈,则有必要人工辅助仔猪固定乳头。固定乳头工作要有恒心和耐心,开始时不很顺利,经过2~3天的反复人工固定后,就能使仔猪自己固定下来。

三、加强保温,防压防冻

前已述及,哺乳仔猪体温调节机制不完善,防寒能力差,且体温较成年猪高1~2℃,需要的能量亦比成年猪多。因此,应为仔猪创造一个温暖舒适的小气候环境,以满足仔猪对环境温度的特殊要求。因小猪怕冷,仔猪日龄越低,要求的温度越高。母猪的适宜环境温度为18~22℃。而哺乳仔猪所需要的适宜温度是,1~3日龄30~32℃,4~7日龄28~30℃,8~15日龄25~27℃,16~27日龄22~24℃,28~35日龄20~22℃。为保证仔猪有适宜的温度,较为经济的方法是施行3~5月份和9~10月份的季节产仔制度,避免在严寒或酷暑季节产仔。若全年产仔,则应设产房,产房内设仔猪保温箱,内挂白炽灯或红外线灯，或铺设电热板，使仔猪舍温保持在适宜的范围。

新生仔猪反应迟钝，行动不灵活，稍有不慎就会被压死。因此，新生仔猪的防压也很重要。一般仔猪出生3天后，行动逐渐灵活，可自由出入保温箱，被踩、压死的危险减少。生产中可训练仔猪养成吃乳后迅速回护仔栏休息的习惯，可用红外线电热板等诱使仔猪回栏。此外，仔猪出生3天内，应保持产房安静，工作人员应加强照管，提高警惕，一旦发现母猪有踩压仔猪行为，应立即将母猪赶开，以防仔猪被踩或被压。

四、寄养与并窝

在多头母猪同期产仔的猪场，若母猪产仔数过多，无奶或少奶，或母猪死亡，对其所生仔猪可进行寄养或并窝。寄养是指母猪分娩后因疾病或死亡造成缺乳或无乳的仔猪，或超过母猪正常哺育能力的过多的仔猪寄养给1头或几头同期分娩的母猪哺育。并窝则是指将同窝仔猪数较少的2窝或几窝仔猪，合并起来由一头泌乳能力好、母性强的母猪集中哺育，其余的母猪则可以提前催情配种。寄养和并窝是提高哺乳仔猪成活率，充分发挥母猪繁殖潜力的重要措施。

寄养与并窝时应注意以下几点：

① 寄养和并窝仔猪的母猪产仔时间接近，时间相隔在2～3天内为宜，同时做到寄大不寄小；

② 寄养和并窝仔猪之前，以仔猪吃过初乳为佳，否则不易成活；

③ 仔猪寄养和并窝之前，使仔猪处于饥饿状态，在养母放乳时引入或并入；

④ 所有寄养和并窝仔猪均用养母的乳汁或尿液涂抹，混淆母猪嗅觉，使养母接纳其他仔猪吮乳；

⑤ 寄养于同一母猪的仔猪数可视具体情况而定，最好控制在2头以内。并窝后仔猪总数不可过多，以免养母带仔过多，影响仔猪的生长发育。

五、预防下痢

肮脏的环境、母乳、不洁的饲料和饮水、气候异常等，是引起仔猪下痢的主要因素。仔猪下痢的发病率很高，它不仅影响仔猪增重，严重者会引起死亡。下痢分黄痢、白痢和红痢3种，以白痢多见。所以，为预防仔猪下痢，必须做到让仔猪吃上充足的初乳，增强仔猪抗病力；对哺乳母猪的日粮要合理搭配，营养水平要适当，并注意补充维生素、矿物质和微量元素；建立仔猪药物保健措施；经常保持圈内清洁卫生、干燥，冬季做好舍内保暖工作，同时注意气候突然变化，避免和控制仔猪下痢病的发生。

当发生下痢时，轻者可给仔猪灌服大蒜水或草木灰水；下痢严重时，可按0.2毫升每千克体重肌内注射"痢炎康"注射液，或口服"瘟病克星片"5～10片/次或"百痢净"粉剂拌料或者加水调成糊状舔服，剂量按每千克体重0.05～0.1克/次，日服2～3次。同时，为了预防和减缓仔猪断奶应激，可在仔猪断奶前5～10天口服拌料1%的"水肿灵"粉或按5～10千克体重20克/天，10～20千克体重20～40克/天饲喂。

六、剪齿断尾

初生仔猪的犬齿容易咬伤母猪的乳头或其他仔猪颊部，可在仔猪出生后3天内剪去犬齿。钳刃要锐利，用前消毒，从牙根部剪去，断面要平整，不要弄伤仔猪牙龈。用作育肥的仔猪，为防止育肥期间的咬尾现象，可在去犬齿的同时断尾。方法是用钳子剪去仔猪尾巴的1/3，然后涂上碘酊以防感染。

七、早期断奶

哺乳仔猪在28～35日龄全部断奶。断奶方法：①逐次断奶，在仔猪30日龄时减少哺乳次数，到35日龄全部断奶；②一次性断奶，仔猪达35日龄时，即与母猪分开，不再哺乳。有条件的也可将母猪赶走，仔猪原圈饲养。早期断奶仔猪仍饲喂哺乳期配合饲料，日喂次数增加1～2次，注意夜间加料，并保持环境安静、卫生，减少外界干扰。

八、预防僵猪

僵猪是指那些年龄不小、个头不大、被毛粗乱、消瘦、头尖、屁股瘦、肚子大的猪。这些猪光吃不长，给生产造成损失。僵猪形成的原因：一是由于母猪妊娠期间饲养不当，胚胎发育受阻，初生体重小；二是母猪在哺乳期饲养不当，母乳不足甚至无乳，致使仔猪死不了也活不好发生奶僵；三是由于仔猪患病，如气喘病、下痢、蛔虫病等，发生病僵；四是仔猪补料不及时以及断奶不当，断奶后管理不善，营养不足，特别是蛋白质、矿物质、维生素缺乏等，引起仔猪发育停滞，形成僵猪。

僵猪的预防：一是加强妊娠期和哺乳期母猪的饲养，保证仔猪在胚胎期有良好的发育，出生后有充足的母乳供应；二是初生仔猪要注意固定奶头，使每头仔猪都能及时吮吸到母乳，特别是初生体重小的仔猪应有意识地固定在前部乳头上，并抓好早期补料，提高断奶体重，使仔猪健康生长；三是抓好断奶期的饲养管理；四是仔猪日粮搭配多样化，既营养全价又适口性良好，仔猪喜食，营养充足；五是日常管理应保持猪舍清洁干燥，冬暖夏凉，定期驱虫；六是与配公、母猪应选择亲缘关系远的优良猪种，以提高仔猪的质量，同时淘汰老、弱种猪及泌乳力低的母猪。

对已形成的僵猪应按其原因对症治疗或单独饲养，单独调理饮食及营养供应，喂些健胃药或采取饥饿疗法，定时定量。若不进食，可只给饮淡盐水，不给饲料，等有食欲时再喂，也不要一次喂得过多。

第八章 母猪常见疾病的防治

第一节 母猪非传染性繁殖障碍性疾病

一、母猪乏情与不孕

(一) 母猪不发情（乏情）

1. 病因及症状

由于母猪患有伪狂犬病、乙脑、细小病毒、慢性猪瘟、衣原体、蓝耳病及霉菌毒素等病原性疾病，或子宫炎、阴道炎、部分黄体化及非黄体化的卵泡囊肿等病理性疾病而导致母猪在较长时间内持续不发情或发情不明显。另外，母猪由于品种、遗传、营养及季节等因素也可导致不发情。

2. 防治措施

(1) 公猪诱情 用公猪追逐不发情的空怀母猪，或把公母猪放在同一栏内，由于公猪爬跨和公猪分泌激素气味的刺激，能引起母猪产生促卵泡激素，促使其发情排卵。

(2) 仔猪提前断奶 为减轻瘦弱母猪的哺乳压力，将仔猪提前到21~28天断奶，让母猪提前发情。

(3) 合群并栏 把不发情的空怀母猪合并到发情母猪的栏内饲养，通过发情母猪的分泌物和发情母猪的爬跨等刺激，促进空怀母猪发情排卵。

(4) 按摩乳房 对不发情的母猪，每天早晨喂料后，用手指尖端放在母猪乳头周围皮肤上做圆圈运动，按摩乳腺（不要触动乳头），依次按摩每个乳房，促使分泌排卵。

(5) 激素催情 对卵泡囊肿或持久黄体不退的母猪，每日注射孕马血清 5 毫升或绒毛膜促性腺激素 800～1000 单位，连续 4～5 天。

（6）药物冲洗、治疗　对子宫炎引起的配后不孕母猪，用 0.3% 的食盐水或 0.1% 高锰酸钾水冲洗子宫，再用抗生素（如恩诺沙星）注入子宫内，同时肌内注射青链霉素合剂消炎和注射催产素促使子宫污染物排出，隔 1～2 天再进行一次。

（7）营养调节　体膘肥壮的母猪，停料 1～2 天，只饮水，待第 2、第 3 天后限制用料，同时加强运动和用公猪诱情；体膘偏瘦的母猪，饲喂哺乳料 3～5 天，并保证用量，同时也用公猪诱情。

（二）母猪不孕

母猪不孕是影响母猪繁殖的主要障碍之一。母猪不孕的原因较多，除生殖器官发育不全外，还有生殖器官发生疾病和饲养管理不当等原因。

1. 生殖器官疾病造成的不孕

（1）病因及症状　由于饲养管理不当或内分泌失调引起的卵巢功能减退、卵泡囊肿、持久黄体及子宫内膜炎等造成的不孕，其表现的症状不尽相同。当卵巢功能减退时，发情不定期，发情不明显或发情时间延长，或者只发情不排卵。当卵泡囊肿时，由于卵泡激素分泌过多，母猪情欲亢进，经常爬跨其他母猪，但屡配不孕。当发生持久黄体时，则母猪在较长时间内持续不发情。

（2）防治措施　对于患卵泡囊肿的猪，应肌内注射黄体酮 15～25 毫克，每日或隔日 1 次，连用 2～7 次。也可肌内注射绒毛膜促性腺激素 500～1000 单位，或注射促黄体激素 50～100 单位。对于卵巢功能减退造成的不孕，可调整母猪的营养，加喂催情的蛋白质和维生素饲料。对于发生持久黄体的猪，可肌内注射前列腺素类药物，或注射孕马血清进行治疗。

2. 饲养管理不当造成的不孕

（1）病因及症状　母猪长期处于低营养水平，尤其是长期缺乏蛋白质饲料和维生素、无机盐等，使母猪过度瘦弱，生殖功能发生障碍。相反，母猪长期营养过剩，造成过度肥胖，卵巢内脂肪浸润，卵泡上皮脂肪变性，卵泡萎缩，导致母猪不发情，不能配种受孕。

（2）防治措施　注意改善饲养管理，调整母猪营养，使母猪保持正常膘情，促使正常发情排卵、正常受孕。母猪过度肥胖的，要减少精料供给，增喂青绿多汁饲料。母猪体躯瘦弱、营养不良的，应加喂含蛋白质、维生素和无机盐丰富的饲料，力促母猪发情。

二、母猪难产

母猪分娩过程中，胎儿因多种原因不能顺利产出，称为难产。

（一）病因

① 母猪骨盆发育不全，产道狭窄（初产和配种过早的母猪多见）。
② 死胎多或母猪分娩无力、子宫收缩弛缓（老龄母猪、过肥母猪、营养不良和近亲交配母猪多见）。
③ 胎位异常、胎儿过大或习惯性难产。

（二）症状

1. 分娩开始难产

母猪侧卧后长时间不产，阵缩小、努责次数多、呻吟、起卧不安等。

2. 分娩中间难产

母猪顺产几头仔猪后长时间不再产仔，其余表现同上。

（三）防治措施

子宫内的胎儿，应及早离开母体，分娩时间延长容易造成胎儿窒息死亡。因此，发现分娩异常应尽早助产。具体抢救措施取决于难产的原因及母体状况。对老龄体弱、分娩力不足的母猪，可肌内注射催产素（垂体后叶素），促进子宫收缩，必要时可注射强心剂。药物注射后半小时左右胎儿未产出，应进行人工助产。助产步骤如下。

① 将指甲剪短、磨光，以防损伤产道。
② 手和手臂先用肥皂水洗净，用1%高锰酸钾液消毒，再用70%的酒精消毒，然后涂抹清洁的润滑剂。
③ 母猪外阴部也可用上述浓度的药液消毒。
④ 趁母猪努责间歇时将手指头合拢呈圆锥形，缓慢伸入产道，握住胎儿适当的部位（腿、下颌）后，随着母猪努责缓慢将胎儿拉

出。对母猪羊水排出过早、产道干涩、狭窄、胎儿过大等因素引起的难产，可先向母猪产道注入生理盐水，然后按上述方法将胎儿拉出。对胎儿移位引起的难产，可将手伸入产道矫正胎位，待胎位正常时拉出。产道干涩时应注入生理盐水，有的异位胎儿矫正后可自然产出，不必用手拉出。在助产过程中，要防止产道损伤、感染，助产后应给母猪注射抗生素药物，防止细菌感染。

三、胎衣不下

母猪分娩后，超过3小时胎衣没有排出则称为胎衣不下。

（一）病因及症状

胎衣不下主要是因为饲料单一，营养搭配不当，或缺乏维生素，母猪运动不足，体质瘦弱，以致产后子宫迟缓，收缩无力，或妊娠期间饲料中能量过高，以致母猪过肥，胎儿过大。也可由于布氏杆菌病、结核病等传染病使胎盘或子宫内膜发生炎症，产生粘连。症状表现为产后胎衣全部未排出或部分胎衣悬垂于阴门之外，若病期延长，胎衣在子宫内发生腐败分解，可引发全身症状，精神沉郁，努责不断。长期发病可引发败血症。

（二）防治措施

母猪在妊娠期间必须提供优质全价饲料和青绿饲料，并适当添加维生素、矿物质和微量元素，同时保持适当的运动，使母猪妊娠、分娩时体质健康，状态良好。对于发病的母猪，可采用以下方案进行治疗：

① 肌内或皮下注射催产素10~50单位，2小时后重复注射1次，促进子宫收缩；

② 在子宫内注入5%~10%的盐水1~2升，促进胎儿胎盘缩小，与母体分离，但注入后应注意使盐水尽可能完全排出；

③ 因疾病引起的应对症治疗。

四、流产

流产是指母猪未到预产期时间非正常产出胎儿，并且胎儿无正常生活能力。

(一) 病因

1. 疾病性流产

由某些传染病和寄生虫病，或因母猪生殖器疾病及功能障碍，如严重大出血、疼痛、腹泻等，使胎儿或胎膜受到影响而引起流产。

2. 饲养不当

由于饲料数量不足和饲料营养价值不全，尤其是蛋白质、维生素E、钙、镁的缺乏，使胎儿营养物质代谢发生障碍或因突然改变饲料配方，使妊娠母猪一时不适而引起流产。

3. 管理不善

母猪因摔跌、碰撞、挤压、踢跳、鞭打、惊吓等，使子宫及胎儿受到冲击震荡，或因长期饲养在阴冷、潮湿的环境中造成流产。

4. 药物性流产

怀孕母猪因服食子宫收缩药、泻药及利尿药而引起流产。

5. 中毒性流产

母猪因采食发霉、变质饲料，有毒植物、饲料及农药中毒等，均会引起流产。

6. 怀孕母猪过肥

过肥母猪的子宫周围沉积的脂肪较多，压迫子宫，造成供血不足所致。

7. 近亲繁殖

公、母猪高度近亲繁殖，致使胚胎生活力下降引起流产。

8. 习惯性流产

因母猪前一胎流产后对子宫处理不彻底，引起内分泌功能紊乱等所致。

(二) 症状

常常是突然发生，特别是在妊娠初期不易察觉，基本上食欲和举动不见异常。有的流产前几天精神倦怠、阵痛努责、外阴微红、肿胀、阴门流出羊水等症状。一般流产后，母猪常将胎儿吃掉，不易被人发觉。

（三）预防

母猪怀孕后可根据各妊娠期的营养需求，给予数量足、质量高的饲料；严禁饲喂腐败及冷冻、有毒饲料，饲喂要定时定量，防止饥饿、过渴而暴饮暴食。母猪怀孕期要防止挤压、碰撞、摔跌、踢跳、鞭打惊吓。保持栏舍干燥，冬季要保温防寒，夏季要降温防暑。合理选配，防止偷配、乱配和近亲繁殖。对母猪要定期检疫、预防接种和驱虫，对有遗传缺陷和习惯性流产医治无效的母猪要及时淘汰。

（四）治疗

若发现母猪胎动不安，腹痛起卧，呼吸、脉搏增速等流产征兆而胎儿未被排出，以及习惯性流产病例，应全力保胎，方法如下。

① 肌内注射黄体酮 15～25 毫克，每天 1 次，连用 2～3 次。
② 每千克体重肌内注射维生素 E_5 毫克，隔日 1 次，连用 2～3 次。
③ 中药治疗。艾叶 31 克、当归 16 克、香附子 16 克、玄胡 16 克、党参 12 克、黄芪 12 克、大枣 31 克，煎汁喂服。

五、母猪产后瘫痪

（一）病因及症状

母猪产后瘫痪是分娩后突然发生的一种急性严重神经疾病。一般认为是由于血糖、血钙骤然减少和产后血压降低等原因使大脑皮质发生功能障碍所致。

本病多发生在产后 2～5 天，也有 1 个月后才发病的。饲料营养不全，严重缺乏钙、磷或钙、磷比例失调，维生素缺乏等也能导致患本病。其主要症状是食欲减退或废绝，病初粪便干硬且少，跛行，以后则起立困难。勉强起立时，前肢蹄部向后弯曲，蹄叉朝天，疼痛尖叫，后肢摇摆。停止排粪、排尿，体温正常或稍高。精神极度不好，一切反射变弱或消失，重者呈昏睡状态，长期卧地不能站立。乳汁很少或无乳，有时伏卧，不让仔猪吮乳。

（二）防治措施

① 为了防止母猪产后瘫痪，应在母猪妊娠期加强饲养管理，保证妊娠母猪各种营养物质的需要，尤其是增加能量、蛋白质和钙、磷的补充。对于老龄母猪更要加强饲养管理，供给营养平衡、适口性好、容易消化吸收的饲料，使母猪既能保持自身营养需要，又可保证胎儿生长发育及以后泌乳的需要。同时多运动，多晒太阳，提高抵抗力。

② 一旦母猪发生产后瘫痪，应保持栏圈清洁卫生，做好病猪护理，防止发生褥疮。治疗时给其静脉注射10%氯化钙注射液30毫升或10%葡萄糖酸钙注射液50～150毫升，12小时后再静脉注射1次。同时投给缓泻剂（硫酸镁或硫酸钠40克），或用温肥皂水灌肠，清除直肠内的粪便。有条件的猪场还可为瘫痪的母猪实施按摩或针灸。

中药治疗：荆芥60克，防风50克，黄芪40克，党参30克，红花40克，白酒60毫升。诸药水煎取汁，晾温与白酒混合，1次灌服，1日1剂，连用3天。

六、母猪子宫内膜炎

子宫内膜炎通常是子宫黏膜的黏液性或化脓性炎症，为母猪常见的一种生殖器官的疾病。

（一）病因及症状

绝大多数病猪是从体外侵入病原体而致病的。例如，分娩时产道损伤，助产时污染，人工授精时消毒不严格，自然交配时公猪生殖器官或精液内有炎性分泌物等。此外，由于母猪营养差，体况过度瘦弱，抵抗力降低，使猪体内或阴道内存在的平常非致病的细菌引起发病。

急性子宫内膜炎多发生于产后及流产后，子宫内膜严重充血和肿胀，子宫肌层、输卵管或骨盆腔同时亦有炎症，全身症状明显。病猪体温升高，食欲减退或不食，阴门时常努责呈排泄状，有时从阴道内流出带臭味的红褐色黏液或脓性分泌物。

慢性子宫内膜炎多由于急性子宫内膜炎治疗不及时转化而来。全身症状不明显，病猪只在发情时从子宫内排出少量浑浊絮状的黏液。母猪即使能定期发情，也屡配不孕，或胚胎早期死亡。化脓性子宫内膜炎则经常排出脓性分泌物。

（二）防治措施

对于母猪的产房应进行彻底消毒，防止母猪产仔时感染此病；在发生难产实行人工助产时要严格消毒，助产后要应用弱消毒溶液洗涤产道，并注入抗菌药物；在进行人工授精配种时，要严格遵守消毒规则。

对急性病例要先清除积留在子宫内的炎性分泌物。可用1%盐水、0.02%新洁尔灭溶液、0.01%高锰酸钾溶液冲洗子宫，待冲洗液全部排出后，可向子宫内注入一定量的青霉素或金霉素。

对慢性病例可用青霉素40万单位、链霉素100万单位，混入经高压灭菌的植物油20毫升中，注入子宫内。

另外，可采用全身疗法，用青霉素80万单位、链霉素100万单位，肌内注射，每日2次。用磺胺嘧啶钠，剂量按每千克体重0.05～0.10克，每日肌内或静脉注射2次。

七、母猪乳房炎

（一）病因及症状

母猪产生乳房炎的原因很多，但主要是由于饲养管理不当和产后发生疾病两方面的原因造成的。饲养管理不当，表现在母猪妊娠期营养过剩，或产前产后饲料喂量过多，乳汁过多过浓，仔猪刚生下时对乳汁需要量小，致使乳汁过剩发酵而发生炎症。另外，仔猪生下后由于争抢乳头，造成母猪乳头外伤感染而发生乳房炎，或因母猪产后发生疾病，体温升高，造成泌乳紊乱，也可发生乳房炎。

乳房炎分为黏液性和脓性或坏疽性两种。黏液性乳房炎较轻时，可发现乳中含有絮状物，严重时可发现淡黄色脓汁。如果治疗不及时，可形成脓肿，拖延日久往往自行破溃而排出带有臭味的脓汁。

发生脓性或坏疽性乳房炎时，母猪可能会出现体温升高，食欲减退，乳房肿胀。触摸乳房有热感，母猪表现疼痛，严重者拒绝仔猪吮乳。

（二）防治措施

加强母猪妊娠期的饲养管理，严格按饲养标准规定的营养需要量饲喂母猪，防止母猪过肥或过瘦。加强母猪分娩前后和断乳前后的饲养，及时调整饲料喂量，减少乳腺分泌，是防止乳房炎发生的有效措施。

对于已发生乳房炎的母猪，应及时治疗。对患轻度乳房炎的母猪，可局部涂以消炎软膏，如10%鱼石脂软膏、10%樟脑软膏等。同时用0.25%～0.5%盐酸普鲁卡因注射液50～100毫升，加入青霉素10万～20万单位，对乳房基部进行封闭注射，效果更好。对于严重化脓性乳房炎，应尽早切开排脓，并向脓肿腔注入3%过氧化氢溶液或0.1%高锰酸钾溶液冲洗，然后向腔内注入青霉素10万～20万单位。

无论是轻度还是重度乳房炎，都应配合全身症状进行治疗。可用青霉素每次肌内注射80万单位，每日2次；内服磺胺嘧啶，初次剂量按每千克体重20毫克，维持剂量按每千克体重10毫克喂给，间隔8～12小时1次。

八、产褥热

（一）病因及症状

产褥热又叫产后热，是母猪产后发热的一种疾病。主要是因产后感染而发病。栏圈寒冷潮湿，饲养管理不当也可诱发本病。母猪患病时食欲减少或废绝，精神沉郁，卧地睡眠，不愿走动，体温升高至40℃以上，喘粗气，排干粪。

（二）防治措施

母猪产后应加强护理，注意产房清洁卫生、干燥，冬季采取保温措施。治疗用青霉素200万～300万单位，1%～2%复方氨基比林10～20毫升，1次肌内注射；30%安乃近注射液10毫升，10%安钠咖注射液10毫升，1次肌内注射。

九、产后无乳或少乳

（一）病因及症状

本病是母猪哺乳期间常见的一种疾病。多发生于初产母猪。当母猪妊娠期间或哺乳期间营养不足以及母猪患某些疾病时均能引起本病发生，如母猪患全身性严重疾病、热性传染病、乳房炎、内分泌失调等，均可引起无乳或泌乳不足。此外，母猪初配年龄过早或老龄母猪生理功能衰退也能诱发本病。也有的是由于遗传因素引起。

主要表现为仔猪吃奶次数增加，但总吃不饱，常追赶母猪吮乳；仔猪常因饥饿而嘶叫，并很快消瘦。母猪乳房松弛，不发达，用手挤奶时挤不出乳汁或量很少。

（二）防治措施

改善妊娠母猪的饲养管理，给予含全价营养且容易消化的饲料，增加高蛋白质饲料及青绿多汁饲料。条件较好的猪场，可给母猪增喂一些动物性饲料，如鱼粉、肉骨粉等。如果不是因营养造成的无乳或缺乳，而是因疾病引起的，则应对症下药，尽快治愈，使母猪早日恢复泌乳。另外，选留后备母猪时要注意选择乳腺发育正常的母猪留种，若确是由于遗传因素引起，经过1～2胎饲养观察后要及时淘汰。

十、母猪产后厌食

（一）病因及症状

母猪产后厌食是指母猪分娩后发生的食欲不振或不食。该病一旦发生，轻则造成母猪体重快速减重；长时间厌食会造成母猪泌乳功能下降，影响仔猪的生长或造成仔猪死亡；更严重的可造成母猪高度消瘦，使母猪断奶后的发情和配种受到影响。该病的病因主要是猪的营养缺乏或过剩，以及患病造成的。

（二）防治措施

① 为母猪配制营养全价的饲料，按母猪的饲养标准饲养妊娠母

猪，使母猪保持合理的体况。

② 防止母猪产后发生各种疾病，如防止猪瘟、蓝耳病等各种传染病发生，防止由于分娩时气温过高、环境不净、护理不当等造成产后病原微生物感染，使母猪体温升高，引起母猪不食。

③ 加强妊娠期和分娩后母猪的饲养管理，在母猪的饲养过程中要合理搭配饲料，不要饲喂发霉饲料，不要突然更换饲料，要为妊娠和分娩母猪创造适宜的生活环境等。

④ 避免母猪分娩无力或分娩时间过长，对年老体衰和难产的母猪，在分娩时应做相应处理，如实施人工助产或及时注射催产素等。

十一、便秘

（一）病因及症状

便秘是由肠内容物停滞引起的，常造成肠管阻塞或半阻塞。主要是由于饲养管理不当所致。如长期饲喂大量劣质粗饲料，青饲料缺乏，饮水和运动不足等，都能引起猪的便秘。此外，在猪瘟、猪丹毒等传染病的发病过程中也常见有便秘症状。

患猪通常表现为食欲减退或废绝，胀肚，想喝水，起卧不安，以手按压腹部有痛感。病初有少量干粪排出，随病情加重常做排粪姿势，但排粪停止，一般情况下体温无变化。

（二）防治措施

1. 预防

若饲喂粗饲料要加工粉碎好，在日粮中占适当比例，并饲喂适量青绿多汁饲料。注意饮水，加强运动，喂量均匀，防止饥饱不均。

2. 治疗

用硫酸镁或硫酸钠50克，加水适量1次口服。用温肥皂水做深部灌肠，促使粪块排出；甲基硫酸新斯的明注射液2～5毫升，肌内注射。中药方：石膏40克，芒硝25克，当归、大黄各15克，双花、黄芩、连翘各10克，麻仁10克，水煎2次取汁300毫升，灌服。

十二、消化不良

(一) 病因及症状

消化不良是消化系统功能紊乱,胃肠消化吸收功能减弱,食欲降低或停止的一种疾病。大多因饲养不当所引起。常见的如时饥时饱或喂食过多、饲料霉烂变质、饮水不洁等,致使消化功能受到扰乱,胃肠黏膜表层发炎。感冒或肠道寄生虫病等也能继发本病。

患猪表现为精神不振,食欲减退,大便干硬,有时腹泻,粪中混有未消化的饲料。有时腹胀、呕吐,体温正常。

(二) 防治措施

加强饲养管理,饲料配合比例适当,营养全面,定量饲喂。不喂霉变及冰冻饲料,可预防该病发生。治疗用人工盐500克,炒山楂、麦芽、神曲各150克,研为细末,1次30克,口服,每日2次;胃蛋白酶2克,0.2%~0.4%盐酸2毫升,1次口服,每日2次;大黄苏打片10~25片,1次口服。

第二节 母猪传染性疾病

一、猪瘟

俗称烂肠瘟。是一种传染性极强的病毒性疾病,可感染各种年龄的猪只,一年四季均可发生,发病率和死亡率均很高,危害极大。本病是威胁养猪业最重要的传染病,我国定为一类烈性传染病。

(一) 病原

猪瘟病毒属于黄病毒科、瘟病毒属,与牛黏膜病病毒、马动脉炎病毒有共同抗原性。该病毒只有1个血清型,但病毒株的毒力有强、中、弱之分。猪瘟病毒对外界环境有一定抵抗力,在自然干燥情况下,病毒易死亡,污染的环境如保持充分干燥和较高的温度,经1~3周病毒即失去传染性。病毒加热至60~70℃时1小时才可以被杀死,病毒在冻肉中可生存数月。病尸体腐败2~3天,病毒即被灭活。2%氢氧化钠、5%~10%漂白粉、3%来苏尔溶液均能很快将其灭活。

(二)流行病学

临床上典型猪瘟较少见,多出现亚急性型和非典型猪瘟,而流行速度趋向缓和。当母猪感染弱毒猪瘟或母猪免疫水平低下时感染强毒,可引起亚临床感染,并可通过胎盘感染仔猪,导致母猪繁殖障碍,产出弱仔、死胎、木乃伊胎。

(三)临床症状

可分为最急性型、急性型、慢性型及温和型。

1. 最急性型

突然发病,高热达41℃左右,可视黏膜和皮肤有针尖大密集出血点,病程1~3天,死亡率达100%。多发于新疫区或未经免疫的猪群。

2. 急性型

病猪精神沉郁,减食或厌食,伏卧嗜睡,常堆睡一起,呈怕冷状。全身无力,行动迟缓,摇摆不稳。体温达41℃以上稽留不退。死前降至常温以下。病初便秘,排粪呈球状,附有带血的黏液或黏膜,发病5~7天后腹泻,一直到死亡。有的病猪初期即可出现腹泻,或便秘和腹泻交替。在外阴部、腹下、四肢内侧有出血点或出血斑,病程长的形成较大出血坏死区。在公猪包皮内常积有尿液,排尿时流出异臭、浑浊、有沉淀物的尿液。

3. 慢性型

病程长达1个月以上,体温时高时低,病猪食欲不佳,精神沉郁,消瘦,贫血,便秘与腹泻交替,皮肤有陈旧性出血斑或坏死痂,注射退热药和抗菌药后,食欲好转,停药后又不采食。

4. 温和型

也称非典型性猪瘟。病情发展慢,发病率和病死率均低,是由低毒力的猪瘟病毒引起的。皮肤常有出血点,腹下多见淤血和坏死。大猪和成年猪都能耐过,仔猪死亡。妊娠母猪感染时可导致流产、木乃伊胎、死胎,新生仔猪衰弱打颤、残废,或出生后健康但在几天内突然死亡。

(四) 病理变化

1. 最急性型

浆膜、黏膜和肾脏中仅有极少数的点状出血，淋巴结轻度肿胀、潮红或出血。

2. 急性型

耳根、颈、腹、腹股沟部、四肢内侧的皮肤出血，初为明显的小出血点，病程稍久，出血点可相互融合形成较大的斑块，呈紫红色。猪瘟的特征性病变出现在淋巴结、脾脏和肾脏等。淋巴结变化出现最早，呈明显肿胀，外观颜色从深红色到紫红色，切面呈红白相间的大理石样，特别是颌下、咽背、腹股沟、支气管、肠系膜等处的淋巴结较明显。脾脏不肿胀，边缘常可见较多的梗死灶，一个脾出现几个或十几个梗死灶。肾脏色较淡呈土黄色，表面点状出血非常普遍，量少时出血点散在，多时则布满整个肾脏表面，宛如麻雀蛋模样，出血点颜色较暗。切面肾皮质和髓质均只有点状和绒状出血，肾乳头、肾盂常见有严重出血。喉和会厌软骨黏膜常有出血点，扁桃体常见有出血或坏死。心包积液、心外膜、冠状沟和两侧沟及心内膜均见有出血斑点，数量和分布不均。

3. 慢性型

败血症变化较轻微，主要特征性病变为回盲口的纽扣状溃疡。断奶仔猪肋骨末端与软骨交界部位发生钙化，呈黄色骨化线。

4. 温和型

母猪具有高水平抗体，不发病，但子宫内的胎儿却因感染猪瘟病毒而发病或死亡，致使母猪流产，产死胎、畸形胎或弱仔，或出生健康，几天内突然死亡。猪瘟病毒主要侵害微血管，其次是中、小血管，而大血管很少受侵害。皮肤、肾、淋巴结、肝等组织内的毛细血管或小动脉，表现为管壁内皮细胞肿胀、核增大、淡染、缺乏染色质。病变严重时，小动脉壁均匀红染呈玻璃样透明变性。病程较长的病例，小血管内皮增殖、管腔变窄、闭塞形成内皮细胞瘤样。

(五) 诊断

实验室检验有血液学检查、病毒学诊断、酶联免疫吸附试验、猪接种试验、免疫荧光试验、间接血凝抑制试验（IHA）。大型猪场发生猪瘟，早期诊断意义重大。在临床实践中，猪瘟的诊断一定要依靠实验室。

（六）防治措施

本病治疗无效，主要靠免疫接种和综合防制措施。抗体检测能客观地反映猪群的抗体水平，指导猪场合理科学地进行免疫，还能检查免疫的效果，避免因疫苗质量（如运输、保存不当疫苗效价偏低等）和伪狂犬病、繁殖与呼吸综合征等疾病干扰导致猪瘟免疫失败。同时，发病猪场可用抗体监测来指导猪瘟的紧急免疫，并检查免疫效果，以免盲目重复接种。

猪瘟免疫程序如下。

① 初配母猪配种前接种1次，4头份/头。经产母猪断奶时免疫，剂量同前。公猪每年免疫2次，剂量同母猪。

② 在已发生猪瘟的猪场，对仔猪进行超前免疫，即出生后先注射猪瘟疫苗，剂量为1~2头份/头，2小时后吃初乳。这种方法比较烦琐，但很有效。50~60日龄二免或根据抗体检测决定二免的时间。

③ 在无疫情猪场，仔猪初免可在20~25日龄进行，剂量为2头份/头。50~60日龄时二免，剂量为4头份/头。平时加强饲养管理，坚持定期消毒。

二、猪细小病毒病

猪细小病毒病是由猪细小病毒引起的母猪繁殖障碍性传染病。临床上以妊娠母猪流产、死胎、不受孕为主要特征。

（一）病原

本病病原属细小病毒科、细小病毒属。本病毒只感染猪，对热、消毒药的抵抗力强，对酸、碱适应范围广，在pH3~9之间稳定。本病毒对外界抵抗力极强，在56℃恒温48小时，病毒的传染性和凝集红细胞能力均无明显改变。70℃经2小时处理后仍不丧失感染力，在80℃经5分钟加热才可使病毒失去血凝活性和感染性。0.5%漂白粉、2%氢氧化钠溶液5分钟可杀死病毒。

（二）流行病学

发病常见于初产母猪。猪是唯一的宿主，不同年龄、性别和品种的家猪、野猪都可感染。一旦猪场发生本病后，可持续多年。本病常呈地方流行性或散发性，特别是在易感猪群初次感染时，可呈急性暴发，造成相当数量的头胎母猪流产、死胎等繁殖障碍。感染本病的母猪、公猪及污染的精液等是本病的主要传染源。本病可经胎盘垂直感染和交配感染，公猪、生长肥育猪、母猪主要通过被污染的食物、环境，经呼吸道、消化道感染。

（三）临床症状

本病的症状主要是妊娠母猪表现流产。在妊娠30~50天感染时，主要是产木乃伊胎；妊娠50~60天感染时，多出现死胎；妊娠70天感染时，常发生流产。仔猪和母猪的急性感染通常都表现为亚临床症状。猪细小病毒感染的主要症状表现为母源性繁殖障碍。感染的母猪可重新发情而不分娩，或只产出少数仔猪，或产大部分死胎、弱仔及木乃伊胎等。妊娠中期感染母猪的腹围减小，无其他明显临床症状。

（四）病理变化

母猪流产时，肉眼可见有轻度子宫内膜炎变化，胎盘部分钙化，胎儿在子宫内被溶解和吸收。大多数死胎、死仔或弱仔皮下充血或水肿，胸、腹腔积有淡红色或淡黄色渗出液。除上述各种变化外，还可见到畸形胎儿、木乃伊胎及骨质不全的腐败胎儿。

（五）诊断

如果初产母猪发生流产、死胎、胎儿发育异常等情况，而母猪没有什么临床症状，同一猪场的经产母猪也未出现症状时，可作出初步诊断。确诊必须依靠实验室诊断。常用的实验室检测方法有免疫荧光试验、病毒分离和血凝抑制试验等。

（六）防治措施

本病无特效药物治疗，通常应用对症疗法，可以减少仔猪死亡率,促进康复。发病后要及时补水和补盐,给予大量的口服补液盐,防止脱水。用肠道抗生素防止继发感染可减少死亡率。可试用康复母猪抗凝血或高免血清每日口服10毫升,连用3天,对新生仔猪有一定的治疗和预防作用。同时,应立即封锁,严格消毒猪舍、用具及通道等。母猪在配种前1个月注射细小病毒灭活疫苗,可有效预防该病的发生。

三、乙型脑炎

日本乙型脑炎又称流行性乙型脑炎,简称乙脑,是一种嗜神经性病毒引起的人兽共患病毒性疾病。该病导致妊娠母猪死胎和其他繁殖障碍,公猪感染后发生急性睾丸炎。

(一)病原

乙型脑炎病毒属于黄病毒科、黄病毒属。乙脑病毒在外界环境中的抵抗力不大,56℃加热30分钟或100℃ 2分钟均可使其灭活。常用消毒药如碘酊、来苏尔、甲醛等对其都有迅速灭活作用。

(二)流行病学

本病流行的季节与蚊虫的繁殖和活动有很大关系,蚊虫是本病的重要传播媒介。在我国约有90%的病例发生在7~9月份。乙脑发病形式具有高度散发的特点和明显的季节性。

(三)临床症状

病猪体温突然升高达40~41℃,呈稽留热,沉郁、食欲不佳,结膜潮红。粪便干燥,如球状,附有黏液。尿色深黄。有的病例后肢呈轻度麻痹。关节肿大,视力减弱,乱冲乱撞,最后倒地而死。母猪感染乙脑病毒后无明显临床症状,妊娠母猪流产,产出死胎、畸形胎或木乃伊胎等。同一胎的仔猪,大小及病变上都有很大差别,胎儿呈各种木乃伊胎的过程,胎儿正常发育,但产出后体弱,产后不久即死亡。此外,分娩时间常常延后,多数超过预产期数日。公猪常发生睾丸炎,多为单侧性,少数为双侧性。初期睾丸肿胀,触诊有热痛感,数日后炎症消退,睾丸萎缩变硬。性欲减退,精液品质下降,并通过精液排出病毒，失去配种能力而被淘汰。

（四）病理变化

早产仔猪多为死胎，死胎大小不一，黑褐色，小的干缩而硬固，中等大的茶褐色、暗褐色。死胎和弱仔的主要病变为脑水肿、皮下水肿、胸腔积液、腹水、浆膜有出血点、淋巴结充血、肝和脾有坏死灶、脑膜和脊髓膜充血。出生后存活的仔猪，高度衰弱，并有震颤、抽搐、癫痫等神经症状。剖检多见有脑内水肿，颅腔和脑室内脑脊液增量，大脑皮质受压变薄。皮下水肿，体腔积液，肝脏、脾脏、肾脏等器官可见有多发性坏死灶。

（五）诊断

根据本病发生有明显的季节性及母猪发生流产，产出死胎、木乃伊胎，公猪睾丸一侧性肿大等特征，可作出初步诊断。确诊必须进行实验室诊断。鉴别诊断应包括布氏杆菌病、猪繁殖与呼吸综合征、伪狂犬病、细小病毒病和弓形虫病等。

（六）防治措施

本病目前尚无有效治疗措施。按本病流行病学的特点，消灭蚊虫是防制乙型脑炎的根本办法。控制猪乙型脑炎主要采用疫苗接种，注射剂量为1毫升/头。该疫苗除使用安全外，还具有剂量小、注射次数少、免疫期长、成本低等优点。接种疫苗必须在乙脑流行季节前使用才有效，一般要求4月份进行疫苗接种，最迟不得超过5月中旬。

四、伪狂犬病

猪伪狂犬病是由伪狂犬病病毒引起的一种急性传染病。成年猪常为隐性感染，妊娠母猪感染可引起流产、死胎及呼吸系统症状，15日龄内的仔猪死亡率达100%。除猪外，其他动物感染主要表现为发热、奇痒，带有神经症状。

（一）病原

伪狂犬病病毒属于疱疹病毒科、疱疹病毒亚科的猪疱疹病毒型。

伪狂犬病病毒对脂溶剂如乙醚、丙酮、氯仿、酒精等高度敏感。0.5%次氯酸钠、3%酚类消毒剂10分钟可使病毒灭活。

(二) 流行病学

猪是伪狂犬病病毒的传染源和贮藏宿主。猪场伪狂犬病病毒主要通过已感染猪排毒而传给健康猪;被污染的工作服和器具在传播中起着重要的作用。本病还可经呼吸道黏膜、破损的皮肤和配种等发生感染。妊娠母猪感染本病时可经胎盘侵害胎儿。本病一年四季都可发生,但以冬、春两季和产仔旺季多发。

(三) 临床症状

本病的临床症状主要表现为呼吸道和神经症状,其严重程度主要取决于被感染猪的年龄。发病猪主要是15日龄以内的仔猪,发病最早是2~3日龄,发病率约98%,死亡率85%,随着年龄的增长,死亡率可逐渐下降。育成猪和成年猪多轻微发病,发病率高,但极少死亡。新生仔猪出生后表现非常健康,第二天有的仔猪就发病,体温升高至41~41.5℃,精神沉郁,不吮奶,口角有大量泡沫或流出唾液,眼睑和嘴角水肿。有的病猪呕吐或腹泻,其内容物为黄色。有的仔猪出现神经症状,肌肉震颤,运动障碍,共济失调,最后角弓反张。神经症状几乎所有新生仔猪都有。发病24小时以后表现为耳朵发紫,后躯、腹下等部位有紫斑。病程最短4~6小时,最长为5天,大多数为2~3天。出现神经症状的仔猪几乎100%死亡,耐过的仔猪往往发育不良或成为僵猪。20日龄以上的仔猪至断奶前后的小猪,症状轻微,体温41℃以上,呼吸短促,被毛粗乱,沉郁,食欲不振,有时呕吐和腹泻,几天内可完全恢复,严重者可延长半个月以上。母猪于受胎后40天以上感染时,常有流产、死产及延迟分娩等现象。流产、死产胎儿大小相差不显著,无畸形胎,死产胎儿有不同程度的软化现象。流产胎儿大多为新鲜的,头部及臀部皮肤有出血点,胸腔、腹腔及心包腔有多量棕褐色潴留液,肾及心肌出血,肝、脾有灰白色坏死点。母猪妊娠后期感染时,可有活产胎儿,但往往因活力差,于产后不久出现典型的神经症状而死亡。有的母猪分娩延迟或提前,有的产下死胎、木乃伊胎或流产,产下的仔猪初生体重小,生命力弱。

(四) 病理变化

母猪流产时,肉眼可见母猪有轻度子宫内膜炎变化,胎盘部分钙化,胎儿在子宫内有被溶解和被吸收的现象。大多数死胎、死仔或弱仔皮下充血或水肿,胸、腹腔积有淡红色或淡黄色渗出液。肝、脾、肾有时肿大脆弱或萎缩发暗,个别死胎、死仔皮肤出血,弱仔生后半小时先在耳尖,后在颈、胸、腹部及四肢上端内侧出现淤血、出血斑,半日内皮肤变紫而死亡。

(五) 诊断

根据临床症状及流行病学,可作出初步诊断。确诊本病必须结合病理组织学变化或其他实验室诊断。

1. 动物接种实验

采取病猪脑组织接种于健康家兔后腿外侧皮下,家兔于24小时后表现有精神沉郁,发热,呼吸加快(98~100次/分钟),局部奇痒,用力撕咬接种点,引起局部脱毛、皮肤破损出血。严重者可出现角弓反张,4~6小时后病兔衰竭而亡。

2. 血清学诊断

可直接用免疫荧光试验、间接血凝抑制试验、琼脂扩散试验、补体结合试验、酶联免疫吸附试验、乳胶凝集试验。

(六) 防治措施

目前无特效的治疗方法,免疫预防是控制本病唯一有效的办法。猪伪狂犬病疫苗有灭活疫苗、弱毒疫苗和基因缺失疫苗3种。目前我国主要是应用灭活疫苗和基因缺失疫苗。在刚刚发生流行的猪场,用基因缺失疫苗鼻内接种,可以达到很快控制病情的作用。

1. 免疫接种

① 种猪(包括公、母猪)第一次注射后,间隔4~6周后加强免疫1次,以后每次产前1个月左右加强免疫1次,可获得非常好的免疫效果,可保护哺乳仔猪至断奶。

② 种用仔猪在断奶时注射1次,间隔4~6周后加强免疫1次,

以后按种猪免疫程序进行。

③ 肉猪断奶时注射1次，直到出栏。

2. 发病猪场的处理方法

猪场发生本病后，发病仔猪予以扑杀深埋，病死猪要深埋，全场范围内要进行灭鼠和扑灭野生动物，禁止散养家禽和防止猫、犬进入场区。将未受感染的母猪和仔猪以及妊娠母猪与已受感染的猪隔离管理，以防机械传播。暴发本病的猪舍地面、墙壁、设施及用具等隔日用3%来苏尔溶液喷雾消毒1次，粪尿放发酵池处理，分娩栏用2%氢氧化钠溶液消毒，哺乳母猪乳头用2%高锰酸钾溶液清洗后才允许吃初乳。

五、猪附红细胞体病

附红细胞体病是猪、牛、羊及猫共患的传染病。

(一) 病原

其病原体是立克次体目中的猪附红细胞体。临床特征呈现急性黄疸性贫血和发热。

(二) 流行病学

本病的传播途径还不清楚。由于附红细胞体寄生于血液内，又多发生于夏季，所以推测本病的传播与吸血昆虫有关，特别是猪虱。另外，通过注射针头，剪耳号、剪尾和去势工具上的血液污染也可发生机械性传播。在胎儿发育期间（在子宫内），可经感染的母猪而发生感染。控制猪体外寄生虫是控制本病的必要工作之一，目前这项工作的重要性还未引起足够的重视。

(三) 临床症状

发病猪不分年龄，病初发热、扎堆；后期步态不稳、发抖、不食，随病程进展，皮肤苍白，可视黏膜黄染。母猪不发情或配种后返情率很高。妊娠母猪流产，延期分娩，分娩后普遍发热，发生乳房炎和缺乳。仔猪出生后多表现贫血症状，断脐带、剪耳号和断尾时流血时间延长。死仔及出生后不久死亡的弱仔猪数量增高。

（四）病理变化

耳、腹下四肢末端出现紫红色斑块，皮肤可视黏膜苍白。全身淋巴结肿大，脾脏肿大，质地柔软，边缘有出血点。心包内有较多淡红色积液，血液稀薄，凝固不良。肾脏肿大，表面有针尖大小出血点，切开后可见肾盂积水。膀胱充盈，黏膜点状出血。肝肿大呈土黄色，表面有灰白色坏死灶。肠黏膜有大量出血斑块。

（五）诊断

根据流行病学和临床症状，可作出初步诊断。确诊需实验室诊断。

（六）防治

做好器械、用具的更换与消毒，驱除体内、外寄生虫。
药物治疗：

① 在母猪饲料中添加阿散酸 100 克/吨，必要时也可在每吨饲料中同时添加 2 千克的土霉素；

② 出生时贫血的仔猪，可在颈部肌内注射土霉素 11 毫克/千克，连续 2~3 天；

③ 保育猪和生长肥育猪被感染，可用阿散酸 100~125 克/吨处理；

④ 用贝尼尔（血虫净）进行治疗，按 5~7 毫克/千克进行深部肌内注射，每天 1 次，连用 3 天。

六、高致病性蓝耳病（繁殖与呼吸障碍综合征）

繁殖与呼吸障碍综合征俗称蓝耳病（PRRS），是近几年在我国迅速流行扩散的一种较新的猪传染病。临床症状以母猪妊娠后期流产、死胎和弱胎明显增加、母猪发情推迟等繁殖障碍以及仔猪出生率低、仔猪的呼吸道症状为特征。

（一）病原

该病原属动脉炎病毒科、动脉炎病毒属，为 RNA 病毒，有 2 个血清型,即美洲型和欧洲型。我国猪群感染的主要是美洲型。该病毒对 pH 值敏感,在 pH 值小于 5 或大于 7 的条件下,感染力下降 90%,且对氯仿和乙醚敏感。

(二) 流行病学

猪是唯一的易感动物,不分大小、性别的猪均易感染,但以妊娠母猪和 1 月龄内的仔猪最易感,并出现典型的临床症状。本病主要通过直接接触和空气、精液传播而感染。病猪和带毒猪为主要传染源。本病无季节性,一年四季均可发生。饲养管理不善,防疫消毒制度不健全,饲养密度过大等是本病的诱因。

(三) 临床症状

本病临床症状的共同点是死胎率高和仔猪死亡率高,从哺乳期到肥育期死亡率也很高。妊娠母猪表现发热、厌食和流产,产出木乃伊胎、死胎、弱仔等,有的母猪出现肢体麻痹性症状。活产的仔猪体重小而衰弱。2~3 周后母猪开始恢复,但配种的受胎率可降低 50%,发情期推迟。

仔猪以 1 月龄内最易感染并表现典型的临床症状,体温升高 40℃以上,呼吸困难,有时呈腹式呼吸,食欲减退或废绝,腹泻,被毛粗乱,后腿及肌肉震颤,共济失调,渐进消瘦,眼睑水肿。死亡率可高达 60%~80%,耐过仔猪消瘦,生长缓慢。

生长肥育猪对本病易感性较差,临床表现轻度的类流感症状,呈现厌食及轻度呼吸困难。少数病例表现咳嗽及双耳背面、边缘、尾部皮肤出现深青紫色斑块。

公猪发病率较低,症状表现厌食,呼吸加快,咳嗽、消瘦,昏睡及精液质量明显下降,极少公猪出现双耳皮肤变色。

(四) 病理变化

肺脏呈红褐色花斑状,不塌陷,感染部位与健康部位界线不明显,常出现在肺前腹侧。淋巴结中度至重度肿大,腹股沟淋巴结最明显,胸腔内有大量的液体。病猪常因免疫功能低而继发猪支原体病或传染性胸膜肺炎。

（五）诊断

本病的确诊要借助实验室诊断技术，进行病毒分离或血清学检测。

（六）防治措施

本病无特效药物治疗，疫苗接种免疫是预防本病的唯一方法。已有灭活疫苗和弱毒疫苗供应。感染猪场母猪可在配种前 10～15 天接种弱毒苗，仔猪在 3～4 周龄接种疫苗。此外，要加强饲养管理，严格消毒制度，切实搞好环境卫生，每圈饲养猪只密度要合理。商品猪场要严格执行全进全出的饲养制度。在该病流行期，可给仔猪注射抗生素实行对症疗法，用以防止继发性细菌感染，提高仔猪的成活率。

七、口蹄疫

口蹄疫是口蹄疫病毒感染偶蹄动物引起的急性、热性、接触性传染病，以口腔黏膜、蹄部、乳房、皮肤出现水疱为特征，传播速度极快。

（一）病原

口蹄疫病毒现有 7 个血清型，各型不能交互免疫。我国口蹄疫的病毒型为 O 型、A 型及亚洲 I 型。不同血清型的病毒感染动物所表现的临床症状基本一致。本病的病毒在水疱皮和水疱液中含量最高。口蹄疫病毒对酸和碱十分敏感，易被碱性和酸性消毒剂灭活。

（二）流行病学

本病易感动物是偶蹄兽。新生仔猪发病率 100%，死亡率达 80% 以上。本病的传染性极强，常呈大流行性，传播方式有蔓延式和跳跃式 2 种。病猪、带毒家畜是最主要的直接传染源，尤以发病初期，通过水疱液、排泄物、呼出的气体等途径向外排出病毒，污染饲料、饮水、空气、用具和环境。本病主要通过消化道、呼吸道、破损的皮肤、黏膜、眼结膜、人工输精等直接或间接性途径传播。另外，鸟类、鼠类、昆虫等野生动物也能机械性地传播本病，本病一年四季均可发生，但以冬、春季节寒冷时多发。

（三）临床症状

口蹄疫自然感染的潜伏期为1～4天。主要症状表现在蹄冠、蹄踵、蹄叉、副蹄和吻突皮肤、口腔腭部、颊部以及舌面黏膜等部位出现大小不等的水疱和溃疡，水疱也会出现于母猪的乳头、乳房等部位。病猪表现精神不振、体温升高、厌食，在出现水疱前可见蹄冠部出现一明显的白圈，蹄温增高，之后蹄壳变形或脱落，跛行明显，病猪卧地不能站立。水疱充满清朗或微浊的浆液性液体，水疱很快破溃，露出边缘整齐的暗红色糜烂面，如无细菌继发感染，经1～2周病损部位结痂愈合。口蹄疫对成年猪的致死率一般不超过3％。仔猪受感染时，水疱症状不明显，主要表现为胃肠炎和心肌炎，致死率高达80％以上。妊娠母猪感染可发生流产。

（四）病理变化

病死猪尸体消瘦，除鼻镜、唇内黏膜、齿龈、舌面上发生大小不一的圆形水疱疹和糜烂病灶外，咽喉、气管、支气管和胃黏膜也有烂斑或溃疡，小肠、大肠黏膜可见出血性炎症。仔猪心包膜有弥散性出血点，心肌切面有灰白色或淡黄色斑点或条纹，称虎斑心，心肌松软似煮熟状。

（五）诊断

根据本病流行病学、临床症状、病理变化，一般不难作出初步诊断。但要与水疱病、水疱疹、水疱性口炎区别，则必须结合实验手段进行确诊。

（六）防治措施

根据国家规定，口蹄疫病猪应一律急宰，不准治疗，以防散播传染。

本病有疫苗可预防，现在生产的灭活油佐剂苗，效果很好。种猪每隔3个月免疫1次，每次肌内注射2毫升/头，或肌内注射高效疫苗1～1.5毫升/头。仔猪40～45日龄首免，常规苗肌内注射2毫升/

头或高效苗1毫升/头。100～105日龄育成猪加强1次（二免），常规苗2毫升/头或高效苗1～1.5毫升/头。也可根据当地实际情况设定免疫程序。

八、猪流行性感冒

该病是由流行性感冒病毒引起的一种急性高度接触性传染病。其特征为突然发病，并迅速蔓延全群、咳嗽、呼吸困难、发热。现已呈世界性流行，严重危害养猪业的发展。

（一）病原

猪流感由正黏病毒科中A型流感病毒引起。流感病毒对干燥和低温抵抗力强大，冻干或－70℃可保存数年，60℃ 20分钟可被灭活，一般的消毒药都有很好的杀灭作用。病毒对碘特别敏感。

（二）流行病学

本病的传染源主要是患病动物和带病毒动物（包括康复的动物）。病原存在于动物鼻液、痰液、口涎等分泌物中，多由飞沫经呼吸道感染。本病一年四季均可发生，多发生于天气突变的晚秋、早春以及寒冬季节。病程短，发病率高，死亡率低，常突然发作，传播迅速，一般在3～5天可达高峰，2～3周迅速消失。

（三）临床症状

本病潜伏期1～3天，突然发生，猪群中多数猪只表现厌食、迟钝、衰竭、蜷缩、挤堆，结膜充血，眼、鼻流出浆液性分泌物。出现急促的呼吸和腹式呼吸，特别是强迫病猪走动时更明显，并伴发严重的阵发性咳嗽。体温可高达40.5～41.5℃，高者可达42℃。多数病猪可于6～7天后康复。如继发感染多杀性巴氏杆菌、副猪嗜血杆菌和肺炎链球菌，则使病情加重。

（四）病理变化

颈部、肺部及纵隔淋巴结明显增大、水肿，呼吸道黏膜充血、肿胀并被覆黏液，有的支气管被渗出物堵塞使相应的肺组织萎缩。主要的肉眼病变是病毒性肺炎，多见于肺的心叶和尖叶，呈现为紫色的硬结，与正常肺界线明显。呼吸道内含有血红色纤维蛋白性渗出物。

（五）诊断

根据本病流行的特点、发生的季节、临床症状及病理变化特点，可初步诊断。确诊尚需进行病毒分离及血清学试验。

（六）防治措施

本病无特效药治疗，但可用解热镇痛药对症治疗，应用抗生素防止并发症。预防本病，目前还无效果好的疫苗。因此，要加强饲养管理，保持猪舍清洁卫生，控制并发或继发的细菌感染。特别要精心护理，提供舒适避风的猪舍和清洁、干燥、无尘土的垫草。为避免其他的应激，在猪的急性发病期内不应移动或运输猪只。由于多数病猪发热，故应保持供给新鲜的洁净水。

九、猪传染性萎缩性鼻炎

猪传染性萎缩性鼻炎是由支气管败血波氏杆菌引起的一种猪慢性接触性传染病，以鼻炎、鼻梁变形、鼻甲骨萎缩和生长缓慢为特征。

（一）病原

本病病原体主要是支气管败血波氏杆菌，其次是产毒素的多杀性巴氏杆菌。

（二）流行病学

任何年龄的猪都可感染本病，但常发生于2月龄左右的幼猪。生后几天至几周内的仔猪感染后，可引起鼻骨萎缩。较大的猪只发生卡他性鼻炎和咽炎。本病的传播主要是经飞沫传染，特别是母猪有病时，最易将本病传染给仔猪。

（三）临床症状

病猪先表现打喷嚏，特别是在饲喂或运动时更明显，鼻孔流出少量浆液性或脓性分泌物，有时含有血丝，不时拱地、搔扒或摩擦鼻端。经常流泪,以致在内眼角下的皮肤上形成灰色或黑色的泪斑。经数周,少数病猪可自愈,但大多数病猪有鼻甲骨萎缩的变化。经过2~3个月后出现面部变形或歪斜。若两侧鼻腔严重损害时,则鼻腔变短,鼻端向上翘起;若一侧损害时,则鼻歪向损害严重的一侧。

(四) 病理变化

病变限于鼻腔和邻近组织,最有特征的病变是鼻腔软骨和鼻甲骨软化和萎缩。特别是下鼻骨的下卷曲最为常见,间有萎缩限于筛骨或上鼻甲骨的。有的萎缩严重甚至鼻甲骨消失,鼻中隔发生部分或完全弯曲,鼻腔成为1个鼻道。有的下鼻甲骨消失,只留小块黏膜皱缩附在鼻腔的外壁上。

(五) 诊断

根据频繁喷嚏、鼻孔流出少量浆液,摩擦鼻端,鼻甲骨萎缩、变形等特征性病变即可初诊。确诊需进行病原菌分离培养。

(六) 防治

引进种猪时,严格检疫,隔离观察1个月以上确认无病时方可合群饲养。发现本病,则及时淘汰。

为了控制和预防本病的发生,可在饲料中添加药物,如磺胺二甲嘧啶拌料(100~450克/吨)或磺胺噻唑钠水溶液(0.06~0.1克/升)给猪饮水4~6周。在疫区,仔猪出生后使用链霉素、土霉素和磺胺类药物连续饲喂12天;或于3日龄、6日龄和12日龄肌内注射其中某药物,或于出生后48小时用25%硫酸卡那霉素液喷雾,以后每周1~2次,每个鼻孔0.5毫升,至断奶为止。肌内注射支气管败血波氏杆菌佐剂灭活菌苗,具有明显效果。

十、猪气喘病

猪气喘病也称猪霉形体肺炎、猪地方性流行性肺炎,是由猪肺炎霉形体引起的猪的一种慢性呼吸道传染病。本病分布于世界各地,发病率高,死亡率低,临床主要症状为咳嗽和气喘,不能正常生长。

（一）病原

病原体是猪肺炎霉形体，寄居于猪的呼吸道，具有多形性，其中常见的有球状、杆状、丝状及环状。对高温、阳光和腐败的抵抗力不强，排出体外后生存时间较短，在低温或冻干条件下保存时间较长。30%草木灰及20%石灰乳等消毒剂都能很快将其杀死。

（二）流行病学

不同年龄、性别和品种的猪均能感染。但以哺乳仔猪最易发病，其次是妊娠后期母猪及哺乳母猪，成年猪呈隐性感染。集约化养猪场的发病率高。本病无明显的季节性；但寒冷、多雨、潮湿或气候骤变时，较为多见。

（三）临床症状

本病的主要临床症状为咳嗽和气喘。根据病程经过，可分为急性型、慢性型和隐性型3种类型。

1. 急性型

比较少见。当病原体首次传入易感猪群时，呈严重暴发急性型：所有年龄的猪均易感染，发病率可达100%。伴有特征性发热或不发热的急性呼吸困难。持续时间约为3个月，然后转为较常见的慢性型。

2. 慢性型

很常见，小猪多在3～10周龄时出现第一批病状，接触后的潜伏期为10～16天。反复明显干咳和频咳是本型的特征，在早晨喂饲和剧烈运动后咳嗽特别严重。一般病猪只咳嗽1～3周，或无限期地咳嗽。除极严重病例外，呼吸动作仍正常。病猪一般食欲正常，但生长发育不良。

3. 隐性型

病猪没有明显症状，有时发生轻咳，全身状况良好，生长发育几乎正常，但X射线检查或剖检时可见到气喘病病灶。

（四）病理变化

常见眼观病变是在肺脏前叶和心叶，有界线清楚的灰色肺炎病变区，与正常肺组织有明显的分界，在肺叶的腹侧边缘有分散的与淋巴样组织相似的玫瑰红色或浅灰色的实变区。具有特征性的是支气管淋巴结水肿性增大，急性病例可见肺严重水肿、充血以及支气管内有带泡沫的渗出物。当继发感染时，则常见胸膜炎和心包炎。

（五）诊断

慢性干咳，生长受阻，发育迟缓，死亡率低，发生和扩散缓慢，反复发作等症状是本病的特征。确诊必须从病料中分离到致病性霉形体。肉样或肺样病变区，无败血症和胸膜炎的变化。

（六）防治措施

1. 预防

美国辉瑞公司生产的灭活疫苗已在国内使用，可以肌内注射，使用方便，而且效果好。

2. 治疗

常用盐酸土霉素、泰乐菌素、硫酸卡那霉素、洁霉素、土霉素碱油剂和金霉素等药物，大剂量连续用药7～10天，均有较好的效果。

十一、猪钩端螺旋体病

（一）病原

钩端螺旋体病又称细螺旋体病，是由钩端螺旋体引起的一种人、兽共患传染病。革兰染色呈阴性。主要表现发热、黄疸、出血、血红蛋白尿、流产、水肿、皮肤和黏膜坏死等。

（二）流行病学

本病病原体抵抗力较强，在低湿草地、水田、死水塘及淤泥中能生存数月或更长。被污染的环境成为危险的传染媒介，人、兽经过该地或放牧，均有被感染的可能。本病可发生于各种年龄的家畜，但以幼龄动物较多发病。呈散发性或地方性流行。有明显的季节性，以6～9月份多发。主要经皮肤、黏膜和消化道感染，也可通过交配、人工授精、吸血昆虫传播。

（三）临床症状

潜伏期 2~20 天不等。病猪的临床表现可以是多样的，总的分为急性黄疸型、亚急性和慢性型、流产型这 3 种类型。

1. **急性黄疸型**

多发于大猪和中猪，呈散发性，偶也见暴发。病猪体温升高，不吃食，皮肤干燥，继而全身皮肤和黏膜发黄，尿呈浓茶色或血尿。几天内，有时数小时内突然惊厥死亡。致死率高。

2. **亚急性和慢性型**

多发生于断奶后的小猪，呈地方性流行或暴发。病初体温升高，精神委靡，眼结膜潮红，食欲差。几天后，眼结膜发黄或苍白浮肿。皮肤有的发红、瘙痒，有的发黄。有的在上下颌、头部、颈部甚至全身水肿，尿液变为黄色或茶色，血红蛋白尿甚至血尿，便秘或腹泻，日渐消瘦，病程由十几天到 1 个月不等，致死率50%~90%不等，恢复者生长迟缓。

3. **流产型**

妊娠母猪感染后发生流产，有的流产后发生急性死亡。流产胎儿多为死胎、木乃伊胎。也有活着但衰弱的胎儿，常产后不久死亡。

（四）病理变化

剖检可见皮肤、皮下组织、浆膜和黏膜有不同程度的黄染，胸腔和心包有黄色积液。心内膜、肠系膜、肠道、膀胱黏膜等处出血。肝肿大、棕黄色，胆囊胀大。膀胱积有血红蛋白尿或浓茶样的胆色素尿。肾一般肿大、淤血，慢性者有散在的灰白色病灶。水肿型病例则在上下颌、头、颈、背、胃壁等部位出现水肿。

（五）诊断

本病由于动物感染的菌型不同，表现的临床症状和剖检变化都有显著差异。所以，在已有本病流行的地区，根据流行特点、症状和病变，对急性病例也只能作出初步诊断。对慢性病例，尤其是在初次发生本病的地区，必须借助细菌学或血清学检查才能作出准确诊断。

（六）防治措施

1. 预防

消除带菌排菌的各种动物，包括隔离治疗病猪、消灭鼠类等，消毒和清理被污染的水源、污水、淤泥、饲料、场舍和用具等，常用的消毒剂为2%氢氧化钠溶液或20%生石灰乳，污染的水源可用漂白粉消毒。预防接种钩端螺旋体多价苗，接种剂量为：体重15千克以下的猪5毫升/头，体重15～40千克的8～10毫升/头，皮下或肌内注射。

2. 治疗

青霉素、链霉素、土霉素和四环素等抗生素都有一定疗效。但对严重病例，同时静脉注射葡萄糖、维生素C以及强心利尿药物，对提高治愈率有重要作用。青霉素、链霉素混合肌内注射，每日2次，3～5天为1个疗程；土霉素或四环素肌内注射，每日1次，连用4～6日。

十二、猪传染性胸膜肺炎

猪传染性胸膜肺炎是由胸膜肺炎放线杆菌引起的一种重要的呼吸道接触性传染病。

（一）病原

病原体为胸膜肺炎放线菌，呈多形态的小球杆菌状，菌体有荚膜，不运动，革兰阴性。

（二）流行病学

不同年龄的猪对本病均易感染，但由于初乳中源抗体的存在，本病最常发生于6～10周龄育成猪。主要传播途径是空气、猪与猪之间的接触、污染排泄物或人员传播。猪群的转移或混养，拥挤和恶劣的气候条件，均会加速该病的传播和增加发病的危险。

（三）临床症状

临床症状与猪的年龄、免疫状态、环境因素及对病原的感染程度有关。一般分为最急性型、急性型和慢性型。

1. 最急性型

突然发病，个别病猪未出现任何临床症状突然死亡。病猪体温达到 41.5℃，倦怠、厌食，并可出现短期腹泻或呕吐，早期无明显的呼吸症状，只是脉搏增加，后期则出现心衰和循环障碍，鼻、耳、眼及后躯皮肤发绀。晚期出现严重的呼吸困难和体温下降，临死前血性泡沫从嘴、鼻孔流出。病猪于临床症状出现后 24～36 小时内死亡。

2. 急性型

病猪体温可上升到 40.5～41℃，皮肤发红，精神沉郁，不愿站立，厌食，不爱饮水。严重的呼吸困难，咳嗽，有时张口呼吸，呈犬坐姿势，极度痛苦。上述症状在发病初的 24 小时内表现明显。如果不及时治疗，1～2 天内因窒息死亡。

3. 慢性型

多在急性期后出现。病程 15～20 天，病猪轻度发热或不发热，有不同程度的自发性或间歇性咳嗽，食欲减退。病猪不爱活动，驱赶猪群时常常掉队，仅在喂食时勉强爬起。慢性期的猪群症状表现不明显，若无其他疾病并发，一般能自行恢复。同一猪群内可能出现不同程度的病猪。

（四）病理变化

主要病变存在于肺和呼吸道内，肺呈紫红色，肺炎多是双侧性的，并多在肺的心叶、尖叶和隔叶出现病灶，其与正常组织界线分明。最急性死亡的病猪，气管、支气管中充满泡沫状血性黏液及黏膜渗出物，无纤维素性胸膜炎出现。发病 24 小时以上的病猪，肺炎区出现纤维素性物质附于表面，肺出血、间质增宽、有肝变。气管、支气管中充满泡沫状血性黏液及黏膜渗出物，喉头充满血性液体，肺门淋巴结显著肿大。随着病程的发展，纤维素性胸膜炎蔓延至整个肺脏，使肺和胸膜粘连。常伴发心包炎。肝、脾肿大，色变暗。病程较长的慢性病例，可见硬实肺炎区，病灶硬化或坏死。发病的后期，病猪的鼻、耳、眼及后躯皮肤出现发绀，呈紫斑。

（五）诊断

根据本病主要发生于育成猪和架子猪以及天气变化等诱因的存

在，比较特征性的临床症状及病理变化特点，可作出初诊。确诊则要对可疑的病例进行细菌检查。

(六) 防治措施

1. 预防

① 感染的猪场应制订严格的隔离措施，呈阳性的猪则一律淘汰，其余的猪普遍进行药物预防。

② 改善饲养环境，注意通风换气，保持新鲜空气。猪群应注意合理的密度，不要过于拥挤。

③ 加强消毒制度，要定期进行消毒，并长年坚持。

④ 有条件的可用自家灭活菌苗免疫接种。

2. 治疗

饲料中拌支原净、强力霉素或北里霉素，连续用药5～7天，有较好的疗效。有条件的最好做药敏试验，选择敏感药物进行治疗。

十三、猪副嗜血杆菌病

(一) 病原

猪副嗜血杆菌病又称纤维素性浆膜炎和关节炎，病原为猪副嗜血杆菌，为革兰阴性小杆菌。随着世界养猪业的发展，规模化饲养技术的应用和饲养高度密集，以及突发新的猪繁殖与呼吸综合征等因素存在，使得该病日趋流行，危害日渐严重。近两年来，我国副嗜血杆菌在养猪场引起猪多发性浆膜炎和关节炎的报道屡见不鲜，特别是规模化猪场在受到猪繁殖与呼吸综合征、猪圆环病毒等感染之后免疫功能下降时，猪副嗜血杆菌病伺机暴发，导致较严重的经济损失。

(二) 流行病学

猪副嗜血杆菌病主要发生在断奶后和保育阶段的幼猪，发病率一般在10%～15%，严重时死亡率可达50%。该细菌寄生在鼻腔等上呼吸道内，属于条件性细菌，可以受多种因素诱发。患猪或带菌猪主要通过空气或直接接触感染其他健康猪，其他传播途径如消化道等亦可感染。目前只有较大的化验室在做实验室检验，故一般养猪场不易及时得到正确诊断。从该病发病情况分析，主要与猪场的猪体抵抗力、环境卫生、饲养密度有极大关系，如果猪发生过猪繁殖与呼吸综合征等，抵抗力下降时，副嗜血杆菌易乘虚而入；猪群密度大，过分拥挤，舍内空气浑浊，氨气味浓，转群、混群或运输时多发。猪有呼吸道疾病，如气喘病、猪流行性感冒、猪伪狂犬病和猪呼吸道冠状病毒感染时，副嗜血杆菌的存在可加剧它们的病情，使病情复杂化。

（三）临床症状

1. 急性型

往往首先发生于膘情良好的猪。病猪发热、体温升高至40.5~42℃。精神沉郁、反应迟钝，食欲下降或厌食不吃，咳嗽、呼吸困难，腹式呼吸，心跳加快。体表皮肤发红或苍白，耳梢发紫，眼睑皮下水肿，部分病猪出现鼻流脓液。行走缓慢或不愿站立，出现跛行或一侧性跛行，腕关节、跗关节肿大，共济失调，临死前侧卧或四肢呈划水样。有时也会无明显症状而突然死亡。在发生关节炎时，可见一个或几个关节肿胀、发热，初期疼痛，多见于腕关节和跗关节，起立困难，后肢不协调。

2. 慢性型

多见于保育猪，主要是食欲下降，咳嗽，呼吸困难，被毛粗乱，四肢无力或跛行，生长不良，甚至衰竭而死亡。

（四）病理变化

剖检可见胸膜炎、腹膜炎、脑膜炎、心包炎、关节炎等多发性炎症，有纤维素性或浆液性渗出，胸水、腹水增多，肺脏肿胀、出血、瘀血，有时肺脏与胸膜发生粘连，这些现象常以不同组合出现，较少单独存在。

（五）诊断

根据流行情况、临床症状和病理变化，即可初步诊断。确诊需进行细菌分离鉴定或血清学检查。本病应与传染性胸膜肺炎鉴别诊断。猪副嗜血杆菌感染引起的病变包括脑膜炎、胸膜炎、心包炎、腹膜炎和关节炎，呈多发性；而典型的传染性胸膜肺炎引起的病变则主要是纤维蛋白性胸膜炎和心包炎,并局限于胸腔。

(六) 防治措施

猪场一旦得到正确诊断或出现明显临床症状时,必须应用大剂量的抗生素进行治疗,并且应当对整个猪群或同群猪进行药物预防。大多数猪副嗜血杆菌对氨苄西林、喹诺酮类、头孢菌素、四环素、庆大霉素和增效磺胺类药物敏感,但对红霉素、氨基糖苷类、壮观霉素和林可霉素有抵抗力。猪场发生本病时可采取下列措施。

① 将猪舍内所有病猪隔离,淘汰无饲养价值的僵猪或严重病猪;将猪舍冲洗干净,严格消毒,改善猪舍通风条件,疏散猪群,减少密度,严禁混养。

② 全群投药。每吨饲料添加金霉素2000克,连喂7天,停3天,再喂3天。或者任选以下药物:每吨饲料添加泰妙菌素50~100克,或氟甲砜霉素50~100克,或利高霉素44~1000克,或泰乐菌素、磺胺二甲嘧啶各100克,或环丙沙星150克。

③ 改善饲养管理与环境消毒,减少各种应激,尤其要做好猪瘟、伪狂犬病、猪繁殖与呼吸道综合征等病的预防免疫工作,以防诱发本病。

④ 免疫预防可用灭活菌苗免疫母猪,初免猪产前40天一免,产前20天二免。经产母猪产前30天免疫1次即可。受本病严重威胁的猪场,小猪也要进行免疫,10~60日龄的猪都要注射接种,每次1毫升/头,最好一免后过15天再注射接种1次。

十四、猪布氏杆菌病

猪布氏杆菌病主要是由猪布氏杆菌引起的一种人兽共患的慢性传染病。母猪患病后,发生流产、子宫炎、跛行和不孕症;公猪患病后发生睾丸炎和附睾炎。

(一) 病原

猪布氏杆菌的主要宿主是猪,羊布氏杆菌对猪也有致病力。本病的传染源是病猪和带菌猪。当感染的妊娠母猪发生流产时,大量的布氏杆菌随着胎儿、胎水和胎衣排出,病猪的乳汁和病公猪精液也有布氏杆菌存在，有时粪尿中也可存在。传染的途径主要是消化道，即通过污染的饲料与饮水而感染，其他通过交配、皮肤、黏膜也可感染。猪的易感性随着性成熟年龄接近而增高。第一胎母猪发病率较高，患病母猪群在第 2 次流产高潮过后，流产逐步降低。

（二）临床症状

母猪的主要症状是流产，多发生在怀孕的第 2～3 个月，有的在妊娠的第 2～3 周即流产；早期流产的胎儿和胎衣多被母猪吃掉，常不被发现；流产前食欲减退，精神差，体温升高，但症状多不明显；流产的胎儿多为死胎。从阴道流出分泌物，胎衣不下的情况较少，少数母猪可发生胎衣不下及引起子宫炎，影响其配种。重复流产的较少见，新感染的猪场，流产数量多。公猪主要症状是睾丸炎和附睾炎，一侧或两侧无痛性肿大。有的症状较急，局部热痛，并伴有全身症状；有的病猪睾丸发生萎缩、硬化，甚至性欲减退或丧失，失去配种能力。

（三）病理变化

流产胎儿皮下、肌间有出血性、浆液性浸润。胸、腹腔内有红色液体及纤维素，胃、肠黏膜有出血点。有木乃伊胎，胎衣充血、出血和水肿，有的可见坏死灶。母猪子宫黏膜上有多个黄白色、高粱米大小、凸起的坏死小结节。公猪睾丸及附睾肿大，切开有小坏死灶。公猪还可引起关节炎。

（四）防治措施

预防：本病要求种猪场坚持自繁自养的原则，防止从外场引入种猪时将本病带入。凡经查明为病猪或阳性猪时，应立即隔离、淘汰，以除后患。在发病猪场，对检疫证明无病的 5 月龄以上猪，用猪布氏杆菌疫苗进行预防免疫，最好在配种前 1～2 个月进行。加强兽医卫生措施，特别要注意产房、用具及被污染环境的消毒。妥善处理流产胎儿、胎衣、胎水及阴道分泌物。

治疗：本病的治疗有抗生素疗法和化学疗法。用抗生素治疗，在病猪的菌血症阶段有效，停止治疗后组织中仍将有活的猪布氏杆菌。

但抗生素能抑制细菌在体内的繁殖,从而减轻临床症状和排菌。可以选用大剂量的四环素、链霉素。

第三节 猪场的防疫与免疫

一、建立卫生消毒制度

(一)消毒剂的种类

1. 酚类消毒剂

酚类消毒剂是具有臭药水味的一类消毒剂,可引起蛋白质结构变化而变性,但其与蛋白黏合并不紧密,可再游离入深部组织而造成毒性。该类消毒剂不受有机物影响,但遇含盐类的水(硬水)效力会减低。禁止同碱性溶液或在碱性环境下使用,也不与其他消毒液混合使用。应注意的是,苯酚对芽孢、病毒无效,而且具体消毒时需先把环境冲洗得干干净净。

酚类消毒剂主要有来苏尔和菌毒敌两种。

(1) 来苏尔 是将煤酚溶于肥皂溶液中制成的50%煤酚皂溶液,使用时加水稀释即可,常用浓度为2%~5%。其中2%来苏尔主要用于洗手、皮肤和外伤的消毒;3%~5%来苏尔用于外科手术器械、猪舍、饲槽的消毒;来苏尔也可用于内服治疗腹泻、便秘,猪1次内服2~3毫升,并加水100~150毫升。

(2) 菌毒敌 又称菌毒灭、毒菌净、农乐。是一类高效消毒药,为复合酚(含酚41%~49%,醋酸22%~26%),是酚类消毒剂中效果最好的一种,能彻底杀灭各种传染性病毒、细菌、霉菌和寄生虫卵,主要用于猪栏、载猪车笼具、内外圈舍、排泄物等的消毒。通常施药1次,药效可维持7天,喷洒浓度为0.35%~1.0%。

2. 碱类消毒剂

碱类消毒剂能通过破坏细胞壁、细胞膜,并使蛋白质凝固而达到灭菌消毒的目的。氢氧基离子的解离度愈大,杀菌力就愈强。一般而言,pH 9以上即有效。常用2%~3%氢氧化钠溶液加10%~20%生石灰乳消毒及刷白畜禽场墙壁、屋顶、地面等。如配制氢氧化钠溶液时提高温度、加入食盐，消毒效果更佳。消毒时必须注意防护，避免将氢氧化钠溶液溅到猪身上，否则会灼伤猪的皮肤。

碱类消毒剂的代表药物是氢氧化钠和生石灰。

（1）氢氧化钠（火碱、苛性钠） 是一种强碱性高效消毒药，对细菌、芽孢和病毒及某些寄生虫卵，都有很强的杀灭作用，具有强腐蚀性，不能用于金属器械、纺织品的消毒。常用2%的热水溶液消毒猪舍、饲槽、运输用具及车辆等；用3%的溶液消毒炭疽芽孢污染场地。在对猪舍消毒时，应先将猪赶出猪舍，间隔12小时用水冲洗饲槽、地面，方可让猪进舍，以免引起趾足和皮肤损害。

2%氢氧化钠溶液的配制：取氢氧化钠1千克，加水49升，充分溶解后即成2%的氢氧化钠溶液。如加入少许食盐可增强杀菌力。千万注意，氢氧化钠在溶解时产生大量的热，容易发生危险。正确的方法是，先在容器中放入氢氧化钠，慢慢加入水，并用木棍快速搅动。加水过快易发生危险，搅动太慢或不搅动氢氧化钠不能溶解。

（2）生石灰 干石灰不能直接用来消毒，需加水配成10%～20%石灰乳液，才具有良好消毒作用，既无不良气味，也较经济。主要用于粉刷猪舍的墙壁或将石灰直接撒在阴湿地面、粪池周围及污水沟等处消毒。应现配现用，久置会失效。要注意，不能简单地把生石灰粉直接撒在猪舍的地面，以免使小猪烧伤口腔、蹄部，甚至造成人为的呼吸道炎症。

10%～20%石灰乳配制：取生石灰5千克加水5升，待化为糊状后，再加入40～45升水即成。

3. 醛类消毒剂

可与酵素或核蛋白的活性基发生反应（羟基化），使其不活化，因呈气体状，所以浸透力大，杀菌力也强，是一类很好的熏蒸消毒剂，特别是甲醛杀菌力更强。主要用于空猪舍等的熏蒸消毒。由于低于15℃时甲醛很容易聚合成聚甲醛而失去消毒功效，所以熏蒸消毒时室温必须高于18℃，相对湿度为80%左右才有效。熏蒸消毒时应把物体特别是垫料尽量散开。

醛类消毒剂代表药物有福尔马林和戊二醛。

（1）福尔马林 37%～40%的甲醛溶液，是一种广谱杀菌剂，对细菌、病毒、真菌等有杀灭作用，主要用于喷洒、洗涤和猪舍的熏蒸消毒。4%的福尔马林溶液，可用于手术器械的消毒（浸泡30分钟）；5%福尔马林酒精溶液可用于手术部位消毒；也可每立方米用福尔马林28毫升、高锰酸钾14克，或每立方米用福尔马林20毫升，加等量水，加热使其挥发成气体，进行密闭熏蒸消毒。需要注意：福尔马林长期贮存或水分蒸发后，会变成白色多聚甲醛沉淀，从而失去消毒效果，需加热至100℃变成甲醛才能使用。

（2）戊二醛　常用其2%溶液，消毒效果好，不受有机物影响，若用0.3%碳酸氢钠溶液作为缓冲剂，效果更好。

4. 氧化剂类消毒剂

一般的氧化剂对病原体均有害，特别是对厌氧菌最有效。主要原理是能破坏酵素或核蛋白的SH基。

氧化剂类消毒剂的代表药物有过氧乙酸、高锰酸钾和过氧化氢。

（1）过氧乙酸（过醋酸）　是一种广谱杀菌剂，对细菌、病毒、芽孢、霉菌等有杀灭作用，有强烈的醋酸味，性质不稳定，易挥发，在酸性环境中作用力强，不能在碱性环境中使用。最好用市售20%浓度、半年之内生产的，并且要现配现用。0.1%溶液可用于带猪消毒；0.3%～0.5%溶液可用于猪舍、饲槽、墙壁、通道和车辆的喷雾消毒。

（2）高锰酸钾（过锰酸钾）　遇有机物可放出氧，常与甲醛溶液混合用于猪舍、孵化室、种蛋库的空气熏蒸消毒，也可用作饮水消毒。其0.05%～0.1%溶液用于饮水消毒，0.1%溶液用于黏膜创伤、溃疡、深部化脓创的冲洗消毒，也可用于洗胃，通过对毒物氧化可以解救猪生物碱和氰化物中毒；0.5%溶液可用于尿道或子宫洗涤；2%～5%水溶液用于浸泡、洗刷饮水器及饲料桶等。

（3）过氧化氢（双氧水）　具有杀菌作用，速度快，且能清除碎屑；但穿透力差，杀菌力稍嫌薄弱。主要用于创伤消毒，可用3%溶液冲洗污染疮、深部化脓疮和瘘管等。

5. 卤素类消毒剂

卤素与细菌的细胞质亲和性很强，亲和后将细胞质卤化，进而氧化，使细菌死灭。卤素必须是分子状才有杀菌作用，一般作为消毒剂的有氯和碘，较不稳定，有效成分易散失于空气中。其优点是杀灭微生物的效力快，范围广，各种细菌、霉菌、病毒均可杀灭；缺点是刺激性大,遇有机物效力大减。

(1) 氯化合物 含有氯臭(漂白粉味)的一类消毒剂,消毒力特别强。因氯遇水以后,可生成盐酸和次氯酸,所以氯化合物在酸性环境中消毒力较强,在碱性环境作用力减弱,对金属有一定的腐蚀作用,对组织有一定的刺激性。由于其性质不稳定,作用力不持久,所以使用时应尽量用新制的(有效氯降低至16%时则不能用于消毒),而且稀释用的水要干净,猪舍、地面、墙壁也要冲洗干净。

氯化合物代表药物有漂白粉和次氯酸钠。

① 漂白粉。一般将其配成悬浊液,静置24小时后取上清液喷雾消毒,沉淀物用于水沟、地面消毒。常用浓度为5%~20%,能杀灭细菌、芽孢、病毒及真菌,主要用于猪舍、饲槽、车辆消毒。5%乳剂能在5分钟内杀死大部分细菌,10%~20%乳剂可在短时间内杀死细菌的芽孢,常用于猪舍、土壤、粪便、脏水的消毒。此外,每1升水中加入0.3~1.5克漂白粉便可用于饮水消毒,不但杀菌,也有除臭作用。漂白粉易潮湿分解,应现用现配。因其遇有机物后效力大减,所以对猪场消毒时,多使用不受有机物影响的生石灰,而不使用漂白粉。

5%~20%漂白粉混悬液的配制:取漂白粉2.5~10千克,加水47.5~40升,充分搅匀即可。

② 次氯酸钠。含有效氯量14%,因其价廉且对病毒有好的杀灭效果而受到青睐,但需低倍使用,常用浓度为0.05%~0.3%。其中0.3%浓度可作猪舍和各种器具表面消毒,也可用于带猪消毒。次氯酸钠对人的眼、鼻刺激性大,使用时应多加小心。

(2) 碘制剂 碘为灰黑色,极难溶于水,且具有挥发性。碘有较强的瞬间消毒作用,在酸性环境中杀菌力较强,在碱性环境及有机物存在时,其杀菌作用减弱。由于碘必须为分子状(I_2)时才具有杀菌力,因此碘类消毒剂必须加硫酸以维持碘的分子状或将碘与碘化钾溶于酒精或甘油中使用。碘化合物的产品浓度比较低,一般只有1%~3%(也有0.01%~0.1%的),在现场具体使用时要特别注意消毒液的配比浓度和清除有机物。

碘制剂代表药物有碘酒、碘甘油、碘仿和速效碘。

① 5%碘酊。外用有强大的杀菌力,主要用于猪的手术部位和注

射部位的消毒。用于小面积外伤消毒时，需由中间向外周涂擦，然后用70％酒精脱碘。

5％碘酊的配制：取碘50克，碘化钾10克，蒸馏水10毫升，将75％酒精加至1000毫升，充分溶解制成。

② 碘甘油。主要用于创伤、黏膜炎症和溃疡部位的消毒。溶液是用碘50克，碘化钾100克，加甘油200毫升，用蒸馏水加至1000毫升，溶解制成。

③ 碘仿（三碘甲烷）。本品为可缓慢放出碘分子的有机物，可施用于创伤、烧伤、溃疡、手术部位，可做成软膏或做成碘仿纱布做贴敷用。

④ 速效碘（威力碘）。是一种新的含碘消毒药液，具有广谱速效、无毒、无刺激、无腐蚀性的优点，并具有清洁功能，对人、畜无害，可用于猪舍、猪体消毒。速效碘如用于猪舍消毒，可配制成300～400倍稀释液；用于饲槽消毒，可配制成350～500倍稀释液；杀灭口蹄疫病毒时，可配成100～150倍稀释液使用。

6. 季铵盐阳离子表面活性剂

该类消毒剂能增加病原体细胞膜的通透性，降低病原体的表面张力，引起重要的酶和营养物质漏失，使病原微生物的呼吸及糖酵解过程受阻，菌体蛋白变性，水向菌体内渗入，使病原体破裂或溶解而死亡，从而达到杀灭病原微生物的目的，是目前世界上最优秀的消毒剂之一。此类产品具有安全性好、无异味、无刺激性，对设备无腐蚀性、作用快、应用范围广，对各种病原菌均有强大杀灭作用等优点。

代表药有双季铵盐（商品名：双季铵灵、百毒杀、科丰舍毒消）、双季铵盐络合碘（商品名：双季铵碘、毒霸、科丰舍毒净、劲碘百毒杀等）、新洁尔灭。

（1）百毒杀　为广谱、速效、长效消毒剂，对病毒、细菌、霉菌有杀灭作用，可用于饮水消毒，猪舍环境、器具等的消毒。常用为0.1％，带猪消毒的常用剂量为0.03％，饮水消毒时可用0.01％的剂量。

（2）劲碘百毒杀　是在百毒杀的季铵盐双链基础上加入活性的中性消毒剂，消毒效果更好。其在酸、碱性环境下都有效，尤其是碱性环境下效果更好。该药不受有机物（粪便、灰尘）、光线、温度、湿度等环境因素的影响，还具有治疗真菌性皮炎和腐蹄病的作用。在使用过程中不会造成畜禽应激，可用于带猪消毒（喷雾和饮水），特别适用于产房、保育舍和母猪、仔猪的体表消毒。

（3）新洁尔灭（苯扎溴铵） 用0.1%溶液消毒手指，浸泡消毒皮肤、外科手术器械和玻璃用具。用0.01%～0.05%溶液做阴道、膀胱黏膜及深部感染创的冲洗消毒等。应用新洁尔灭时，不可与肥皂同用。浸泡器械时，应加入0.5%亚硝酸钠，以防生锈。禁忌与肥皂、碘酊、高锰酸钾、升汞等合用。

（二）消毒分类

消毒可分为预防性消毒、临时性消毒和终端消毒。

1. 预防性消毒

预防性消毒是指未发生传染病的安全猪场，结合平时饲养管理，对环境、猪舍、用具和饮水等进行的定期消毒，达到以防为主，减少猪群发病机会的目的。主要包括环境消毒、人员消毒、定期带猪消毒等。

（1）环境消毒 包括车辆消毒、道路和场区消毒。

① 车辆消毒。猪场门口设消毒池或装喷洒消毒设施，对进出猪场的车辆，特别是运猪车辆进行消毒。可选用2%氢氧化钠溶液、0.3%～0.5%过氧乙酸溶液、1%菌毒敌溶液等消毒剂进行轮换使用，3天更换1次，以确保消毒效果。

② 道路、场区消毒。舍内走廊每周消毒2次；道路每隔1～2周，用2%～3%的氢氧化钠溶液喷洒消毒；对场区至少每半年用药物消毒1次。

（2）人员消毒 猪场谢绝参观，进场的一切人员都必须经过"踩、照、洗、换"四步消毒程序（踩氢氧化钠消毒垫，紫外线照射5～10分钟，消毒液洗手，更换场区工作服、鞋等，并经过消毒通道），方能进入场区。工作人员在进入猪舍时，也必须从脚踏消毒池走过。

（3）定期带猪消毒 主要目的是杀死和减少猪舍中飘浮的病原微生物、沉降猪舍内的尘埃、抑制氨气发生、吸附氨气及夏季降温。消毒喷洒时以猪体达到湿润欲滴的程度为宜。地面消毒每平方米喷药量要达300~500毫升,并保持30分钟以上。带猪消毒动作要轻,声音要小,防止应激反应。消毒时不应仅限于猪的体表,应顾及所在的空间与环境。有条件的单位使用电动或机动喷雾器喷雾消毒,效果更好。可选择的药物有双季铵盐消毒剂、双季铵盐络合碘、过氧乙酸等。对于分娩舍及保育舍内有仔猪时,应先用铲子铲净栏面上的粪便,再用蘸有消毒水的拖把或抹布反复擦洗,直到干净为止。清洗栏面时,先将仔猪放入保温箱,待外面清洗干净后,再将仔猪放出,接下来再清洗保温箱。

2. 临时性消毒

临时性消毒是指猪场内发生疫情或可能存在传染源的情况下开展的消毒工作。消毒对象包括猪舍、隔离场地、被病猪污染过的一切场所、用具和物品等,需要进行定期的多次消毒。

当怀疑或确诊有传染病时,在消除传染源后,对可能被污染的场地、物品和周围的场所进行的消毒,每周最少要进行3次。彻底的清扫是有效消毒的前提,所以要先将猪舍内的粪尿、污物清扫干净,用具上的污物刷洗干净,再进行消毒。顺序是先喷洒地面,然后是墙壁和天花板,最后打开门窗通风。消毒半天后,再用清水刷洗饲槽,除去残留消毒液。可选用下列消毒剂:消毒时0.1%~0.2%新洁尔灭、0.03%~0.1%百毒杀等。此外,患病消毒时的药物浓度比平时带猪消毒要高1倍左右;空舍消毒要用火焰消毒,消毒剂按说明书的最高浓度使用。

3. 终端消毒

终端消毒是指空栏消毒或在病猪解除隔离、病愈或死亡之后所进行的全面彻底的大消毒。当舍内猪全部出清后,彻底消除栏舍内的残料、垃圾和墙面、顶棚、水管等处的尘埃及粪便污物,并整理、清洗、暴晒舍内用具。舍内的地面、走道和墙壁,要用高压水枪或自来水管喷水冲洗,对栏棚、笼具、舍壁进行洗刷和抹擦,待其自然干燥后,关闭门窗,先熏蒸消毒或火焰消毒,再使用消毒剂进行喷雾消毒。消毒完后需闲置最少2天以上才能进猪。具体消毒剂的选用见消毒剂使用说明。最后,恢复栏舍内的布置,并检查、维修栏舍内的设备和用具等,充分做好入猪前的准备工作。入猪前一天要再次喷雾消毒。

(三) 消毒方法

在自然界中存在许多病原体,由于外界环境的影响,在一定时间内可以自行衰老死亡。但患病动物、慢性或隐性感染者,健康带菌带毒者,其他带菌带毒动物都不断地向外排放新的病菌病毒,污染栏舍、空气、水源、饲料、饲养和运输工具。当生活在被污染环境中的动物抵抗力降低时,病原体便乘机侵入,引起动物发病。为了消灭病原体,切断传染病的传播途径,就必须采取经常性的消毒措施。但不同的消毒方法,其消毒作用和效果是不同的。养猪场必须根据消毒的目的和消毒的对象,选用合适的消毒方法。猪场常用的消毒方法有以下四种。

1. 机械清除法

利用机械方法对消毒对象进行清洗、洗刷、通风以达到清除病原体的目的。如清除猪体表面污物,清除猪舍粪便、垫草、饲料残渣等,对污染的地面铲除一层表土,对车辆、工具上的污染物用水冲洗掉,将被污染物掩埋、焚烧等;利用开窗、换气、机械通风等方法也能将猪舍内污浊、潮湿的空气排出,减少病原体存在和繁殖的机会。

2. 物理消毒方法

该法的特点是作用迅速,被消毒过的物品上不留有害物质。具体方法有以下6种。

(1) 阳光消毒 将被消毒物曝晒,利用阳光中的紫外线杀灭病原体。

(2) 人工紫外线消毒 猪舍进门处设紫外线消毒室,开灯照射20分钟左右,可对进出人员和用具消毒。

(3) 火焰消毒 利用火焰喷射器喷火消毒,能杀灭黏附在猪舍墙壁、地面以及用具、设备表面上的不耐高温的病原体。其缺点是物品会由于烧灼而被损坏。

(4) 煮沸消毒 这是一种经济、方便、应用广泛而效果较好的消毒方法。大部分非芽孢菌在100℃沸水中迅速死亡,细菌芽孢在100℃沸水中也仅能耐受15分钟。一般来说,如果煮沸1小时,所有的病原体都能杀死。注射器、手术器械等常用这种消毒方法。

(5) 流通蒸气消毒 流通蒸气消毒的效果与煮沸效果相似。蒸气消毒是将不能煮的消毒物放入蒸笼蒸煮或放入特别的柜、桶或室内再充气，一般 15 分钟即可达到消毒目的。

（6）巴氏消毒法　将消毒物放入巴氏消毒锅内加温至 60℃经 30 分钟，称低温巴氏消毒，加温至 85～87℃经 15～30 分钟，称高温巴氏消毒。这是一种短时间内灭菌，又不破坏物质养分的消毒方法。

3. 化学消毒法

化学消毒法是指采用化学药品抑制和杀灭病原微生物的方法。其特点是消毒效果好，操作方法简单易行，是养猪场常用的消毒方法。化学消毒方法主要有以下 4 种。

（1）浸洗和清洗法　采用强效碘、酒精棉球对注射部位进行擦拭，用消毒药液对猪舍地面、墙壁等进行清洗都属于这种方法。

（2）浸泡法　将被消毒物品浸泡于消毒液中，如兽医器械及工作服等可浸泡于消毒液中，体表寄生虫感染时也可采取药浴方法杀虫。

（3）喷洒法　将配好的消毒药液装入喷雾器内，对猪的体表、猪舍地面、墙壁、用具等进行喷雾消毒。

（4）熏蒸消毒　利用某些化学消毒剂易于挥发或利用两种化学剂起反应时产生的气体对环境中的空气及物体进行消毒。如甲醛和高锰酸钾熏蒸消毒、过氧乙酸气体消毒及二氧化氯、拜特灭毒威Ⅱ熏蒸消毒等。本法要求封闭猪舍 24 小时后再通风透气。

4. 生物消毒法

利用某些生物消灭致病微生物的方法。如将粪便堆积于一粪池内，利用好氧性细菌分解有机物质产生热量，杀死粪便中的细菌和虫卵等。除炭疽、气肿疽等病猪的粪便外，大部分的粪便可以利用生物热消毒法。

（四）影响消毒效果的因素

在消毒过程中，有很多因素可能影响消毒效果。要保证良好的消毒效果，必须克服这些不利因素。

1. 消毒方法的选择

在实施消毒时，应根据消毒目的和消毒对象，合理运用煮沸、气体熏蒸、消毒液浸泡、消毒液喷雾等方法，以达到预期效果，减少副作用。

2. 消毒药物的选择

选择合适的消毒剂是消毒工作成败的关键。消毒剂按其作用水平分为高效、中效、低效三类。高效消毒剂可杀灭一切微生物，如烧碱、灭毒威、过氧乙酸等；中效消毒剂不能杀灭细菌芽孢，如乙醇、苯酚和普通含氯、含碘制剂等；低效消毒剂只能杀灭细菌繁殖体、真菌和亲脂病毒，不能杀灭细菌芽孢、结核杆菌和亲水病毒，如季铵盐类。目前，消毒剂市场良莠不齐，有些厂家片面夸大产品作用，有些产品实效量与标示量相差甚远，养猪场必须充分了解消毒剂的成分和性质，选择合适的消毒剂。

3. 处理剂量

消毒处理剂量，在热力消毒中指温度，紫外线消毒中指照射强度，化学消毒中指药物浓度。一般来说，处理剂量和消毒效果及其副作用都是成正比例的。但消毒剂浓度的增加是有限的，有时一些消毒剂的杀菌效果反而随浓度的增高而减弱，如70%乙醇比90%乙醇的消毒效果强。

4. 有机物

当微生物所处的环境中有粪便、痰液、脓液、血液及其他排泄物等有机物存在时，对微生物具有机械的保护作用，使消毒剂的作用降低。所以，在消毒皮肤及创口时，要先将局部清洗干净，消毒猪舍等环境时，要先清除环境中的有机物。

5. 温度和作用时间

一般来说，低温情况下，消毒效果较差，温度升高可以增加消毒剂的杀菌能力和缩短消杀时间。如当温度上升10℃时，酚类的消毒速度增加8倍以上，硝酸银的消毒速度增加3倍，重金属盐类的杀菌效力可增加2~5倍，苯酚增加5~8倍。因此，冬季消毒时，最好用50℃左右的温水稀释消毒液。

6. 酸碱环境

许多消毒剂的消毒效果受消毒环境pH值的影响。如碘类、来苏尔等消毒剂，在酸性环境中杀菌作用强；而阳离子消毒剂如新洁尔灭等，在碱性环境下杀菌作用增强，在消毒时应加以注意。特别是猪舍、环境等用碱性消毒药消毒后，不能在短时间内又使用酸性消毒药。

消毒方法正确，消毒时避免不利因素，就能达到事半功倍的效果。所以，养猪场在做消毒工作时，一定要把握好以上各种因素对消毒效果的影响，使消毒工作达到预期目的。如果消毒工作变成不负责任的例行公事，不但不会杀灭病原体，相反，还会助长病原体的泛滥，使消毒工作变成传播病原体的媒介。

二、制订卫生防疫计划

猪场防疫工作是一项复杂的系统工程，切实做好卫生防疫工作，防止传染病侵袭，保障猪群健康生产，是规模化猪场的重要课题。因此，养猪场必须认真制订防疫工作计划。

① 要贯彻执行"预防为主，防重于治"的方针，建立健全各项管理制度。猪场管理，要以人为本，重视技术进步和人员培养，充分发挥技术人员和饲养员的积极性和才能。

② 修建猪场围墙及各小区间的防疫林木，搞好环境卫生，做到猪栏净、猪体净、食槽净、用具净、环境净；坚持开展预防性消毒工作，严格执行消毒制度，切实做好灭蚊、灭鼠和生猪驱虫、粪污处理工作，切断疫病传播途径。

③ 实行全进全出的流水式生产方式，加强猪群饲养管理，提高猪群健康水平，切实按照免疫程序做好预防注射及抗体监测工作，并制订保健用药计划，确保各项保健措施落到实处。

④ 实行猪场卫生防疫管理场长负责制。由主管场长组织拟定防疫卫生计划和各部门的防疫卫生岗位责任制，监督各部门和职工执行各项规章制度，按规定淘汰无饲养价值的病猪和疑似传染病病猪，并对场内职工家属进行猪场兽医防疫卫生宣传教育。

⑤ 要建立有一定诊断和治疗条件的兽医室，建立健全免疫接种、诊断、治疗和病理剖检记录。

⑥ 要坚持自繁自养的原则，必须引种时，在引进猪之前必须调查产地是否为非疫区，必要时采血检验；引入后隔离饲养30天左右。

三、制订科学的免疫程序

免疫程序是根据猪群的免疫状态和传染病的流行季节，结合当地的具体疫情而制订的预防接种计划。养猪场应该有自己的免疫接种计划，包括接种的疫病种类、疫（菌）苗种类、接种时间、次数和间隔时间等内容。

由于免疫程序是根据当地疫情、疫病的种类和性质，猪的抗体和母源抗体的高低，猪群日龄和用途，以及疫（菌）苗的性质等多种因素制订的，所以，不同的猪场不可能有完全相同的免疫程序。

（一）疫苗的种类

疫苗可分为灭活苗、弱毒疫苗、单价疫苗、多价疫苗、联合疫苗、同源疫苗和基因工程疫苗等。

1. 灭活疫苗

又称死疫苗。灭活疫苗分组织灭活疫苗和培养物灭活疫苗。灭活疫苗是将细菌、病毒经过处理，使其丧失感染性和毒性，但仍保持免疫原性。这种疫苗的主要特点是：易于保存运输，疫苗稳定，使用安全，但使用量较大，并要多次注射。

2. 弱毒疫苗

又称活疫苗。弱毒疫苗是利用自然强毒株经过处理后，丧失了对原宿主的致病力，但仍保持良好的免疫原性。这种疫苗的主要特点是：对注射的猪有较好的免疫性，但易造成新的污染。

3. 单价疫苗

利用同一病菌、病毒株或单一血清型菌株、毒株制备的疫苗，称为单价疫苗。其主要特点是：对单一血清型的病菌（毒）所致的病有免疫保护效能，但不能使免疫猪获得完全的免疫保护。

4. 多价疫苗

指用同一种病菌、病毒中若干血清型菌（毒）株的增殖培养物制备的疫苗。其主要特点是：可使免疫猪获得完全的保护力，而且可在不同地区使用。

5. 联合疫苗

又称联苗。是利用不同种类的病菌、病毒的增殖培养物制备的疫苗。其主要特点是：猪接种后能发生相应疾病的免疫保护，注射次数少，是一针防多病的疫苗。

6. 组织苗

是从自然感染或人工接种采取的病理组织，经过处理后加入灭活剂制备而成的疫苗。

7. 细胞苗

是用病菌、病毒株经过细胞培养，收获培养物，经匀浆（或冻干）处理后制备而成的疫苗。

8. 基因工程苗

目前的基因工程疫苗中，只有基因工程亚单疫苗和基因缺失疫苗投入市场使用。

（二）疫苗的储藏及使用

猪用疫苗一般可分为冻干苗和液体苗。

1. 疫苗的储藏

储藏冻干苗时，随着保存温度的升高，其保存时间相应缩短。在 －15℃以下的温度时，可保存1年以上；在0～8℃干燥条件下，可保存6个月左右；8℃以上时随着温度的上升，保存时间越来越短。冻干苗切忌反复融化再冻，反复冻融会使疫苗效价下降。液体疫苗分油佐剂和水剂两种，此类苗切忌冻结，但也不宜储存在高温环境中，适宜的环境温度为4～8℃。

2. 疫苗的使用

① 疫苗要从正规的生物制品厂或动物防疫部门购买。疫苗使用前，应仔细阅读瓶签或说明书，严格按要求使用。要记录疫苗的批准文号、生产文号或进口批准文号、生产日期、有效期等。如果发现疫苗瓶有裂纹，瓶内有异物、凝块或沉淀、分层等，则此疫苗不能使用。

② 疫苗在使用前应先稀释，稀释剂可用蒸馏水和灭菌生理盐水进行稀释。不同的疫苗，同一种接种方法，其稀释液也不同。病毒性活疫苗注射免疫时，可用灭菌生理盐水或蒸馏水稀释；细菌性活疫苗必须使用铝胶生理盐水稀释。某些特殊的疫苗，需使用专用的稀释液。

③ 疫苗稀释后要尽快使用，最好在2小时内用完。因为稀释后的疫苗效价很快降低，一般在气温15℃以上时，3小时后就会失效。

④ 免疫注射前使用的针头要严格消毒。注射时1猪1针头，严禁1个针头打多头猪。注射时严禁用碘酊等消毒针头，如果用碘酊在

注射部位消毒，必须用棉球擦干。严禁用大号针头注射，严禁打飞针。保育猪用2.5厘米长的12号针头，肥育猪用2.5厘米长的16号针头，种猪用3.0厘米长的16号针头。

⑤ 进行猪只免疫接种时，对体弱多病的猪只暂时不接种。否则，会引发严重的免疫接种反应。疫苗注射后出现食欲减退、局部肿胀、体温升高时，可用消炎药物进行对症治疗。如果出现变态反应，可立即每头肌内注射肾上腺素注射液1毫升，进行急救。

（三）常用疫苗的使用方法

1. 猪瘟疫苗

（1）猪瘟兔化弱毒冻干苗　为常使用的疫苗。使用时皮下或肌内注射，每次每头1毫升，注射后4天产生免疫力。此苗在-15℃条件下可以保存1年；在0~8℃条件下，可以保存6个月；在10~25℃条件下，仅能保存10天。

（2）猪瘟、猪丹毒二联冻干苗　使用时肌内注射，每头每次1毫升，免疫保护期为6个月。此联苗在-15℃条件下可以保存1年；在2~8℃条件下，可以保存6个月；在20~25℃条件下，仅可以保存10天。

（3）猪瘟、猪丹毒、猪肺疫三联苗　使用时肌内注射，按瓶签标明用20%氢氧化铝胶生理盐水稀释，注射后14~21天产生免疫力，猪瘟的免疫保护期为1年，猪丹毒和猪肺疫的保护期均为6个月。此苗在-15℃条件下可以保存1年；在0~8℃条件下，可以保存6个月；10~25℃条件下，可以保存10天。

（4）猪瘟疫苗对各类猪的免疫程序

① 仔猪猪瘟免疫。在没有猪瘟发生过的养猪地区，可采用仔猪断奶后一次性注射4头份的疫苗免疫接种。在经常发生猪瘟疫情的地区，可采用仔猪乳前免疫（或叫超前免疫、零时免疫）的方法，免疫接种猪瘟疫苗2头份。乳前免疫就是仔猪出生后先注射疫苗，疫苗注射后1.5~2小时才让仔猪吃奶。在被猪瘟污染的地区，也可采用仔猪生后20日龄时进行第一次猪瘟疫苗注射免疫，50~60日龄进行第二次注射免疫。注射剂量均为4头份。

② 后备母猪猪瘟免疫。应在配种前30~45天进行猪瘟、猪丹

毒、猪肺疫三联弱毒活疫苗免疫注射，注射剂量为每头猪4头份。

③ 种猪猪瘟免疫。经产母猪应在产后再配种前接种，在每年的春秋两季用猪瘟、猪丹毒、猪肺疫三联弱毒活疫苗各注射1次，注射剂量为每头猪4头份。

2. 仔猪腹泻疫苗

（1）常用的仔猪腹泻疫苗　此类疫苗有仔猪黄白痢疫苗和仔猪红痢疫苗两种。

仔猪黄白痢疫苗有K88-99双价苗、K88-LTB双价苗，STI-LTB双价基因工程苗、K88-STI-LTB三价基因工程疫苗。

仔猪红痢疫苗是仔猪红痢灭活苗和仔猪红痢双价基因工程疫苗。

用法和用量：用于预防大肠埃希菌引起的仔猪黄白痢，可用于妊娠母猪和出生仔猪。未经疫苗免疫过的初产母猪，于产前30~40天和15~20天各注射1次，每头每次肌内注射5毫升。仔猪红痢疫苗在母猪分娩前30天和15天各注射1次，用量按瓶签说明使用。

（2）小猪副伤寒苗　此类疫苗有灭活菌、弱毒（冻干）活疫苗两种。灭活苗的免疫效果不好，故不常使用。弱毒（冻干）活疫苗菌种为我国选育的C500，毒力弱，免疫原性好。常发地区的仔猪在断奶前后各免疫接种1次，间隔时间为3~4周。

使用注意事项：瓶签注明口服者不能注射使用。口服的应该用新鲜常温饲料，严禁用热料和含抗生素、酒精等影响疫苗活力的饲料。疫苗必须用冷开水稀释，用量为每头猪20毫升。本疫苗使用于30日龄以上的健康小猪。

3. 细小病毒疫苗

（1）灭活单疫苗　为氢氧化铝苗，使用时要充分摇匀。后备母猪于配种前2~3周颈部肌内注射2毫升，后备公猪于8月龄时注射。疫苗注射后14天产生免疫力，免疫期为1年。疫苗应保存在4~8℃冷暗处，有效期为1年，严防冻结。

（2）灭活三联苗　是蓝耳病-细小病毒-伪狂犬三联油剂灭活疫苗。该三联苗是通过细胞培养、病毒浓缩与高压匀浆乳化等先进技术制备而成。其中蓝耳病部分双价（含美洲株和欧洲株）。该疫苗免疫保护谱宽，一免可防3病。使用时，后备母猪在配种前2~3周肌内注射，每头2毫升。仔猪于3~4周龄肌内注射，每头1毫升；断奶后可进行第二次免疫，每头2毫升。

（3）三联耐热活疫苗　是蓝耳病-细小病毒-伪狂犬三联耐热活疫苗。该三联苗是由这3种病毒分别经细胞培养，将收获的感染细胞培养物，以一定比例混合后，加以优选免疫增强剂及最新耐热冻干保护剂，冷冻干燥而制成。用法和用量：污染严重的养猪地区可对母猪进行2次免疫（一般于配种前2个月左右进行第一次免疫，配种前15～20天再进行第二次免疫），一般地区可在母猪配种前2～3周进行免疫。仔猪于18～21日龄时免疫接种1次。用生理盐水将每瓶疫苗稀释至20毫升，种猪和育成猪每头2毫升，仔猪每头1毫升肌内注射。

注意事项：疫苗应贮存在2～8℃的温度下，可保存18个月；妊娠初期母猪禁用；公猪免疫接种后，其8周内的精液不可用于母猪配种；疫苗稀释后应在2小时内用完。

4．蓝耳病疫苗

（1）灭活疫苗单苗　保护率可达80%。后备母猪在配种前2～3周每头肌内注射2毫升；仔猪于3～4周龄肌内注射1毫升；断奶后可进行第二次免疫，每头猪2毫升。

（2）弱毒活疫苗联苗　见细小病毒疫苗。

5．伪狂犬疫苗

猪伪狂犬疫苗分为灭活疫苗、基因缺失灭活疫苗和弱毒疫苗3种。

（1）灭活疫苗单苗　可分为铝胶佐剂和油乳佐剂两类。以油乳佐剂为好。仔猪7～10日龄进行首免，2～3周产生保护性免疫；仔猪断奶后进行第二次免疫接种，1周即可产生高效价抗体，免疫持续期可达1年。母猪临产前1个月注射灭活疫苗，可使其初乳中含有较高母源抗体，初生仔猪吃到该初乳后，可在2周内获得较好的保护。

（2）灭活疫苗联苗　见细小病毒疫苗。

（3）弱毒活疫苗单苗　为细胞培养冻干疫苗。该疫苗仅限于经常发病地区应用，未发病和未受伪狂犬病毒威胁的地区建议不使用。

（4）弱毒活疫苗联苗　见细小病毒疫苗。

6．乙型脑炎疫苗

（1）灭活疫苗　该苗分为鼠脑灭活疫苗、鸡胚灭活疫苗和仓鼠肾细胞灭活疫苗3种。3种疫苗中以仓鼠肾细胞灭活疫苗效果最好。

(2) 弱毒活疫苗 是仓鼠肾细胞培养的减毒苗。在疫区,于流行期前1~2个月进行免疫接种,5月龄以上的后备猪和成年公、母猪,均可皮下或肌内注射0.1毫升,免疫接种后1个月产生坚强的免疫力。免疫接种一定要在蚊蝇出现季节前1~2个月进行。为防止母体抗原干扰,种猪必须在6月龄以上接种。妊娠母猪也可使用,无不良反应。在用弱毒活苗注射接种的同时,要灭蚊灭蝇,尽量减少昆虫媒介传染。

7. 猪萎缩性鼻炎疫苗

在疫情常发地区,主要应用灭活疫苗预防接种。应用支气管败血波氏杆菌油佐剂灭活疫苗时,妊娠母猪在预产期前2个月和1个月各皮下注射1毫升和2毫升,以提高母原抗体水平,让仔猪通过吃乳获得被动免疫。也可用波氏杆菌-多杀性巴氏杆菌二联灭活油佐剂疫苗进行免疫接种。妊娠母猪在产前25~40天,皮下注射2毫升。公猪每年免疫接种1次。已接种的母猪所生产的仔猪,在断奶前接种1次;接种的母猪所生产的仔猪,在出生后7~10日龄时接种1次。在萎缩性鼻炎病污染严重地区,应在第一次免疫接种后的2~3周时加强免疫1次。

8. 猪口蹄疫疫苗

在疫情常发地区,主要应用灭活疫苗预防接种。目前,已知口蹄疫病毒有7个主型:A、O、C、南非1、南非2、南非3型与亚洲1型;每一个型又有若干亚型,已发现的有70个亚型。口蹄疫疫苗不能盲目进行紧急预防疫苗注射。超过免疫保护期的猪群可注射口蹄疫灭活苗,每头猪5毫升,注射后10~14天产生免疫力。目前应用较广的如猪O型口蹄疫细胞毒BEI灭活油佐剂疫苗,保护率在90%以上。注射后10天产生免疫力,免疫期9个月。

9. 猪传染性胃肠炎疫苗

应用较多的是猪传染性胃肠炎和猪流行性腹泻二联油乳剂灭活苗。主要用于接种妊娠母猪,使所产仔猪获得被动免疫能力。也可用于其他不同年龄猪只的主动免疫,用于主动免疫接种的猪只,注射21天后产生免疫力,免疫期为6个月。妊娠母猪于产仔前30天接种4毫升,体重25~50千克的猪注射2毫升,体重50千克以上的猪注射 4 毫升。

（四）猪场一般免疫程序（见表 8-1）

表 8-1　猪场一般免疫程序

类别	注苗时间	疫苗名称与次序	备　注
后备猪	配种前	1. 细小病毒活疫苗 2. 猪乙型脑炎活疫苗 3. 猪口蹄疫灭活苗 4. 猪伪狂犬病疫苗 5. 猪繁殖与呼吸障碍综合征疫苗 6. 猪瘟疫苗	1、2 两种疫苗可以分开部位同时注射,最好隔 3～4 周再做第二次加强免疫。第二胎前仅一次免疫。第三胎以后根据免疫检测情况决定是否免疫。其他疫苗一般间隔一周注射一种
仔猪保育母猪	20 日龄 60 日龄 1～3 周龄 6～10 周龄	1. 猪瘟疫苗 3～4 头份 2. 猪瘟疫苗 4 头份 3. 猪伪狂犬病疫苗 4. 猪繁殖与呼吸障碍综合征疫苗	发生温和型猪瘟时,改为乳前免疫,1～4 头份。根据情况使用副伤寒菌苗、链球菌苗、大肠杆菌基因疫苗、传染性胃肠炎与流行性腹泻疫苗
经产种母猪	配种前或产后 20 天 产前约 50 天 产前约 30 天	1. 猪瘟疫苗 2. 猪口蹄疫灭活苗 3. 猪伪狂犬现疫苗 4. 猪繁殖与呼吸障碍综合征疫苗	
成年种公猪	每年春、秋两季分别注苗	1. 猪瘟疫苗 2. 猪口蹄疫灭活苗 3. 猪伪狂犬疫苗 4. 猪繁殖与呼吸障碍综合征疫苗	

注意事项：

① 上述免疫程序可根据具体情况，每半年进行一次合理的调整；

② 卫生消毒管理较差的猪场，应对第一、第二胎母猪产前注射大肠杆菌基因疫苗、猪传染性胃肠炎及流行性腹泻疫苗，对仔猪还应口服副伤寒菌苗和链球菌苗，肌注水肿病疫苗；

③ 种猪场应开展免疫监测，即在猪群注苗后 14 天采血，检测血清抗体消长情况，并检疫某些传染病的病原，根据检测情况决定是

补免和调整免疫程序;

④ 对伪狂犬病、繁殖与呼吸障碍综合征等病检测阴性的猪场,尽量不用这些疫苗,若是疫区而本场无疫情,或污染不严重的猪场必须进行免疫时宜选用基因缺失灭活苗。

(五) 预防接种的注意事项

为了确保免疫注射的效果,对生猪进行免疫接种时,必须注意以下几点。

1. 要注意疫苗的来源、运输与保存

① 要使用正规生物药厂生产的疫苗,要检查疫苗是否在有效期内,包装有无破损,瓶口和瓶盖是否松动。

② 运输疫苗使用保温瓶或保温箱,内放冰块,并尽快将疫苗运到目的地。

③ 根据疫苗说明保存。不同性质的疫苗与稀释液分别保管,严防疫苗冷链中断、反复冻融、阳光照射和接触高温。

2. 严格按使用说明书稀释

首先要做疫苗的真空试验,失去真空的疫苗一般不能用。稀释液用量要严格掌握,稀释后要在尽量短的时间内用完,剩余的活疫苗不可随意丢弃,稀释前后所有容器、用具必须严格消毒。

3. 严格执行注射操作技术要领

① 注射器、针头必须煮沸消毒 10 分钟后使用。

② 注射人员在操作前应对自己的手臂进行消毒,并注意注射器具和疫(菌)苗的保管,以免被病菌污染。

③ 被注射部位先用 5% 碘酊消毒,再用 75% 酒精脱碘消毒并防止消毒液渗入针头或针孔内,以免影响疫苗活性,降低效果。

④ 选用大小、长度适合的针头。如针头口径过大或注射过快,疫苗容易倒流,造成剂量不足,影响免疫效果。保育猪用 2.5 厘米长的 12 号针头,肥育猪用 2.5 厘米长的 16 号针头,种猪用 3.0 厘米长的 16 号针头。

⑤ 每次注射 1 头猪后,应换用另一个消过毒的针头,或将针头用酒精消毒 1 次再用。

⑥ 对有病态、体质衰弱的猪应暂缓注射疫苗;并且不要在转群、

运输、惊吓、饲料过度、气候突变、高温天气等应激状态下接种。

⑦ 免疫注射后,有的猪反应较大,有的在半小时内会出现体温升高、发抖、呕吐和减食症状。一般一天左右可自行恢复,重者注射0.1%肾上腺素1毫升即可消除过敏症状。

⑧ 在免疫接种菌苗前3天和接种后7天内不用抗菌药物,以免影响免疫效果,对发烧、腹泻等病猪应治愈后再接种。

⑨ 免疫注射后,应将每一种疫苗的编号、类型、规格、生产厂家和有效期、批号,以及注射人姓名及注射日期等情况详细做好记录,以便将来按期补打,防止遗漏和抽查监测免疫效果。

(六) 免疫失败

在养猪生产实践中,有的养猪场注射某种疫苗后仍发生某种疫病,这就叫免疫失败。养猪场的免疫失败一般有以下几个方面的原因。

① 免疫程序不合理。如免疫注射时间过早、过迟、接种次数不合理,该进行加强免疫(二免)的未加强免疫等;其次,多次疫苗同时使用或相近时间接种,疫苗之间可能会产生干扰作用,机体对其中一种免疫原的免疫应答水平显著降低。在伪狂犬病及繁殖与呼吸障碍综合征阴性猪场使用活疫苗也可能造成污染,引发疫病。

② 疫苗质量不过关。由于厂家生产质量问题,或运输、保存疫苗时出现冷链中断及保存温度不符合要求,或因为冻干苗密封不佳而失真空;油乳剂疫苗乳化不良而分层,造成疫苗效果降低或免疫失败。

③ 免疫注射操作不规范。在免疫注射时稀释方法和浓度不对,或受消毒药污染,吸取疫苗前未充分摇动,注射针头大小、长度不合适,注射深度不够、位置不正确、剂量不足,对病猪和弱猪同步注射,应皮下注射却进行肌内注射或饮水免疫,已稀释的疫苗未在规定时间内用完等。

④ 免疫注射菌苗期间使用抗菌药物添加剂、预混料,或使用抗菌药治病,降低或消除了菌苗的免疫刺激作用,没有产生足够的抗体。

⑤ 免疫功能失常。生猪在有病或高温恶劣环境条件下,以及饲料突变、转群、惊吓等应激状况下接种疫苗,其免疫活性会下降,对

抗原的刺激不能产生有效的免疫应答，影响免疫效果。

第四节　猪场预防用药

一、猪场预防用药的原则与方法

（一）原则

养猪场一般都要使用药物预防某些猪病。但在使用预防用药时，必须遵循四个原则。一是所用药品必须符合《兽药管理条例》的规定，不使用淘汰和禁用药品；二是实行兽药采购登记制度，如实登记所购药品的品种、数量、生产厂家、批准文号、生产批号、有效期、采购单位和数量、日期等；三是建立兽药使用记录制度，详细记载使用药品种类、剂量、时间等；四是严格执行休药期规定，一般在生猪屠宰上市前15日内不使用药品。

（二）方法

预防用药的方法一般采取脉冲式投药。根据目前猪病流行新动态，一般养猪场可采取下列预防用药方法。

① 母猪分娩前1周与产后1周，在每吨饲料中添加80%支原净125克＋金霉素300克。

② 乳猪吃乳阶段，饮服口服补液盐，补充多种维生素、酸化剂、消化酶制剂；并在饮水或开口料中添加支原净100毫克/千克＋阿莫西林100毫克/千克；自两周龄后添加80%支原净125毫克/千克＋金霉素300毫克/千克，连用15天。

③ 保育阶段在每吨饲料中添加支原净110克＋金霉素400克，也可使用利高霉素预混剂。

④ 根据当地疫病流行情况及猪群健康状况，选用适当的药物进行预防，每次10～15天。

二、禁用药物

生猪健康养殖，生产无公害肉食品，必须严格按照农业部规定的无公害生猪标准要求,对饲养环境、饲料和兽药进行严格控制,禁止使用下列兽药及其化合物。

(一) 一般禁用药物

① β-兴奋剂。克伦特罗、沙丁胺醇、西马特罗及其盐、酯及制剂。

② 性激素类。乙烯雌酚及其盐、酯制剂,具有雌激素样作用物质——玉米赤霉醇、去甲雄三烯醇酮、醋酸甲羧孕酮及制剂、睾丸酮、丙酸睾丸酮、苯丙酸诺龙、苯甲酸雌二醇及其盐、酯及制剂。

③ 氯霉素及其盐、酯及制剂。

④ 氨苯砜及制剂。

⑤ 硝基呋喃类。呋喃唑酮、呋喃苯烯酸钠及制剂。

⑥ 硝基化合物。硝基酚钠、硝呋烯腙及制剂。

⑦ 催眠、镇静类。氯丙嗪、地西泮及其盐、酯及制剂,安眠酮及制剂。

⑧ 各种汞制剂。氯化亚汞(甘汞)、硝酸亚汞、醋酸汞、吡啶基醋酸汞等禁止用作杀虫剂。

⑨ 硝基咪唑类。甲硝唑、地美硝唑及其盐、酯及制剂。

(二) 饲料和饮水中禁用药物

养猪场为了防治某些疾病,常常有针对性地选用一些药物加入饲料和饮水中,进行群体防治,但是进行无公害生猪生产,有许多药品是禁止使用的。禁止在猪饲料和饮水中使用的药物主要有下面 5 类。

① 肾上腺素受体激素。盐酸克伦特罗、沙汀胺醇、硫酸沙汀胺醇、莱克多巴胺、西马特罗、硫酸特布他林。

② 性激素。乙烯雌酚、雌二醇、戊酸雌二醇、苯甲酸雌二醇、氯烯雌醚、炔诺醇、炔诺醚、醋酸氯地孕酮、左炔诺孕酮、绒毛膜促性腺激素、促卵泡生长素。

③ 精神药品。氯丙嗪、盐酸异丙嗪、地西泮、苯巴比妥、异戊巴比妥、异戊巴比妥钠、利血平、艾司唑仑、甲丙氨酯、咪哒唑仑、硝西泮、奥沙西泮、匹莫林、三唑仑、唑吡旦及其他国家管制的精神药品。

④ 蛋白同化激素。碘化酪蛋白、苯丙酸诺龙及苯丙酸诺龙注射液。

⑤ 各种抗生素滤渣。

三、可用药物

按照《无公害食品 生猪饲养兽药使用准则》,在生猪饲养过程中允许使用的抗寄生虫药共15种,包括阿苯达唑、双甲脒、硫双二氯酚、非班太尔、芬苯达唑、氟苯咪唑、氰戊菊醋、伊维菌素、盐酸左旋咪唑、奥芬达唑、苯氧丙咪唑、枸橼酸哌嗪、磷酸哌嗪、吡喹酮、盐酸噻咪唑。

无公害生猪生产过程中允许使用的抗菌药有48种,包括氨苄西林钠、硫酸安普(阿普拉)霉素、阿美拉霉素、杆菌肽锌、硫酸黏杆菌素、苄星青霉素、青霉素钠(钾)、硫酸小檗碱、甲磺酸达氟沙星、越霉素A、盐酸二氟沙星、盐酸多西环素、恩诺沙星、恩拉霉素、乳糖酸红霉素、黄霉素、氟苯尼考、氟甲喹、硫酸庆大霉素、硫酸庆大-小诺霉素、潮霉素B、硫酸卡那霉素、北里霉素、盐酸林可霉素、壮观霉素、乙酰甲喹、硫酸新霉素、呋喃妥因、喹乙醇、牛至油、苯唑西林钠、土霉素、盐酸沙拉沙星、硫酸链霉素、磺胺二甲嘧啶钠、复方磺胺甲噁唑片、磺胺对甲氧嘧啶、磺胺间甲氧嘧啶、磺胺咪、磺胺嘧啶、磺胺噻唑、盐酸四环素、甲砜霉素、延胡索酸泰妙菌素、磷酸替米考星、泰乐菌素、维吉尼亚霉素。

四、配伍禁忌

使用兽药预防和治疗猪病以科学、安全、高效为目的。兽医临床上同时使用两种以上的药物治疗疾病,称为联合(配合)用药,其目的是提高疗效,消除或减轻某些毒副作用,适当联合应用抗菌药还可减少耐药性的产生。但是,同时使用两种以上药物,在体内的器官、组织中(如肠道、肝)或作用部位(如细胞膜、受体部位)药物均可发生相互作用,使药效或不良反应增强或减弱。因此,配合用药时应根据药理学原理,考虑药物的理化性质、药物剂型和用药途径,避免拮抗作用的发生。一般来说,下列药物是不能配合使用的。

① 不能与青霉素配合应用的药有:四环素类抗生素、盐酸氯丙

嗪、重金属盐类、高锰酸钾、碘酊甘油或酒精、磺胺类药、大环内酯类药。

② 不能与链霉素配合使用的药有：较强的酸性、碱性药液，氧化剂、还原剂类药物、碘化钾、硫代硫酸钠。

③ 不能与四环素类药物同时使用的药：碳酸氢钠、生物碱沉淀剂、青霉素类、头孢菌素类，含钙、镁等金属离子的药物。

④ 不能与磺胺类药物配伍的药：酸类药物、氯化钙、氯化铵葡萄糖酸钙注射液，普鲁卡因注射液、红霉素、北里霉素、四环素。

⑤ 不能与乌洛托品使用的药品：酸类药或酸性盐、铵盐类、铁盐类、磺酸、鞣酸等。

⑥ 不能与止血敏同时使用的药物：盐酸氯丙嗪、磺胺嘧啶钠。

⑦ 不能与肾上腺素同时使用的药物：碱类、氧化剂、碘酊、三氯化铁、洋地黄制剂。

总之，一般情况下不应同时使用多种药物（尤其是抗菌药物），因为多种药物治疗极大地增加了药物相互作用的概率；同时，所有药物不仅有治疗作用，也存在副反应。特别是联合应用抗菌药物时，必须掌握以下原则：病原体未明确的严重感染，已应用或考虑应用单一抗菌药物难以控制的感染；机体深部感染或抗菌药物难以渗透部位的感染，如心内膜炎、中枢神经系统感染；慢性难愈的感染，病程较长、病灶不易清除，长期抗菌药治疗，细菌可能产生耐药者，以及为了减少不良反应。

第九章 猪场的排污处理与环境控制

第一节 猪场环境控制

一、猪场环境控制的必要性

所谓养猪的环境就是指影响猪只生理过程和健康状况的各种生活条件。它包括内部环境和外部环境。内部环境是指猪机体内部一切与猪只生存有关的物理的、化学的和生物学的因素，即供机体器官、组织或细胞生存的各种条件，如温度、pH值、化学成分、离子浓度、渗透压、寄生虫、微生物等。外部环境则是指周围一切与猪只有关的事物的总和，它包括自然环境和人为环境，自然环境包括空气、土壤、水等非生物环境和动植物、微生物等生物环境；人为环境包括畜舍及其设备、饲养管理、选育利用等。我们通常所说的养猪的环境就是指养猪的外部环境。

中国是一个养猪大国，生猪饲养量、出栏量、产肉量均居世界各国之首。据联合国粮农组织统计，近几年我国生猪存栏、出栏量均占世界总量的50%左右，在肉食品结构中，猪肉占66.2%。养猪业既是我国农村经济的传统产业，又是农村经济的支柱产业，在国民经济中占有十分重要的地位。近年来，由于各级政府的大力支持和科学技术的不断进步，我国养猪业有了持续、快速的发展，养猪生产已经由原来的每户1~2头式千家万户散养逐渐向集约化、规模化专业养猪方向推进。但是，随着集约化、规模化养猪生产的发展，由养猪业所引起的环境污染问题日趋明显，已经成为世界性公害，因此，如何针对猪场的现状、技术力量、工艺水平、经济能力制定符合我国国情的环境控制方法，是从根本上治理养猪业的污染问题，促进养猪业可持续发展的有效措施。搞好现代养猪生产中的环境控制，预防和最大限度减少养猪业的环境污染已经刻不容缓。

1. 猪场粪尿污水的排量大、污染广

一般而言,猪的日排泄粪尿量约为人排粪尿量的5倍,如果按1头猪日排泄粪尿量6千克计,年产粪尿约达2500千克。如果采用水冲式清粪,1头猪日污水排放量可达30千克。1个万头猪场每年排泄纯粪尿达3万吨;在加上冲洗圈舍所用的冲洗水,年粪尿污水排放量可达6万吨以上。据不完全统计,我国仅规模化养猪场的粪污便排放量已突破10亿吨,再加上规模化养猪生产的冲洗废水,实际排放的污水总量远远超过30亿吨。据调查,目前全国除部分万头猪场建有粪污处理设施、对粪污进行了有效处理和综合利用外,多数中小规模猪场的粪污处理设施尚不健全或达不到要求,污水排放根本不能达标。由于这些猪场排出的高浓度粪尿污水污染问题得不到有效的处理,囤积场内,必然造成粪污漫溢、臭气熏天、蚊蝇孳生,如果其中含有病原微生物,将会给猪群带来二次污染;如果随意将粪污排放到江、河、池塘内,则可使水质发生富营养化污染,有时在污水中还含有超标的酸、碱、醛和氧化物等残留的消毒药液。一旦忽视或没有搞好猪场的粪尿污水处理,不仅直接影响养猪业的可持续发展,也影响到其他养殖业和种植业的可持续发展,甚至会破坏附近居民的健康生活环境。

2. 猪场粪尿污水中含有的主要污染物

试验证明,猪场粪尿污水中含有大量的氮、磷、微生物、药物和超量使用饲料添加剂残留的微量元素及其他有害物资,是污染周围水源和土壤的主要污染物。如果按每头育肥猪每天排泄粪尿污水5~6千克计算,1年排泄的氮、磷总量分别可达9~10千克和6~7千克。1个千头猪场1年排放的氮、磷总量分别可达10~15吨和2~3吨;并且每克猪粪尿污水中还含有70万~80万个大肠杆菌、60万~70万个肠球菌以及数量不等的寄生虫卵、活性较强的沙门杆菌,由于大量有机物的排放使猪场粪尿污水中的生化需氧量(BOD)和化学需氧量(COD)值高度上升,一些猪场的生化需氧量(BOD)和化学需氧量(COD)值每升甚至分别高达1000~3000毫克和2000~3000毫克,严重超过国家规定的污水排放标准(BOD 60~80毫克/升,COD 150~200毫克/升)。同时,养猪生产过程中使用的药物、微量元素添加剂超量部分也随着猪粪尿排出体外，用于猪场清洗消毒的化学制剂又直接进入污水，还有猪场自身产生的氨气、硫化氢、二氧化碳、酚、吲哚、甲烷、粪臭素和硫醇类等有害气体。这些污染物如果得不到科学有效的治理，将会对猪场自身环境和周围空气、土壤、水源造成严重的污染。

3. 猪场粪尿污水对生态环境的主要危害

（1）污染猪场及其周边环境　猪体内的微生物主要通过消化道排出体外，猪粪尿是微生物的主要载体，如前所述，每克猪粪尿污水中还含有大量大肠杆菌、肠球菌以及数量不等的寄生虫卵、活性较强的沙门杆菌，这些有害病菌如果得不到妥善处理，不仅会污染猪场自身环境，直接威胁本场猪群的健康生存，而且还会使猪场周边环境受到威胁，导致疫病自由传播，甚至还会引发人畜共患传染病，严重危害人体健康。

（2）污染空气　猪粪尿中含有大量未被消化吸收的碳水化合物和含氮化合物，碳水化合物可分解成甲烷、有机酸和醇类，含氮化合物主要是蛋白质，在有氧条件下蛋白质最终被分解成硝酸盐类，在无氧条件下可分解成氨、乙烯醇、二甲基硫醚、硫化氢、甲胺、二甲胺等恶臭气体。刚排泄出的猪粪尿中含有 NH_3、H_2S、胺等有害气体，如果不能将其及时清除或清除后不能及时处理时，其臭味将成倍增加，产生甲基硫醇、二甲基硫醚、甲硫醚、二甲胺及多种低级脂肪酸等恶臭气体，加上高密度饲养猪只呼出的二氧化碳等，其臭味成分多达160多种，这些有害气体不但给猪只的生长发育造成危害，还会危及周围居民的健康，加剧空气污染。

（3）污染水源　由于猪体内缺乏有效利用磷的植酸酶和对日粮中的蛋白质利用有限，从而导致日粮中大部分氮和磷均以粪尿的形式排出体外，大量研究资料表明，在猪的日粮中氮和磷的消化率分别为75%～80%和20%～70%，沉积率分别为20%～50%和20%～60%，如果不对粪便进行有效处理，则可导致一部分氮挥发到大气中，从而使大气的氮含量增加，严重时可造成酸雨，危害农作物；其余大部分则被氧化成硝酸盐渗入地下或随地表水一起流入江河，致使公共水系的硝酸盐含量严重超标，从而造成更为广泛的水源污染。猪粪尿中残留的磷渗入地下或随地表水一起流入江河，可严重污染水质，导致江河、池塘中的藻类和浮游微生物大量殖生,并可产生多种有害物质,进一步污染环境。我国是水资源和肥料资源都非常缺乏的国家,畜牧场的粪便污水只要处理得当就可转化为宝贵的资源。

(4) 污染土壤　为了提高猪只生长速度通常在其饲料中添加大剂量微量元素添加剂,这些微量元素添加剂经猪体消化吸收后其多余部分以粪尿的形式被排出体外,然后被作为有机肥料播撒于农田、果园、花圃,长此下去,将会导致土壤环境中磷、铜、锌及其他微量元素的富集,从而对农作物、果树、花卉产生毒害作用,严重影响其生长发育,导致减产、减收,甚至造成环境污染,成为一大公害。

(5) 污染畜产品(猪肉及其制品)　在养猪生产过程中,为了防治猪群疾病,多在饲料中添加抗生素等兽用药品,这些抗生素等兽用药品在猪只体内经过血液循环和肾脏过滤后,多数可随尿液排出体外,极少量被残留于猪体内。随着药物的经常性使用,微生物的耐药性增强,为了防治疾病,药物的用量被逐渐加大,从而导致在猪体内残留增加,形成恶性循环,最终导致畜产品(猪肉及其制品)受到污染,食用污染的畜产品后人体受到一定程度的伤害。

环境污染的主要来源有:工业"三废"、农药、化肥、畜牧场废弃物(粪尿、污水、臭气及其他废弃物)、交通废气、居民生活废弃物(垃圾、生活污水、烟气、粪尿)。这些污染物进入大气、水、土壤造成污染,环境污染中的污染物在大气、水、土壤三种环境间不停地循环,相互影响,同时三种环境都有一定的自净能力,不断使污染物得以清除,但一旦超过其承受限度,必将造成大气、水和土壤等环境的恶化,猪只处于这种环境,其健康和生产力就会受到直接或间接的影响。

二、造成养猪业环境污染的原因

养猪业对生态环境构成污染的主要原因是:养猪基地(规模猪场或养殖小区)布局不够合理,养殖业和种植业严重脱节,养猪场规划和管理不科学,饲料利用率不高、排泄物残留量大,对饲料中一些微量有毒物质造成的环境污染不够重视,猪群粪便的处理和综合利用率低,缺乏必要的环境治理和综合利用设施,现行相关政策法规的执行难度较大,因而在我国许多地区,养猪业对生态环境造成的污染,基本处于放任自流状态。

三、养猪生产环境的改善与环境控制对策

在现代养猪生产中,除品种、饲料、饲养管理、疫病防治等几大因素可对猪的生产性能构成巨大影响外,养猪的环境因素也制约着猪的生产性能的发挥,给养猪生产带来巨大影响。优良品种其生产潜力的充分发挥,不仅需要优质的全价饲料、健康的体况,同时还必须有适宜的生活和生产环境。如果环境不适宜,则优良品种的遗传潜力不能充分发挥,饲料转化率低,猪的抵抗力和免疫力下降,发病和死亡率增高,造成生产的巨大损失。在现代养猪生产中,随着养猪规模的增大,集约化程度的提高,以及最新育种技术的采用,猪的抗逆性变得较差,对环境条件的要求也越高,因此,改善养猪的环境条件,搞好猪场环境控制,为猪只创造适宜的环境条件是保证猪只充分发挥生产性能和促进养猪生产获得理想效益的又一重要措施。

(一) 建设环境的控制

1. 正确选择猪场场址

规模化猪场场址选择,原则上要求选择在生态环境良好,无工业"三废"及农业、城镇生活、医疗废弃物污染的城镇远郊农区。同时,参照国家种畜禽相关标准的规定,拟建地址应避开水源防护区、风景名胜区、人口密集区等环境敏感地区,符合环境保护、兽医防疫要求。根据猪场的性质、规模和任务,考虑场地的地形、地势、水源、土壤、当地气候等自然条件,同时应考虑饲料及能源供应、交通运输、产品销售,与周围工厂、居民点及其他畜牧场的距离,当地农业生产、猪场粪污处理等社会条件,进行全面调查(包括邀请同行专家进行现场考察),综合分析后再做决定、选好场址。

2. 搞好场地规划和建筑物的合理布局

猪场场址选定后,须根据有利防疫、改善场区小气候、方便饲养管理、节约用地等原则,考虑当地气候、风向、场址的地形地势、猪场各种建筑物和设施的尺寸及功能关系,规划全场的道路、排水系统、场区绿化等,安排各功能区的位置及每种建筑物和设施的朝向、位置、间距,还必须考虑各建筑物间的关系、卫生防疫、通风、采

光、防火、节约占地等。

规模化猪场至少可分为四个功能区，即生产区、生产管理区、隔离区、生活区。为便于防疫和安全生产，应根据当地全年主风向和场址地势，顺序安排以上各区。见图9-1。

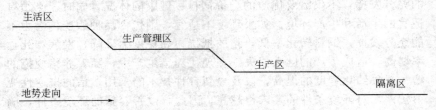

图9-1 猪场场区规划示意

生活区和生产管理区与场外联系密切，为保障猪群防疫，宜设在猪场大门附近，门口分别设行人、车辆消毒池，两侧值班室和更衣室。生产区各猪舍的位置布局应充分考虑配种、转群等联系方便，并注意卫生防疫，种猪、仔猪应置于上风向和地势高处。妊娠母猪舍、分娩母猪舍应放在较好的位置，分娩母猪舍既要靠近妊娠母猪舍，又要接近仔猪培育舍，育成猪舍靠近育肥舍，育肥舍设在下风向。商品猪置于离场门或围墙近处，围墙内侧设出猪台，运输车辆停在墙外装车。如商品猪场可按种公猪舍、空怀母猪舍、妊娠母猪舍、分娩母猪舍、断奶仔猪舍、肥猪舍、出猪台等建筑物顺序靠近排列。病猪和粪污处理设施应置于全场最下风向和地势最低处，距生产区宜保持至少50米距离。猪舍与猪舍之间的间距，需考虑防火、走车、通风的需要，结合具体场地确定，一般要求在8~10米为宜。

3. 注意建好猪场内部设施和仪器设备

猪场是猪只生存、生长、繁殖的外部环境，猪场建筑是否科学合理，不仅直接影响猪只生存和生长、繁殖，也是方便生产管理、环境控制的关键因素。所谓猪场建筑科学合理，就是所建设的猪场能做到既满足猪只生存和生长、繁殖的需要，使猪只生活得舒适，又要便于经营管理者进行饲养管理、减少其劳动强度，还要尽量降低建筑造价。因此，建造猪场时可尽量满足以下参数。

（1）不同猪舍的要求及内部布置　公猪舍：公猪舍拟采用带运动场的双列式，保证其充足的运动，可防止公猪过肥，保持健康和提高精液品质、延长公猪使用年限。公猪栏隔栏高度为1.2～1.4米，面积为7～9平方米，种公猪均单圈饲养。

空怀、妊娠母猪舍：空怀、妊娠母猪舍为双列式。空怀、妊娠母猪可群养也可单养。群养时，空怀母猪每圈4～5头，妊娠母猪2～3头，圈栏面积为7～9平方米。

哺乳母猪舍：哺乳母猪舍采用三走道双列式。哺乳母猪舍的分娩栏设母猪限位区和仔猪活动栏两部分。中间部位为母猪限位区，宽一般为0.6～0.65m，两侧为仔猪栏。仔猪活动栏内一般设仔猪补饲槽和保温箱，保温箱采用加热地板、红外灯或热风器等给仔猪局部供暖。

仔猪保育舍：仔猪保育舍应给仔猪提供温暖、清洁的环境。冬季配备供暖设备，保证仔猪生活所需要的较适宜环境温度。仔猪培育可采用地面或网上群养，每圈8～12头，面积为3～5平方米。

育肥猪舍：育肥猪舍为双列式。育肥猪采取小群饲养，每圈8～10头，圈栏面积为10～12平方米。

（2）猪舍间距　猪舍间的距离一般为猪舍屋檐高的3～5倍。

（3）墙壁　猪舍基础墙为24厘米、墙厚18厘米、猪舍沿窗墙高120厘米、活动场墙高100～120厘米。

（4）猪床面积　妊娠哺乳母猪2～4平方米/头、公猪8～10平方米/头、断乳仔猪0.5平方米、肥育猪1～1.5平方米/头。

（5）过道　猪舍中间过道宽140～160厘米，地面硬化，中间高、两侧低。

（6）猪栏　公猪栏：规格为3.6米×2.40米×1.4米，每头公猪一个栏位，猪栏为砖沙水泥构造，栏内设置食槽和自动饮水器。

空怀母猪、待配母猪、后备母猪栏：规格为3.6米×2.4米×1.0米，猪栏构造、设置同公猪栏。

妊娠母猪栏：规格为3.6米×2.0米×0.9米，猪栏构造、设置同公猪栏。

分娩母猪栏：规格为2.2米×2.0米×0.6米，其围栏为镀锌水管（热浸镀）制成，床面为铸铁漏缝地板，栏内设置仔猪食槽及自动饮水器。

仔猪保育栏：规格为2.2米×1.4米×0.7米，其围栏为角钢12匦钢条制成，床面采用半水泥板、半铸铁漏缝地板，栏内设置食槽及自动饮水器。

育肥栏：规格为（3.6米×2.4米×1.0米）～（3.6米×3.0米×1.0米），后备猪栏的构造、设置与之相同。

(7) 排污沟　排污沟是猪舍外围建排粪和污水沟道，沟宽30～40厘米，沟底呈半圆形，向沼气池方向呈2‰～3‰的坡度倾斜。

(8) 生产管理用房　规模化猪场的办公室、实验室、工具房、饲养员值班室等配套设施的设计应按猪场的功能和大小而定。

(9) 防疫大门、值班室、消毒更衣室、防疫围墙　防疫大门、值班室、消毒更衣室、防疫围墙是规模化猪场的必备设施。消毒、更衣、洗澡间应设在猪场大门一侧，进入生产区的人员一律经消毒、洗澡、更衣后方可入场；防疫围墙高度须在2500毫米以上，墙厚240毫米。

(10) 粪尿、污水净化池　猪场粪尿、污水的净化须经过厌氧和氧化两个阶段进行，因此，无公害养猪的猪场须分设厌氧池和氧化池，总容积依养猪头数而定，设计施工详见"农村能源生态工程设计施工与使用规范"的相关内容。

(11) 水井、水塔　大型猪场须新建水井、水塔，形成独立的供水系统。这样既有利于防疫，也免受外界影响。

(12) 饲料加工机组　大型猪场最好采用自配饲料，因此，须建造饲料厂和配备相应的饲料加工机组，其厂房及机组的大小应依猪场的饲料用量而定。

(13) 兽医诊断室及猪病诊疗设备　为了猪场的防疫保健，每个猪场都必须配备兽医诊断室及猪病诊疗设备。

(14) 计算机信息管理设备　大型养猪场须配备计算机信息管理设备，进行计算机管理。

(二) 气候环境的控制

气候环境主要指寒冷和炎热对猪生产性能的影响，如果不采取措施，则影响养猪的经济效益。

1. 注重场区绿化

在猪场内植树、种植花草,不仅可美化环境、改善场区小气候,更重要的是它可以吸尘灭菌、降低噪声、净化空气,便于防疫隔离,可调节场内温湿度和气流、改善场区小气候状况、利于防暑防寒。场区绿化可按冬季主风的上风向种植防风林,在猪场周围种植隔离林,猪舍之间、道路两旁进行遮阴绿化,场区裸露地面上种植花草。在进行场区绿化植树时,还需考虑其树干高低和树冠大小,防止夏季阻碍通风和冬季遮挡阳光。

2. 猪舍的保温隔热

本项目猪舍设计主要根据当地气候条件选择猪舍的形式、尺寸,确定围护结构的材料和构造方案,保证猪舍设计的最优化,满足猪舍保温隔热的要求。

3. 猪舍内的保温防寒

主要通过加强猪舍外围护结构的保温性能来解决。猪舍的温度状况仍不能满足要求时,需进行必要的人工供暖。如规模化猪舍的供暖分集中供暖和局部供暖两种。目前,规模化猪场的供热保暖设备大多是针对小猪的,主要用于分娩舍和保育舍,为了满足母猪(17~22℃)和仔猪(30~32℃)的不同温度要求,常对全舍采用集中供暖,维持分娩哺乳猪舍舍温18℃,而在仔猪栏(仔猪保育区)内设置可以调节的局部供暖设施,保持局部温度达到30~32℃。猪舍的集中供暖主要采用热水、蒸汽、热空气及电能等形式,我国北方猪场多采用热水供暖系统(包括热水锅炉、供水管路、散热器、回水管路及水泵等)和热风机供暖。猪舍的局部供暖常采用电热地板、热水加热地板、红外电热灯及PTC元件夹层内热风循环式保温箱和PTC元件箱底供热式保温箱,后两种为目前最好的局部供热保暖设备,其节电、保健效果较好,重庆市畜牧科学院的科技人员正在进行优化调试,不久即将投入生产。猪舍内空气温度和相对湿度见表9-1。

4. 猪舍的防暑降温

除合理设计猪舍、提高其隔热性能外,在生产管理中还可采取其他一些有效的降温措施,如淋浴、喷雾、蒸发垫冷却空气等降温设备,以提高防暑效果。目前,猪舍降温常采用水蒸发式冷风机,它是利用水蒸发吸热原理以达到降低舍内温度的目的,因此,这种冷风机

表 9-1 猪舍内空气温度和相对湿度

猪群类别	空气温度/℃	相对湿度/%
种公猪	10～25	40～80
成年母猪	10～27	40～80
哺乳母猪	16～27	40～80
哺乳仔猪	28～34	40～80
培育仔猪	16～30	40～80
育肥猪	10～27	40～85

注：1. 表中的温度和湿度范围为生产临界范围，高于该范围的上限值或低于其下限值时，猪的生产力可能会受到明显的影响；成年猪（包括育肥猪）舍的温度，在最热月份平均气温≤28℃的地区，允许将上限提高1～3℃，最冷月份平均气温低于－5℃的地区，允许将下限降低1～5℃。

2. 表中哺乳仔猪的温度标准系指1周龄以内的生产临界范围，2周龄、3周龄和4周龄时下限温度可分别降至26℃、24℃和22℃。

3. 表中数值均指猪床床面以上1米高处的温度或湿度。

在干燥的气候条件下使用，降温效果好；如果环境空气湿度较高时使用，降温效果稍差。有的猪场采用舍内喷雾降温、滴水降温、水帘降温。采用何种降温方式为好，要根据本地、本场具体情况而定。

5. 猪舍的通风

冬季寒冷，猪舍呈密闭状态，舍内的氨气、二氧化硫等有害气体浓度增大，为了排除猪舍内有害气体，降低舍内温度和局部调节温度，一定要进行通风换气。通风换气有机械通风和自然通风两种。采用何种通风方式，可根据具体情况而定，猪舍面积小、跨度不大、门窗较多的猪场，为节约能源，可采用自然通风；如果猪舍空间大、跨度大、猪的密度高，特别是采用水冲粪或水泡粪的全漏缝地板养猪场，一定要采用机械强制通风。通风机配置的方案较多，其中常用的有以下几种：一是侧进（机械）上排（自然）通风；二是上进（自然）下排（机械）通风；三是机械通风（舍内进），地下排风和自然通风；四是纵向通风，一端进风（自然），一端排风（机械）。无论是自然通风还是机械通风，设置进排风口及确定风机的位置和数量时，都考虑到了满足猪舍的排污要求，使舍内气流分布均匀，无通风死角，无涡风区，避免产生通风短路，且有利于夏季防暑和冬季保暖。猪舍通风见表9-2。

表 9-2 猪舍通风

猪群类别	通风量/[立方米/(小时·千克)]			风速/(米/秒)	
	冬季	春秋季	夏季	冬季	夏季
种公猪	0.45	0.60	0.70	0.20	1.00
成年母猪	0.35	0.45	0.60	0.30	1.00
哺乳母猪	0.35	0.45	0.60	0.15	0.40
哺乳仔猪	0.35	0.45	0.60	0.15	0.40
培育仔猪	0.35	0.45	0.60	0.20	0.60
育肥猪	0.35	0.45	0.65	0.30	1.00

注：表中风速指猪所在位置猪体高度的夏季适宜值和冬季最大值，在最热月份平均温度≤28℃的地区，猪舍夏季风速可酌情加大，但不宜超过2米/秒，哺乳仔猪不得超过1米/秒。

6. 猪舍的光照

① 本项目拟采用自然采光为主，人工照明为辅。自然采光常用窗地比为妊娠母猪和育成猪1:(12~15)，育肥猪1:(15~20)，其他猪群为1:(10~12)，自然采光猪舍入射角要求不小于25°，透光角要求不小于5°。

人工照明设计保持了猪床照度均匀，满足猪群的光照需要。妊娠母猪和育成猪为50~70勒克斯，育肥猪为35~50勒克斯，其他猪群为50~100勒克斯。见表9-3。

表 9-3 猪舍采光

猪群类别	自然光照		人工照明	
	窗地比	辅助照明/勒克斯	光照强度/勒克斯	光照时间/小时
种公猪	1:(10~12)	50~75	50~100	14~18
成年母猪	1:(12~15)	50~75	50~100	14~18
哺乳母猪	1:(10~12)	50~75	0~100	14~18
哺乳仔猪	1:(10~12)	50~75	50~100	14~18
培育仔猪	1:10	50~75	50~100	14~18
育肥猪	1:(12~15)	50~75	30~50	8~12

注：窗地比是以猪舍门窗等透光构件的有效透光面积为1，与舍内地面积之比；辅助照明是指自然光照猪舍设置人工照明以备夜晚工作照明用。人工照明一般用于无窗猪舍。

② 猪舍光照须保证均匀。自然光照设计须保证入射角❶≥25°，

---

❶ 入射角指窗上沿至猪舍跨度中央一点的连线与地面水平线形成的夹角。

采光角❶（开角）≥5°；人工照明灯具设计按灯距3米左右布置。

③ 猪舍的灯具和门窗等透光构件须经常保持清洁。

7. 饲养密度

采用最佳圈养密度，避免圈养密度不当带来的危害。各类猪群养时每圈的适宜饲养头数，每头猪占栏面积和采食宽度等参见表1-8。

（三）卫生环境的控制

卫生环境控制应包括环境消毒、免疫注射、定期驱虫及消除污染（包括舍内外的空气污染、环境污染）。

1. 环境消毒

环境消毒是切断疾病传染源的根本性措施。分为常规消毒制度和非常规消毒制度：常规消毒制度指在没有任何传染病发生的情况下，所进行的环境工作消毒制度；非常规消毒是无定时的，遇到特殊情况下的消毒制度。其制度的制订，首先考虑原因。环境消毒新技术还包括利用火焰喷射消毒器、冲洗喷雾消毒机及紫外线灯等先进设备进行环境消毒。

2. 劳动用品及个人卫生

严格执行劳动保护条例，按工人操作环境和工种，定期发放劳动、劳保用品。工作鞋、衣、帽、裤等应定时集中清洗消毒。猪场工作人员每天必须更衣消毒后才能进入圈舍。职工定期进行体检，不适宜上岗者，必须及时调整。

3. 免疫注射、定期驱虫

对猪群进行免疫注射和定期驱除体内外寄生虫，是搞好猪场卫生环境的控制，保持猪群健康的重要措施，必须做到经常化、制度化。

4. 猪舍的给排水和清粪

（1）给水　猪只饮水采用自动饮水器，舍内每隔20～30米在适当位置设置清洗圈舍和冲刷用具的水龙头，值班室和饲料间也应分别设置水龙头。

（2）排水和清粪系统　采用传统的手工清粪方式，在地面设置粪尿沟和排粪区，排粪区地面坡度为1%～3%，尿和污水顺坡流入粪

---

❶ 采光角（开角）指窗上、下沿分别至猪舍跨度中央一点的连线的夹角。

尿沟,粪尿沟上设铁箅子,防止猪粪落入。粪尿沟内每隔一定距离设沉淀池,尿和污水由地下排出管排出舍外。猪粪则用手推车人工清除送到贮粪场。通到舍外的污水可直接排入舍外化粪池。沉淀池和检查井内沉淀物定期或不定期清除。

5. 推广使用 EM 生物制剂,消除粪便对环境(包括空气)的污染

推广使用 EM 生物制剂是实现外环境控制的一种有效方法。在集约化猪场化粪池、猪舍的产床下、粪尿沟、漏缝地板下面以及普通猪场的运动场、排粪尿沟、积粪坑、堆粪场普遍利用 EM 活菌制剂,消除粪便对环境(包括空气)的污染。

6. 采用生物热坑法处理病死猪只,避免造成二次污染

传染病死猪、病猪对养猪生产存在潜在的威胁,必须妥善处理。利用生物热坑法,尸体在生物坑自行发酵 15~20 天则会变形,4~5 个月后全部分解,热坑内温度高达 65℃,长期高温可消灭病菌、病毒,分解物可放心地作肥料。生物热坑须设置在猪场的下风区,离水源 1 公里外较干燥的地方。生物热坑法具有投资少、处理量大、管理方便等优点,适合中、小型集约化猪场使用。

(四) 生态环境控制

对猪场生态环境的控制就是尽力将消灭蚊、蝇、鼠等纳入日常工作,尽量减少蚊、蝇、鼠类传播疾病、污染环境。

1. 利用昆虫

病原线虫控制猪场蚊蝇技术,昆虫病原线虫是蚊蝇的天敌,可以杀死蚊蝇,但对人、猪无毒、无害,且不污染环境,消灭蝇蛆也特别显著,是目前控制生态环境的最好办法。

2. 洁利 33 杀灭蚊蝇

河北农业大学与南京某部队合作生产洁利 33 高效杀虫剂,该制剂仅对昆虫(包括蚊蝇)有极强的杀灭作用,而对人(有骨头的动物)无任何毒害作用。药液分为快型和慢型(散发速度),以慢型用途较广,在猪舍的墙壁、顶棚上喷一次洁利 33,只要有蚊蝇飞经或爬过喷药处,必死无疑,半年有效。

3. 消灭鼠害

目前有两种办法可取：①粘鼠板，把粘鼠板固定在木板上，放在老鼠出没处，只要老鼠的一只爪子踩上去，它就会被粘上去，用得好的话，只要不弄脏粘鼠板，一块粘鼠板可粘鼠20只以上。②电网捕鼠器，效果极好，也很经济。架网的高度为3厘米，网下洒水，只要有鼠触网，捕鼠器就会发出声音通知，工作人员可关掉电源把鼠拿下，然后再接通电路。

第二节　猪场粪尿污水的处理与综合利用

一、猪场粪尿污水的处理和综合利用的原则

根据饲养工艺、排污量的大小和排污浓度的特点，结合废弃物处理、环境保护、资源综合利用和生态农业、生态养猪生产的要求，在饲养工艺方面进行可操作的调整，按照清洁化生产的原则，猪场粪尿污水的处理和综合利用原则上必须力求做到减量化、无害化、资源化和生态化。

1. 减量化

要治理好猪粪尿污水对生态环境的污染，首先必须从污染的源头抓起，必须有效地削减污染总量。实行干、稀分流工艺，并将冲圈水减到最低限度，从而减少治理经费，达到将污染源控制在最低限度的目的。

2. 无害化

选用先进工艺技术，结合猪场周围的环境、粪污消纳能力和能流生态平衡的特征，因地制宜，消除污染，消除蚊蝇孳生，杀灭病菌，实现污水达标排放和能源生态综合利用的"零排放"。

3. 资源化

有害粪污经过治理，达到变废为宝的目的。粪便治理后可作为农作物、果树、花卉、蔬菜的有机肥或深加工成有机复合肥。厌氧发酵残余物沼渣沼液除含有N、P、K外，还含有钙、铜、锌、铁等多种微量元素、氨基酸、维生素、生长素和有益微生物，是一种速、迟效兼备的有机肥料。利用沼肥对农作物、果树、花卉、蔬菜进行灌溉或

喷施，节省大量农药和化肥，节约生产成本，改善土壤理化结构，提高土壤肥力，调节作物生长，抑制病虫害，能够增产、增质、增值。污水处理后的灌溉和回用可使水资源得到进一步的利用。

4. 生态化

建成"猪→污→沼→水→饲→猪"、"猪→污→沼→水→菜→猪""猪→污→沼→水→果→猪"和"猪→污→沼→水→田→猪"的生态平衡系统，通过污染防治为有机农业的发展提供重要依托。利用现代科学技术，通过人工设计养猪业生态工程，以协调发展与环境之间、资源开发利用与生态保护之间的关系。

二、猪场粪尿污水的处理方法

猪场粪尿污水属于高浓度有机废水，具备很好的可生化性（$BOD_5/COD_{cr}>0.5$），营养物比较丰富。根据猪的粪便特征，采用固液分离、酸化和好氧、生物滤池、生物氧化塘等污水处理单元，通过对猪场粪尿污水的处理，改善猪舍内和周围生产环境，生长率上升，从而达到提高猪肉及其制品的品质，增加猪场经济效益的目的。使用有机肥种植农副产品，可提高其产品品质和产量，带来的经济效益更为可观。猪场粪尿污水处理方法做到了科学、合理、实用、高效，就能切实解决养猪业对生态环境的污染问题，更好的利用资源，形成生态农业和养猪业的良性循环，取得很好的社会效益；就能给猪场提供更大更广阔的发展空间，有效地促进养猪业的可持续发展。

猪场粪尿污水处理方法采用了有机肥利用、固液分离、厌氧酸化生物处理、高速生物滤池和生物氧化塘等多种技术，将各种行之有效的污水处理单项技术，组合为一个新的系统工程，经处理后的固体粪肥（生产有机复合肥）便于出售和贮存，液体部分达到国家"畜禽养殖业污染物排放标准"（GB 18596—2001），并可用于农业灌溉。整个粪污处理系统简单、高效、节能，运行管理和操作都十分简单。

把经过固液分离分离出的固体（干清粪），通过堆肥处理、肥料成分与水分调整，生产出具有改良土壤、肥料成分全面、肥料价值较高的有机复合肥。经分离后的液体部分（尿液和冲洗水），采用酸化（沉淀）＋好氧生物处理（高速生物滤池）＋生物氧化塘（贮存）工艺，经处理后的水用于农田和果树灌溉。该处理方法以肥料、饲料、灌溉的形式，把种植、养殖等有机地结合在一起，充分发挥现代农业各项生产技术的优势，对粪便资源进行综合利用，变废为宝，消除环境污染，形成一个完整的良性农业生态循环。

三、猪场粪尿污水处理工艺

国外养猪生产发达国家猪场采用的污水处理系统较多，处理效果也很好，但其存在投资成本高、运转费用高的弱点，因而很难在我国广泛推广使用。我国的污水处理多采用好氧生物降解（曝气）方法。但无论采用活性污泥法、生物膜法、充氧曝气等都因设备投资大、占地面积多、运行费用高，而不易被猪场的粪污处理所采用。针对目前猪场粪污处理工艺中存在的问题，结合我国科技工作者多年来的研究成果与自己在推广工作中的经验，建议各地在设计猪场粪尿污水处理工艺时，必须遵循：投入少，运行费用低，省地、省水电，技术可靠，效果好，可以回收利用一部分资源，有一定的经济回报和推广价值，达标排放等原则。下面推荐几种猪场粪尿污水处理工艺，供各地同行在实践中选择使用。

（一）生态还田型猪粪尿综合治理利用工艺

本方案对传统农牧结合处理粪尿方法进行了进一步改进提高，具有设备少、投资省、操作简单、运行费用低等优点，可在城市郊区和农村的中小型规模猪场推广使用。其缺点是用地相对较多，污水达标排放有点难度，需另外采取一些措施。见图9-2。

（二）干湿法猪粪尿混合物二次发酵工艺

工艺流程见图9-3。

本工艺方案是利用敷料吸取猪栏里的猪尿，不需大量冲水，猪舍无需设大排量水沟，只要一条小水沟排除雨水、消毒冲洗水及少量地面水等即可，也无需设污水池、化粪池等，每幢猪舍只要设一口小集水井，全场设一口大集水池即可。栏内要有自动饮水器，其下要建一个小水槽以免打湿敷料。排出的污水由于污染度轻，在集水池中经自然净化就可达到排放标准。本工艺具有不需大设备，猪场建筑简单，投资较少，操作简单，运行费低，省水电，猪发病少，医药费减低，

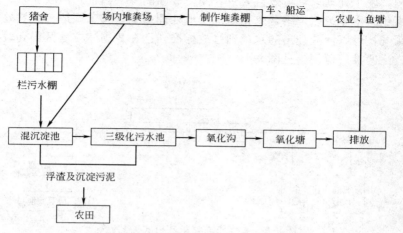

图 9-2 生态还田型猪粪尿分流利用工艺流程

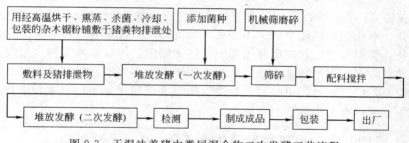

图 9-3 干湿法养猪中粪尿混合物二次发酵工艺流程

生长加快，料肉比降低，减少环境污染效果好，BOD_5、COD_{cr}、SS、NH_3-N、TP 均为零排放等优点。缺点是敷料用量大［一个万头猪场一天需 3 吨（夏天）至 5 吨（冬天）］，适应面窄，只有在有敷料供应的地方才可实施，而且大型猪场也较难实施，夏天要对猪冲水降温，实施起来也比较困难。敷料用前如需人工烘干消毒，电耗和成本都将增加；如要利用太阳光晒干和消毒，很麻烦，要多花人工。

（三）无动力-自然处理模式

此种处理模式是中国沼气研究所的科研推广人员在总结城镇生活污水的沼气池净化处理技术的基础上开发出来的一种猪场粪污处理工

艺。废水处理以环境效益为主，同时兼顾能源（沼气）回收。以厌氧消化为主体工艺，结合氧化塘或土地处理系统，人工湿地等自然处理系统，可以使处理出的水达到排放标准。已在我国南方地区得到较为广泛的推广应用。见图9-4。

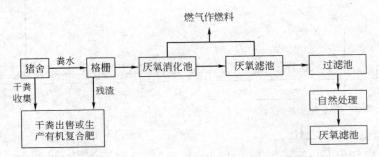

图9-4 无动力-自然处理模式工艺流程

此处理模式的优点：投资较省，一个万头猪场废水处理工程投资仅需25万～35万元，只占猪场建设总投资的3%～4%；运行管理费低，不耗能；污泥量少，不需要复杂的污泥处理系统；没有复杂的设备，管理方便，对周围环境影响小，无噪声；可以回收能源（甲烷）。缺点：需要占用较多土地，故只适用于有较多空旷地的规模猪场；负荷低，产气率低，甲烷回收量少；厌氧系统建于地下，出泥和维修都不方便；有污染地下水的可能。

（四）生物有机肥发酵生产工艺

工艺流程见图9-5。

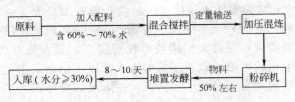

图9-5 猪粪生产生物有机肥发酵工艺流程

该工艺是把猪场收集的干粪与配料按规定的比例送入混合搅拌机进行搅拌，使其均匀，通过螺旋输送机进一步搅拌并送入主机——加压混炼机,通过加压混炼机的加压摩擦,使其中的物料温度自行升高,杀死蛔虫卵和其他有害菌,然后提供适当的空气和水分,为高温菌发酵创造适宜的条件,完成快速发酵,再通过粉碎机粉碎松散,送入堆置场堆放 8~10 天,即制成了有机肥。

四、猪场粪污处理和利用综合配套措施

搞好养猪基地(规模猪场或养殖小区)规划和猪场科学选址,根据本地区养猪业可持续发展目标确定养猪规模,搞好猪场的布局和科学管理,科学配制日粮,提高饲料利用率、降低排泄物中的有害物资残留,狠抓养殖业和种植业的紧密结合,设置必要的环境治理和综合利用设施,搞好猪场粪污的处理和综合利用,加强环境污染治理的领导,加大相关政策法规的执法力度,搞好畜牧部门和环保部门的相互协作,实行依法治污和科学治污,最大限度减少养猪业对生态环境的污染,改善人们的生活环境,促进养猪业的可持续发展。

第十章 猪场经营管理

第一节 概 述

一、我国养猪业的历史演变

纵观世界上一些畜牧业发达国家的历史,养猪业都曾经历过这样三个发展阶段。第一是以家庭吃肉和积肥为特征的副业性生产阶段。这个阶段饲养周期较长,经济效益较低。第二是家庭饲养基础上的规模经营阶段,也是除满足家庭需要之外,用家庭剩余劳动力扩大养猪生产规模,向市场提供商品猪的兼营性商品生产阶段。这个阶段其饲养的手段与经营方式虽与第一阶段类似,但商品的意思有所增强,经营规模与饲养效益有所提高。第三是采用先进的科学技术和生产管理技术,从事专业化、社会化、商品化、现代化养殖阶段。这是以大规模商品生产为条件开展集约化经营,促使养猪生产向机械化操作、科学化饲养、产供销一体化经营的方向发展。

我国是最古老的农业大国之一,养猪生产已有几千年的历史。但长期以来,养猪业始终被作为种植业的从属产业,处于副业生产地位。解放后,党和政府大力支持发展养猪生产,把猪列为"六畜之首"。20世纪五六十年代又以行政手段组织了一大批集体养猪场,但由于这些猪场当时技术水平和管理水平都很低,饲养的品种混杂,不讲究饲料营养的搭配,又缺乏必要的防疫措施,致使经济效益很差。几经反复之后,绝大部分都相继倒闭。

20世纪80年代以来,党和政府在农村推行了以家庭联产承包为主要内容的经济体制改革,使得农村经济焕发出了新的活力,农村产业结构由单一的粮食生产为主,向农、林、牧、副、渔全面发展转变,全国农村,特别是一些生猪主产区出现了许许多多的养猪大户和养猪专业户,生产规模从几十头发展到几百头、上千头。从此,我国养猪业开始走上了商品生产的轨道。

随着有关畜牧科学技术的快速发展和饲料工业的进步，特别是领导者和生产经营者思想观念的转变——由只注重养猪的数量转为数、质并重，由自给自足的小农经济转为以满足市场为目标的商品经济，近年来，在我国沿海经济发达地区，涌现了一大批规模较大的猪场，年出栏商品猪10000～50000头，取得了较高的生产效率和显著的社会经济效益。虽然在今后较长一段时间内，我国养猪生产仍会是副业型、兼业型生产和集约型的规模化（工厂化）生产三种形式同时并存，但随着时间的推移，集约型的规模化生产（也叫工厂化生产）将会被越来越多的经营者所采用。

二、规模化养猪的概念

所谓规模化养猪就是猪的存栏或出栏数达到一定规模，以工业生产方式或类似工业生产方式，采用现代化的技术、设备和管理措施，为猪只生长、发育提供各种适宜的条件，使猪只的生产潜力得到充分发挥，达到低耗、优质、高效生产之目的。

具有如下特征：①生产在一定场所（如车间）中集中进行；②产品按预定的工艺流程制作；③需要使用必要的机器或设备进行生产；④对产成品事前规定有一个质量标准，并按这个标准来加工制作产品；⑤为了获得较好的经济效益，要对原料采购、产品销售和产品加工过程进行管理、监督和经济核算。

必须具备如下七个系统：
① 科学的生产组织系统；
② 经济实用的环境设施和机械设备系统；
③ 标准化的饲料供应系统；
④ 规范化的种猪繁育系统；
⑤ 严密的饲养管理系统；
⑥ 严格的疫病防治系统；
⑦ 灵活有效的决策经营系统。

三、规模化养猪的意义

养猪生产的规模经营，就是猪群、劳力、资金、设备等生产要素在养猪生产经营单位中的聚集。任何养猪企业都不能离开规模的经营。养猪生产的经营规模，不是越大越好，也不是越小越好，而要以适度为宜。养猪生产的适度经营规模就是在一定的经济、自然条件下，生产者所经营的规模与自身所具有的经营能力、生产工具和技术水平相适应，能把生产诸要素的潜力充分发挥出来而取得最佳经济效益的规模。养猪生产的规模经营，有利于降低饲养过程中人力和物质的消耗，加快圈舍周转，提高使用率，降低生产成本，提高投入产出率，实现最佳经济效益。

第二节 猪场经营

近十多年来在向市场经济转轨过程中，许多规模化猪场和现代化养猪场在猪种、饲料、防疫、环境控制、饲养管理、经营管理等方面，不同程度地采用了先进的科学技术，因而生产成绩有了明显提高。但就经济效益来说，却高低不一，有盈有亏，主要原因在于经营管理水平的高低。因此，现代化养猪生产要取得高产、高效、优质，不仅要提高养猪生产科学技术水平，同时要提高科学经营管理水平，二者缺一不可。

一、现代养猪生产的经营原则

（一）现代养猪经营的概念

现代养猪生产经营是养猪经营者在国家各项养猪生产方针的指导下，面对资源、技术、市场竞争环境中，根据养猪经营者自身的条件和可能，合理确定猪场的经营方向与目标，有成效地组织养猪经营的产、供、销活动。

养猪生产经营作为一项产业来说，将从副业养猪发展到专业养猪，从分散个体养猪发展到现代工厂化养猪。各种形式养猪经营者一旦合理确定养猪经营的生产方向和目标后，就应着手解决好养猪生产过程中的计划、组织、协调等具体管理工作。现代化养猪生产的经营和管理是既不同又统一的整体，经营侧重解决生产方向、目标和产供销活动等有关发展养猪的一系列根本性问题，而管理侧重解决有关计划、组织、协调等发展养猪生产实践过程中的一系列具体问题。当今要全面搞好现代化养猪生产没有一定水平的经营管理能力是不会成功的。

（二）养猪经营者应具备的基本素质

当今的养猪生产者必须具备以下素质。

1. 思想水平

在社会主义市场经济条件下，要求养猪经营者解放思想勇于创新，既要有领先于时代潮流的设想，也要有不随意决定认真思考的干劲。领先时代潮流的设想是要有勇于改革的精神和超前的意识。社会生产在不断发展前进，市场经济与需要变化万千，思想认识跟不上就意味着落后。不随意决定认真思考的劲头就是要有科学实干的精神。说大话的蛮干只能在经营上帮倒忙，无助于养猪经营者的进取。解放思想勇于创新是事先决定经营好坏的基础。

2. 科学技术水平

现代养猪生产是一项复杂的生物系统工程。由于猪是有生命的驯养动物，要想最大限度地发挥出猪的生产潜力和经济效益，必须不断提高养猪生产的科学技术水平。让在群的每头猪都表现出良好的生产性能，才能带来整体的经济效果。现代化猪场的经营者既要有高尚的职业道德，也要有高级的科学技术水平，实现养猪生产的高水平饲养管理。科技水平的高低是决定养猪经营的主要关键。

3. 管理水平

养猪经营者在确定生产目标之后，就要制订周密的各项生产计划，也需要做到有把握实现计划生产、计划出栏、计划销售，全面实现计划管理。管理水平如何是决定养猪经营好坏的重要环节之一。

4. 营销水平

养猪的物质流动离不开市场交易。只有实现廉价购入饲料等消耗品，将维修等费用降到最低点，合理价格出售种猪、仔猪和肉猪等产品才能保证高效益。因此，在经营中能够及时掌握市场动向，抓住时机果断决定各项交易是很重要的。营销水平是养猪经营中的重要一环。

5. 卫生保健水平

猪是有生命的家养动物,必须采取预防为主的卫生保健管理。力求参与经营的所有人员都能尽职尽责,共同保护好所有猪只的健康。卫生保健水平如何,也是决定养猪经营优劣的重要环节。

6. 财会水平

掌握管理好资金,确保账面有款实际有钱。记好财务、成本等有关会计账目,并通过分析判断进一步指导和改进养猪经营。财会水平如何更是决定养猪经营好坏的重要环节之一。

具有上述条件和能力的养猪经营者才能对经营目标及其实现手段和措施作出科学的抉择。只有科学的经营决策才能达到用最小的人财物投入获得最大的经济利润经营目标。现代养猪经营者的才能和措施在商品生产中越来越重要,单纯会养猪和养好猪并不是一个优秀的现代养猪经营者。

(三) 现代养猪经营的原则

1. 重视品种改良

在以增加收入为主的现代养猪经营中,必须利用商品价值高、产肉性能好的猪种。所谓好的猪种是产仔多、生长快、耗料少、产肉多、肉质好的品种。产肉多肉质好的猪种应体现在生后180日龄活重超过100千克,饲料增重比低于3.2,背膘厚小于2.5厘米,屠宰率达到73%,酮体瘦肉率58%以上,大腿比例达到33%,且饲养总成本低于社会平均水平。为此,各地集约化现代养猪场或企业均应广泛饲养适应当地条件的各种杂优猪。

2. 降低饲养费用

在现代养猪经营中降低每千克增重所需要的饲料费有着重要意义。猪的饲养中饲料费在一般养猪成本中可高达65%~75%,能否控制住饲料转化率就显得非常重要。饲料转化率从3.5降到3.2就意味着每头商品肉猪减少饲料消耗25~30千克,一个万头商品肉猪场每年减少250~300吨饲料消耗,无形中节约费用50万元以上。只有采用最新科学配制全价饲粮和生产性能最佳的杂优猪,提高饲料利用率,才能有效地将饲料转化率降下来。

3. 加强防疫卫生

各种疾病的侵袭会给养猪经营带来重大危害,往往使养猪经营陷入困难境地。对此必需加强防疫消毒措施,严格贯彻预防免疫程序,执行预防为主的健康管理。只有通过加强防疫卫生措施,克服麻痹大意思想,才能保证养猪经营顺利进行。

4. 发挥管理技能

现代养猪经营人员既要有经济头脑又要精通技术。经营者必须能控制住猪种、饲料和防疫、人员与财务,才能使生产、销售和管理相互平衡,最终实现经营目标。养猪经营者的管理技能是非常重要的,只有养猪经营者掌握住各环节的平衡关系才能顺利推动养猪经营的发展。

二、现代养猪的经营形式

现代化养猪生产要求集约化和工厂化,这需要雄厚的资本,目前现代化养猪生产在养猪业中所占比重还很小,大量的还是千家万户个体养猪,但随着国家经济的发展,全国出现了多种形式的养猪经营。

(一)专业户养猪

在养猪经营形式中个体经营在我国所占比重达80%以上,因而个体经营的稳定发展是养猪经营中最重要的问题。从1980年以后专业户经营的规模扩大速度逐渐加快。从经营结构的变化来看,这种规模的扩大,意味着养猪已从作为大田及菜田等主要部门的零星、次要、补充部门,转变成为农业经营中的主要部门或综合部门而得到发展。养猪规模在不断扩大,而土地和劳动力等生产要素的变化很小,尤其土地面积更在缩小。过去每户饲养2~5头,而养猪专业户饲养肉猪头数由几十头到几百头不等。他们的经营方式也是多种多样:农牧结合式的养猪专业户;养猪与养鸡、养鸭、养鱼、养貂等高效益的生态养殖场;养猪与种桑养蚕、养鱼结合的养猪专业户;养猪与种食用菌并利用下脚料菌糠加工饲料的专业养猪户。这样以养猪为主的专业户其主要特点如下。

1. 投资少,见效快

专业户养猪开始不搞大的基本建设,因陋就简先把猪养起来,当年就可盈利,然后靠自己资本的积累和国家、集体的扶持,逐步发展为具有一定规模的养猪场。

2. 自学养猪技术

这样的养猪经营者为了尽快学习养猪技术,自己买书订报,或参加短期养猪培训班学习,请顾问指导养猪技术,自学成才掌握科学养猪技术。

3. 自配饲料

专业养猪户多利用自制或购买的混合精料,与自产或廉价购买的青绿多汁饲料、糟渣饲料、泔水等科学搭配喂养,这就广开了饲料资源,大大降低了饲养成本。

4. 管理周到

专业个体养猪者对猪的管理细致耐心,观察周到,仔猪成活率高,肉猪生长速度快。

5. 经济效益高

专业户养猪仔猪成活率高,肉猪生长速度快,饲料成本低,不计算人工,没有折旧及管理费用,所以经济收入较高。从目前来看,一个强劳力日劳动时间为5～6小时,喂养200头肉猪是没有问题的,一年可出栏肉猪600头,按每头肉猪纯收入40元计就是2.4万元,还有3～4小时劳动时间兼营其他经济效益好的项目,主营与兼营互为补充,就会获得较理想的经济效益。国家为了保证养猪专业户的健康发展,各地相继组织了养猪技术协会或合作社,他们负责组织仔猪来源、饲料调剂与运送、科技咨询、疫病防治、产品推销工作,这大大减轻了专业养猪户的非生产性负担,虽然付出点必要的服务费,但可以集中精力把养猪生产搞好。

(二) 规模化养猪

规模化养猪是有一定规模的种猪群。繁殖母猪生产的仔猪,将其全部饲养为肉猪,这是较理想的经营形式。规模化养猪场需要有一定资金及饲料的保证,一般规模化养猪场的生产工艺技术采用了工厂化养猪设计,每周出栏肉猪28～30头,每周有4～5头母猪产仔,4～5头母猪配种妊娠。这样规模约需6个劳动力完成全部生产任务,猪场每年投入约需130万元,产出为150万～155万元,每个劳动力可创造利润3万～3.5万元。

独立经营的规模化养猪必须特别注意如下几点。

1. 繁殖母猪的选择

繁殖母猪的选择很重要。繁殖母猪不能单纯进行个体选择，必须从记载双亲性能的种猪登记中来挑选，至少是登记猪和杂交血统清楚的登记猪、繁殖力高的母猪（长×荣、长×太等）当中严格选择。例如长白与大白杂交一代（F1）猪，如一胎产仔10头，从中只能选择2～4头母猪，决不能见母就留，更不能从肉猪群里选留母猪。

2. 种公猪的选择

在考虑所饲养的繁殖母猪性能的同时，必须引入经过严格选择的种公猪，这些种公猪能够直接控制其后代肉猪生产性能。种公猪应有系谱记载，即使价格高些，也要购入性能优良的种公猪。

3. 提高繁殖性能

肉猪饲养技术固然重要，而在独立经营中饲养体格健壮、连产性强、产仔数多、哺育能力强的母猪是极重要的。能使母猪不空怀，断奶后约一周出现发情并受胎，连产8胎育成仔猪80头，这种技术是基本的技术。

4. 搞好经营记录

独立养猪经营者要每天根据记录分析决定近期策略，主要经营者必须统管经营、制订计划，其也是实施计划的具体领导者，其他人分工负责猪的繁殖、育成、肉猪饲养，发挥每个人的主人翁精神，协助办好养猪场。

（三）繁殖母猪的专门经营

饲养繁殖母猪以出售仔猪的专业繁殖场，需要饲养适应性较强的繁殖母猪，这种母猪多数为杂交一代母猪，通过三元杂交生产出售仔猪供应肥育场和市场，大农村的母猪饲养专业户，也是饲养繁殖母猪生产仔猪。饲养繁殖母猪的经济效益，取决于良种、饲养管理条件和技术水平。在具备优良种猪条件下，只有搞好母猪的配种、妊娠、分娩、哺乳、仔猪补料、断乳等项工作，才能培育出体格健壮、成活率高、增重快的仔猪，并获得高的断奶窝重。繁殖母猪的经济效益又受到市场对仔猪的需求、仔猪价格、饲料价格和母猪饲养成本等因素的影响。

1. 仔猪断乳窝重与母猪耗料的经济效益

仔猪断奶窝重的大小和母猪耗料成本的多少，直接影响繁殖母猪的经济效益。可采用下列计算公式。

设仔猪断奶窝重为 W，单价为 P_w，繁殖母猪在一个生产周期内总耗料量为 X，饲料单价为 P_x。出售仔猪断奶窝重价值为 WP_w，繁殖母猪的饲料费为 XP_x。断奶窝重价值减去繁殖母猪饲料费的剩余额，设为 M，则：

$$M = WP_w - XP_x \tag{10-1}$$

由式(10-1) 可知，$M=0$ 时，$WP_w = XP_x$

如果设 W_0 为保本断奶仔猪窝重（指饲料成本），则：

$$W_0 = XP_x / P_w \tag{10-2}$$

当母猪饲料费 XP_x 一定时，市场上仔猪单价 P_w 越高，则保本的断乳仔猪窝重 W_0 越低，这时饲养繁殖母猪越能盈利；反之则饲养繁殖母猪越不利。当市场上仔猪单价 P_w 不波动时，由于饲料消耗量 X 少或饲料价格 P_x 低，母猪饲料费 XP_x 越少，则保本的断乳仔猪窝重 W_0 越小，饲养繁殖母猪也越有利。由式(10-1) 得知，当 $W/X < P_x/P_w$ 时，则 $M<0$，饲养繁殖母猪不盈利。式中 W/X 为单位耗料的仔猪断奶窝重，它与繁殖母猪和哺乳仔猪的饲养管理技术水平有密切关系；P_x/P_w 为饲料单价与仔猪单价比，与市场的饲料价格、仔猪价格的变动有关。繁殖母猪和哺乳仔猪的饲养管理水平越先进，市场上饲料价格越低，仔猪单价越高，则 W/X 越大，P_x/P_w 越小，对饲养繁殖母猪越有利，但对饲料生产者和购入仔猪饲养肉猪者不利。相反，当繁殖母猪和哺乳仔猪的饲养管理技术较落后，市场上饲料单价过高，仔猪单价过低，则 W/X 越小，P_x/P_w 越大，这对繁殖母猪的饲养者不利，但对饲料生产者和购进仔猪饲养肉猪者有利（肉猪的售价应维持在一定水平）。由此可见，合理的饲料单价与仔猪单价比 P_x/P_w 应与繁殖母猪和哺乳仔猪的饲养管理水平相适应，并要兼顾饲养繁殖母猪出售仔猪者、饲料生产者和购入仔猪饲养肉猪者三者的经济利益，才能对养猪生产的发展起促进作用。

养猪生产经营者必须掌握上述知识，依据市场动态，采取有效措施，灵活地组织生产。譬如，当 P_x/P_w 比较合理时，养猪生产经营者要增加经济效益，关键问题是提高饲养管理技术水平，增加科学技术投入。一般情况下，促进养猪生产的合理价格比（P_x/P_w）的幅度应是：
$$0 < P_x/P_w < W/X \tag{10-3}$$

由式(10-3)还可以制订指导价格和为浮动价格提供依据，即在 P_x 不变时定出仔猪价格的下限值，或在 P_w 不变时定出饲料价格的上限值。

饲养繁殖母猪的主要收入是出售断乳仔猪，除此之外，还有母猪及仔猪的肥料，淘汰母猪育肥回收等收入，可按窝平均分摊，设为 A。繁殖母猪的支出，除饲料费外，还有工资、折旧、医药、水电、配种等费用，也应按窝平均分摊，设为 B。则每头繁殖母猪每窝利润为：

$$M+(A-B)=(WP_w-XP_x)+(A-B)$$

所以，应全面提高养猪科学技术水平，加强经营管理，促使剩余 M 增大。

此外，还应该加强猪群的生产计划性和做好市场的预测工作，防止断乳仔猪无计划投放市场而引起大量淘汰母猪的周期性影响。

2. 采用仔猪早期断乳技术的经济效益

设仔猪早期断乳新增补饲料量为 X'，饲料单价为 P'_x，由此而产生的新增断乳仔猪窝重为 W'，仔猪单价为 P'_w，则新增的剩余 M' 为：

$$M' = W'P'_w - X'P'_x \tag{10-4}$$

由式(10-4)可以推断，饲料价格过高，饲养早期断乳仔猪技术水平差，仔猪断乳重低，则经济效益差或者亏损，相反，则增加经济效益，表明仔猪早期断乳补料的直接经济效益与技术之间的密切关系。此外，早期断乳母猪的淘汰率比60日龄断乳母猪降低33%左右，这也是一笔很大的经济收入。

3. 繁殖母猪标准化饲养的经济效益

所谓繁殖母猪的标准化饲养，即是按照饲养标准规定的营养水平饲养。繁殖母猪的主要产品是断乳仔猪，副产品是肥料和淘汰母猪。繁殖母猪的饲料消耗，包括母猪本身的直接消耗和仔猪的补料、后备猪和种公猪的间接耗料。繁殖母猪耗料和经济效益计算如下：

为使饲养繁殖母猪投入与产出计算简化，设购进后备母猪的支出与繁殖母猪利用期满淘汰回收费和肥料费大致相等，从而略去不计。

设繁殖母猪使用年限为3年，年产仔猪2.2窝，共计产仔6.6

窝；母猪一个繁殖周期内妊娠为114天，哺乳期35天，断乳后发情配种间隔7.7天；配种公猪使用年限为3年，年平均配种20头母猪（若改变假设条件，一般公式仍有效，但具体估值将随之变动）。

(1) 耗料计算　窝平均直接耗料：按繁殖母猪饲养标准（每头每日需要量）计算得出窝初产、窝经产、窝平均不同带仔数在一个繁殖周期内的直接耗料量（妊娠期耗料量＋哺乳期耗料量）。

$$\begin{aligned}母猪繁殖利用期窝\\平均直接耗料\end{aligned} = \frac{初产窝耗料＋(经产窝耗料\times 经产窝数)}{年产窝数\times 利用年限}$$

$$= \frac{初产窝耗料＋(经产窝耗料\times 5)}{2.2\times 3} \quad (10\text{-}5)$$

由式(10-5)可计算出母猪繁殖利用期窝平均直接消耗饲料量。

$$后备母猪耗料分摊 = \frac{后备母猪耗料量}{年产窝数\times 利用年限} = \frac{后备母猪耗料量}{2.2\times 3}$$

$$后备公猪耗料分摊 = \frac{后备公猪耗料量}{母猪年产窝数\times 种公猪利用年限\times 年配种母猪数}$$

$$= \frac{后备公猪耗料量}{2.2\times 3\times 20}$$

$$种公猪耗料分摊 = \frac{种公猪耗料量}{母猪年产窝数\times 种公猪年配种母猪数}$$

$$= \frac{种公猪耗料量}{2.2\times 20}$$

繁殖母猪一个繁殖周期的总耗料，等于窝平均直接耗料量与窝平均间接耗料量之和。

(2) 经济效益计算　设断乳仔猪窝重为W，单价为P_w，则饲养繁殖母猪主产品的产值为WP_w，设窝平均耗料为X，单价为P_x，窝平均消耗饲料费为XP_x，则$M=WP_w-XP_x$，并可求出"标准化"养母猪的保本窝重（饲料成本），即：

$$W_0 = \frac{XP_x}{P_w} \quad (10\text{-}6)$$

设P_w为7元/千克，仔猪补料混合料单价为2.4元/千克，繁殖母猪哺乳期配合料单价为1.8元/千克，繁殖母猪妊娠期饲料单价为1.4元/千克。

后备猪及种公猪因出售后备猪及公猪配种有收入，不再分摊饲料费于繁殖母猪。除饲料外的其他成本费不确定的因素较多,很难统一计算。为了便于比较,一般可设饲料费占总成本费的80%或70%,其他费用相应占成本费的20%或30%,并把这样的估计成本叫做理论成本Ⅰ和理论成本Ⅱ,相应的保本窝重称为理论保本窝重Ⅰ和理论保本窝重Ⅱ,应用前述价格计算得出表10-1。

表10-1 繁殖母猪不同带仔数的理论成本与保本窝重

分 类	带 仔 数		
	8头	10头	12头
窝平均耗料费/元	1050.55	1127.57	1204.61
保本窝重 W_0(饲料成本)/千克	150.08	161.08	172.09
理论成本Ⅰ/元	1260.66	1353.08	1445.53
理论保本窝重Ⅰ/千克	180.09	193.30	206.51
理论成本Ⅱ(饲料费占70%)/元	1365.72	1465.84	1565.99
理论保本窝重Ⅱ/千克	195.10	209.41	223.71

表10-1中的各项成本及相应的保本窝重是合理饲养繁殖母猪的盈亏经济临界点。若价格变动,可以根据窝平均耗料及式(10-6),重新计算各项数值。据此,可对饲养繁殖母猪的盈亏作出预测,以期更好地制订养猪生产经营计划。

(四) 肉猪的专门经营

在肉猪专门饲养中,也必须考虑肉猪生产的技术效果和经济效益。肉猪专门经营具有猪群单一,饲养技术较简单,资金周转快,劳动量大,经营的经济效果较好等特点。

1. 饲养肉猪的技术效果

肉猪的技术效果主要表现在增加产品的产量和提高肉猪的质量以及每千克增重的饲料费用等方面。从肉猪群产品的总产量来分析,若采用新技术前的肉猪个体重量的增加量为 P,规模头数为 S,采用新技术后肉猪个体重量的增加量为 ΔP,规模头数的增加量为 ΔS,则肉猪群产品总量的增加率可用下面公式表示:

$$\frac{(P+\Delta P)}{P} \times \frac{(S+\Delta S)}{S} = 1 + \frac{\Delta P}{P} + \frac{\Delta S}{S} + \frac{\Delta P \Delta S}{PS} \qquad (10\text{-}7)$$

如果不考虑式(10-7)中 $\Delta P \Delta S / PS$,则肉猪群产品数量的增加率应该是每一头猪重量的增加率和饲养头数规模的扩大率之和,而这个总产量增加率乃是各项技术措施综合作用的结果。

从饲养头数扩大率来分析,随着饲养头数的扩大,同时会引起多种因素的变化。首先是要求技术条件发生相应的变化,少量饲养、多头饲养和大规模饲养所要求的各种技术条件是不同的,此外,还会引起投入新的劳动、流动资金和固定资产的变化。

一般来说饲养规模的扩大,由于机械设备能力的提高,能在饲料调制、饲喂、饮水、清除粪尿等生产环节上节省劳动力,能够大大减少新劳动力的投入,但是应该看到,规模扩大以后,如果没有相应的配套技术措施作基础,虽然能节省劳动力,但产品的数量和质量有可能下降,在这种情况下,就应当权衡节省的劳动与单位生产力降低的得失,技术效果表现在两方面:一方面是提高肉猪自身的生产性能;另一方面是提高各种资源的转化效率。

2. 每千克增重饲料费分析

在肉猪生产经营中,售销收入大于生产费用支出才能获利,肉猪生产费用构成如下式所示:

生产费 = 饲料费 + 仔猪费 + 其他物质费 + 人工费 + 地租 + 资本利息

(10-8)

在生产费中饲料费和仔猪费用约占 80%。为了便于分析饲料费,可将其他物质费用、人工费、地租和资本利息等合并考虑,统称为毛收入。则收支平衡式为:

出售收入 = 饲料费 - 仔猪费 + 毛收入

以上各项详细分解为:

出售收入 = 活重 × 活重单价 = (仔猪重 + 增重) × 活重单价

饲料费 = 增重(千克) × 每千克增重的饲料费

仔猪费 = 仔猪重(千克) × 活重单价 + 仔猪增重部分应分摊额

则收支平衡式可整理成:

增重 × 活重单价 = 增重 × 每千克增重饲料费 + 仔猪增重部分的分摊额 + 毛收入 (10-9)

因此,每千克增重的毛收入 = 活重单价 - (每千克增重饲料费 + 每千克增重时仔猪增重分摊额)。

由此可见,要提高肉猪的经营收入,必须采取技术措施和提高经营管理水平以减少每千克增重的饲料费和每千克增重时仔猪增重部分的分摊额。

在构成每千克增重的毛收入项目中,活重单价和仔猪增重分摊额由外部因素决定,肉猪生产者可能控制的是千克增重的饲料费,而它与饲料转化率呈极强正相关,所以在猪种的选择和肉猪生产中都特别重视饲料转化率这一性状。饲料转化率又与饲料单价密切相关,而饲料单价又决定于饲料的质量和购入途径,如能依靠自产饲料,实行粮猪结合,比单纯依靠购入配合饲料有利于降低单位增重的饲料费,这是肉猪经营中必须重视的问题。

3. 饲养肉猪的经济效果

用劳动力盈利率作为经济效果指标,利润和劳动力投入二者之间的关系,可用下式表示(其假设前提是价格固定不变):

$$劳动力利润率 = \frac{利润}{劳动力投入} = \frac{产值-成本}{劳动力投入} = \frac{1-成本/产值}{劳动力投入/产值}$$

(10-10)

由式(10-10)可以看出,要提高劳动力利润率,必须发挥技术作用,增加主产品产量,从而提高产值,此外,还必须减少劳动力的投入,减少流动资金的支出,提高固定资产利用率,更为重要的是降低成本。

第三节 猪场的管理

一、猪场的生产组织和计划管理

(一) 规模化养猪的生产工艺流程及其特点

1. 规模化养猪的生产工艺流程

规模化养猪生产把猪从新生命形成至出栏上市的整个饲养过程,按照不同生长发育时期的生理特征划分为若干个连续的饲养阶段,每一个饲养阶段里饲养着处于同一发育时期或生产目的相关的猪群。每一饲养阶段里的猪群又被编为若干个饲养组,猪只以组为单位,在一个饲养阶段里饲喂一定时期后,调入下一个饲养阶段去喂养,这样就形成了连续不断的流水生产。

（1）生产阶段的划分　分工较细致的规模化猪场，其生产阶段划分及各生产阶段之间的衔接顺序如图 10-1 所示。

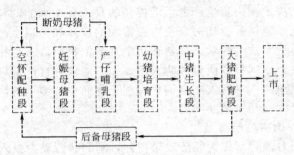

图 10-1　规模化猪场猪只各生产阶段衔接顺序图

（2）各生产阶段中的饲养群　在一个生产阶段中一般饲养着处于同一生长发育时期的一群猪。由于某一生产目标的需要，同一生产阶段也可能饲养着两群猪。如为了配种方便在空怀配种阶段同时饲喂公猪群和待配母猪群；哺乳仔猪群和产仔母猪群的不可分特性，又必须将两群共养。

（3）各生产阶段的舍、区安排　由于对生产环境的要求不同，各生产阶段的猪群需要饲养在不同的猪舍中。当饲养场较大时，每一个饲养阶段都要建筑一个或多个专门的猪舍；当饲养规模较小时，则不必每个饲养阶段都建造一个专门的猪舍，而需将若干个饲养阶段的猪群安排在同一个猪舍内分区饲养。但安排同一舍内饲养的猪群应当对环境条件要求相近，如后备母猪群、空怀母猪群、公猪群和妊娠母猪群均是成年猪，就可以放在同一舍内分区饲养；产仔母猪群和哺乳仔猪群就不仅要求同舍饲养，而且要求同栏饲养了。

（4）生产节拍　一个饲养群向下一个饲养群调动猪只，需要按统一的时间间隔进行，每两次调动之间的时间间隔称为一个生产节拍。每一个猪群在一个生产节拍中调出一定数量的猪只，需调入相同数量的猪只，保持着猪群猪只头数的相对稳定。不同的猪场，规定了不同的生产节拍。我国工厂化养猪场大多采用以七天时间间隔为一个生产节拍。七天生产节拍的优点是：与母猪发情规律相吻合（母猪断奶后 5～7 天可发情、配种；母猪发情周期平均为 21 天，均是 7 天的倍数），便于组织配种；和社会上的周日工作制相一致，便于生产管理。七天的生产节拍意味着，每周有一定数量的猪配种，一定数量的母猪产仔，一定数量的商品猪出栏上市，形成了分明的生产节奏。

(5) 各阶段的饲养期 在划分饲养阶段的基础上，依据猪的生长发育规律和生产目标，需要确定猪在每一个阶段中的饲养天数（饲养期）。一般把各段饲养期调整为生产节拍的整数倍，以便于制订猪群调动计划、充分利用栏舍。当生产节拍定为 7 天时，就把各段的饲养期定为"若干周数"。

(6) 周转猪组 生产中要把各个饲养群分为若干组，猪只以组为单位由一个饲养段转入下一个饲养段。这种各饲养群中每节拍猪只调动的基本单位称为周转组。当生产节拍为 7 天时，各阶段周转猪组的数目，正好是这个饲养阶段的饲养"周数"。每个饲养群（公猪群和母猪群除外）各周转猪组猪的日龄依次相差一周，这样在每一个生产节拍中，每一个饲养阶段都有一组猪转入下饲养段，同时又有一组猪从上个饲养段转进本饲养段，各饲养段猪组数始终保持不变，全组猪全进全出，使生产流水进行。年产万头商品猪猪场的生产工艺流程见图 10-2。

在上述工艺流程中，共建有六种猪舍，其中配种妊娠舍中分配种区和妊娠区，配种区内饲养着公猪群和待配母猪群。生长舍的育成群一部分经初选入后备母猪舍，大部分进入育肥舍。在六种猪舍内饲养着 9 个猪群，完成七个饲养阶段的饲养。各舍内的饲养群均由和饲养周数相同的周转猪组组成。

2. 规模化生产工艺流程特点

规模化生产工艺流程与传统养猪相比具有以下特点。

(1) 分段专群饲养 传统养猪，繁殖母猪一窝一猪，肥育猪从断奶至上市则一圈一群，整个生产期内较少转舍转群。猪舍面积分别按体型最大（育肥上市）或数量最多（产仔断奶）时确定，大部分时间内是过剩的，猪舍利用率低。猪只不同的生理发育阶段在一舍内完成，很难对猪舍进行环境控制，因此饲喂效果不理想。工厂化生产工艺，饲养阶段细致划分，各饲养群分别安置在条件相宜的猪舍内，猪舍利用率高、饲养效果好。

(2) 流水作业，均衡生产 规模化养猪全年均衡产仔，使生产有

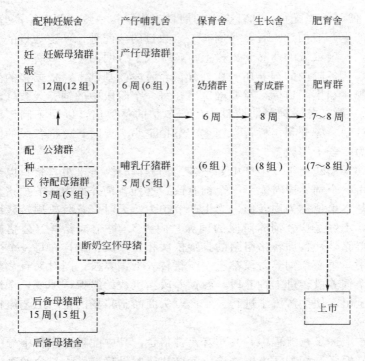

图 10-2　年产万头商品猪猪场的生产工艺流程

节奏地连续进行，各猪群均处于同步生产状态，较之传统养猪季节性产仔、全年生产出现大的波峰波谷，不仅可缩短育肥周期和繁殖周期，而且商品猪出栏持续稳定。

(3) 集约生产，应用综合技术　规模化养猪容纳了环境工程、饲养营养、品种繁育各学科科技成果，形成了猪群密集、技术综合的生产体系，是技术密集型的集约化生产。而传统养猪方法无法实现这一点。

(二) 规模猪场的战术决策

对于农村规模猪场来讲，一般在建场之初就已经确定了生产能力、产品结构以及猪场与上级集体经济组织的责、权、利关系，因而一般不存在战略性的决策问题。但是要想出色地完成生产计划，取得较好的经济效益,认真进行战术决策是必不可少的。对于建设初期的农村规模猪场,当前应重视下述几个问题的决策。

1. 建立高产种猪群

高产种猪群的建立是提高猪场经济效益的重要措施。主要目的是最大限度地利用种猪的生产潜力,提高种猪的产肉量和年生产能力。要在猪场建立高产种猪群,首先是精选良种,其次是合理选留后备公母猪,再次是建立高繁殖力核心母猪群。

(1) 选用优良品种(系)及其配套杂交组合 各场应根据实际情况,选用生长速度、饲料利用率、瘦肉率、肉质等性状优异的品种(系)及其相应的配套杂交组合的肉猪。这样的品种(系)主要有长白猪、大白猪、杜洛克、汉普夏等品种(系),以及利用国内外猪种资源经长期严格选育成功的哈尔滨白猪、上海白猪、湖北白猪、湘白猪、渝荣1号配套系、北京黑猪等猪种。利用这些品种(系)杂交,生产商品瘦肉猪,可以获得良好的生产效果。普遍采用的以杜洛克为终端父本的杂交猪,如杜×(大长)、杜×(长大)、杜×(哈白)、杜×(上海白)、杜×(川白1系)等杂种肉猪,与现有以本地猪为母本的二元杂交肉猪相比,瘦肉率高8个百分点以上,育肥期缩短1~2个月,饲料利用率提高10%以上,经济效益十分显著。

(2) 建立高繁殖力种猪群 建立高繁殖力种猪群是保证猪场高生产力的基础。在我国条件下,对于外向型猪场,应以长白猪、大白猪及其它们的杂种为主,建立繁殖母猪群;对一般猪场,有条件的情况下,应充分利用太湖猪血缘,建立高产仔杂种母猪群,或含太湖猪血统的合成系母猪群,再选用生长速度快、饲料利用率高、瘦肉多、肉质优良的种公猪,如杜洛克猪,作为终端父本与其杂交,不但可以充分利用高繁殖力的杂种优势,而且后代在生长速度、饲料利用率、瘦肉率等方面都将显著提高。

2. 建立各种技术操作规程

在猪场的经营管理中,为保证养猪生产有组织、有计划、有步骤地进行,必须加强各项技术管理工作。应用猪遗传繁育、饲料营养、猪病防治、环境控制的理论,根据猪不同生理阶段的特点,结合各场的实际情况,制订各项技术操作规程。规程规定每类职工应该做什么,以及如何做。

技术操作规程涉及方面多，内容广泛，如各类猪的饲养管理操作规程、种猪繁殖配种技术操作规程、饲料加工技术操作规程、猪病防治技术操作规程等。在制定技术操作规程时，应重点突出，文字精练，意思明确，以利准确执行。

现以怀孕母猪为例，说明饲养管理操作规程应包含的主要内容。

根据怀孕母猪体况，规定相应的饲养方式，如青年母猪应采用"一贯加强"的饲养方式，体况差的应采取"前高后低"的饲养方式等；适宜的饲养水平和饲喂技术，如规定每头每天采食饲料量、饲料调制方法、投料次数等；怀孕母猪的管理，如舍内外清洁卫生等；疫病的防疫免疫、驱虫等；分娩前母猪的转群以及记录记载、表报等。

3. 加强组织学习和培训

要提高养猪生产水平，真正实现科学化养猪，必须加强职工的岗位培训，定期组织饲养员进行业务学习，不断提高业务素质，使猪场职工尽快改变家庭养猪的习惯影响，了解工厂化养猪的特点和生产工艺流程，熟悉本岗位的职责和操作规程，掌握卫生防疫要领，保证工厂化养猪技术通过训练有素的职工之手得到贯彻。

4. 建立稳固的优质饲料供应渠道

目前农村规模猪场还不可能配备完备的饲料营养成分化验手段，如果饲料来源多变，就难免造成日粮营养成分不稳定，饲养时不容易掌握饲喂规律，预计的生产进度就无法保证。对于没有固定饲料供应渠道，或虽有供应渠道，但所供饲料质量不稳定的猪场，应当考虑自建饲料加工间，以便根据原料成分的变化，自主调整饲料配方。对于能量饲料可以就近解决的村办猪场，从降低饲料成本着眼，也有必要设立自己的饲料加工间。

5. 保证可靠的电力供应

工厂化养猪配备了较多的用电设备，一旦电力供应中断，这些设备就无法运转，特别是仔猪采暖用的红外线灯、地热板停止工作后，很快就会威胁仔猪的存活；水泵停止运转后，猪舍的自动饮水装置就无水可供。对于经常停电的地区，要设法争取双线供电，或考虑自己配备小型发电设备。

6. 高度重视卫行防疫工作

这项工作是农村规模猪场的生命线，一旦发生疫病流行，就可能使猪场濒于破产。必须采取强有力的手段贯彻执行各项防疫、消毒、卫生措施。

7. 逐步熟悉商品经济规律，用销售指导生产，争取更好的经济效益

农村工厂化养猪场，大多是在国家扶持下建设的，饲料供应要靠行政部门分配，产品销售对象主要是国家收购部门，基本上没有跳出计划经济的范畴。但是在政策允许的范围内，根据市场对猪肉质量、数量要求的变化，市场价格的升降，在销售环节采取应变措施，谋取较优的经济效益，是完全正当的，也是十分必要的。比方说，收购部门对胴体瘦肉率只规定了最低标准，更高的瘦肉率也得不到更优的售价，就不必为争取一两个百分点的瘦肉率，而增加饲喂工作量，可以在保证收购标准的前提下，采取全过程自由采食，并适当延长出栏时间，争取较高的增重速率和胴体重，以此来提高销售收入；如果有条件做到产销直挂或产销一体化，优质优价幅度适宜，那么就应当在饲料配方、饲喂方式上多下工夫，并适当缩短出栏日龄，以取得比较理想的饲料利用率和较高的销售价格。

对于猪种繁育体系健全，父本猪品系纯正，母本猪繁殖力高、育幼性好，后代商品猪杂种优势明显、生长育肥速度快的猪场，可以考虑适当增加后备母猪的选留数量，争取向外场提供优质商品母猪，为品种单调的兄弟猪场补充新的血缘。饲养管理水平较高，断奶仔猪和培育幼猪成活率能够超过计划指标的猪场，也可以向外出售优质仔猪，供农户生产商品猪。

（三）生产组织

农村规模猪场实行工厂化养猪，是生产技术上一个质的进步，它要求各个工作环节相互配合，按照生产工艺流程，有节奏地运转，组成一架完整的"机器"。农村规模猪场虽然职工人数不会很多，比如一个百头母猪的商品猪场，多则十几个人，少则七八个人，甚至只有五个人，但是它的组织体系仍然应当是完备的。场长（或生产副场长）是养猪生产的指挥中枢，养猪技术员和财会人员是他的左膀右臂，再加上防疫员、机电维修人员和饲料采购加工人员，形成了猪场各专业系统的控制中心。场长对生产流水线进行全过程指导、监控；

各专业系统将技术措施、管理服务内容落实到生产流水线的各个环节，系统与系统之间也保持业务与信息的沟通。

（四）计划管理

计划管理是农村规模猪场向科学管理迈进的必要步骤，是实现经营目标的重要手段。计划管理由计划编制、计划贯彻实施和计划检查分析等环节组成。其内容大致有如下几个方面。

1. 年度综合生产计划

包括本年度产仔数量，断奶仔猪、培育幼猪、商品猪出栏数量，总产值，总收入，生产成本，实现利润等。年度综合生产计划由场长主持，组织养猪技术员、财会统计人员一起，根据猪场生产力、市场需求情况、本场历年生产经营计划实施情况进行编制；经全场有关人员讨论修订后付诸实施。

2. 配种计划

依据年度生产计划规定的各类猪的生产数量和本场生产工艺规范，确定出每个生产节拍应配种的母猪数量，并按照这个数量确定种公猪、种母猪和后备母猪配置方案。这项计划在场长指导下，由养猪技术员和种猪舍的饲养员共同制订、共同实施。

3. 猪群调动计划

按照配种计划推算出母猪分娩时间和产仔数量，从而确定各生产节拍每个饲养段猪只组群和调动数量。有些农村规模猪场不在每一个生产节拍中空出专供消毒用的猪栏单元，生产流程又不可能在短时间内做到绝对均衡，因而猪群调动需在技术员组织指导下，按照与工艺流程相反的顺序，逐个饲养段依次实施。

4. 卫生防疫计划

按照卫生防疫要求和生产工艺流程，由防疫员编制。其内容包括：防疫对象、防疫时间、防疫药品的种类和数量等。在工厂化养猪场，需要防治的是所有影响猪体健康的疾病。防疫时间分定时和不定时两类，定时防疫有每年春秋两次的全场防疫、消毒药液的定时更新、工作服的定时熏蒸等；不定时的防疫是指随猪只日龄增长和猪群调动，在日粮中添加不同的抗生素和注射各种疫苗。卫生防疫计划需要在各饲养段饲养员配合下，由防疫员组织实施。

5. 饲料供应计划

根据生产计划、所需的饲料品种和饲料消耗定额编制年度、季度和每月的饲料需求计划。本场没有饲料加工设备的，要由采购员向饲料公司订购；本场没有饲料加工间的，也要分别采购能量原料、蛋白原料、预混料和各种添加剂等。各饲养段要经常向饲料采购员或饲料加工人员通报饲料需求变化情况。技术员要经常检查饲料配方中各种营养成分的含量，考察各种配方的饲喂效果，发现问题及时调整。

饲料计划中要安排一定数量的库存量，防止因饲料供应中断而影响整个生产计划的实施。但各种原料的库存时间也不宜过长，否则容易产生霉变，造成猪只中毒。

6. 产品成本计划

由财会人员在场长指导下编制，包括饲料费、猪种费、折旧费、医药费、维修费、燃料电力费、工具费、管理费等。成本计划要分解到各个生产段和有关专业部门，以便进行控制和检查。

（五）猪群结构和猪栏配置

根据生产工艺流程和猪场饲养规模，确定合理的猪群结构和猪栏配备是工厂化养猪生产正常运转的基础。在上述工厂化生产工艺流程的讨论中，已涉及了猪群结构的部分内容（分群分组），本节我们对猪群结构和猪栏配备做进一步的定量讨论。

A. 猪群结构

确定猪群结构的依据和步骤如下。

1. 生产指标

同各工业企业有"设计生产能力"和"实际生产能力"一样，工厂化养猪场也有相应的设计生产指标和实际生产指标。实际生产指标取决于生产技术水平，是日常生产管理的依据。这里我们以300头母猪商品猪场实际生产指标列出，并依此进行猪群数量的计算。

（1）母猪年均产仔窝数　2.1窝。

（2）母猪使用年限　3年。

（3）公猪使用年限　4年。

（4）每窝平均产活仔数　10头。

（5）仔猪成活率（从出生至断奶）　90%。

(6) 幼猪成活率 94%。
(7) 生长肥育猪成活率 98%。
(8) 一次发情期受精怀胎率 85%。
(9) 怀胎分娩率 95%。

2. 各饲养群每一周转猪组猪数的确定

(1) 每个生产节拍产仔窝数 以全年52周计，则产仔哺乳段产仔母猪群每组母猪12头。

(2) 每组妊娠母猪数 13头。

(3) 每组配种母猪数 16头。

(4) 每组哺乳仔猪数 108头。

(5) 每组幼猪数 102头。

(6) 每组生长肥育猪数 100头。

(7) 每组后备母猪数 4头。

(8) 公猪数 公猪属非周转猪群，本场采取自然交配，使用年限为4年，则公猪群应存15头，其中3头为后备公猪。

3. 猪群结构的确定

各饲养群持续稳定存栏数＝每组猪数×分组数
全场持续稳定存栏总数＝各饲养群持续稳定存栏数之和

将上述分群分组及计算结果列于表10-2，则为该300头生产母猪商品猪场猪群结构。

表10-2 全场猪群结构表

项目组群类型	饲养期/周	分组数/组	每组猪数/头	存栏数/头
空怀配种母猪群（包括确认妊娠母猪）	5（包括妊娠确认期）	5	16	80
妊娠母猪群	12	12	13	156
产仔母猪群	6	6	12	72
后备母猪群	15	15	4	60
公猪群	—	—		15（后备3头）
哺乳仔猪群	5	5	108	540
幼猪群	6	6	102	612
生长肥育群	15	15	100	1500

注：全场存栏数为3035头。

B. 猪栏配备

各饲养群在各舍、区内的分组和周转均靠猪栏配置来实现，猪栏配备数量与猪群结构有关，这里我们只介绍猪栏配备数量和分组方法，有关猪栏的结构和尺寸已在第一章第四节中阐述。

1. 各饲养群猪栏分组数＝周转猪组数＋1

　　各饲养群猪栏总数＝每组栏数×（周转猪组数＋1）＋机动栏

加一组的目的是保证每生产节拍周转猪群时，需有一组清洗、消毒备用栏；加机动栏则是考虑各饲养段内生产中产生的不均衡因素（如怀胎率和成活率的升降可能造成某一生产节拍内各组猪数的波动）。

2. 各舍内栏数的确定取决于采取群养还是单养方式，每栏饲养头数和每组猪数

（1）分娩舍内产仔哺乳栏数　采用组合栏，一栏一头母猪、一窝仔猪，产仔母猪每组12头需12栏，共分6组猪，加1组周转栏和4个机动栏。总栏数为88栏。

（2）妊娠母猪栏数　采用小群饲养，共12组猪，每组13头，加一组周转栏和1个机动栏。则总栏数170栏。

（3）空怀待配母猪栏　共分5组猪，每组16头，采用小群饲养每栏4头，每组4栏，则总数为28栏。

（4）公猪栏　采用单栏饲养，每栏1头，共需15栏。

（5）后备母猪栏　采用小群饲养，分15组，每组1栏，每栏养4头，则总栏数为16栏。

（6）幼猪栏　共6组猪，每组12窝，一窝一栏，则总数为192栏。

猪场的生产管理主要是对生产过程中的经营活动进行组织、监督和调节。其管理工作就是以市场信息为基础，市场需要为目标来进行决策和计划，采取有效的生产手段，解决生产中出现的各种矛盾。

二、猪场的技术管理

（一）配种怀孕舍的管理

1. 配种怀孕期饲养

配种期的公母猪一般每天喂料2次，时间为上午8点，下午5

点，日喂混合精料2千克。对体弱或过肥的母猪适当增减喂量，一般在下午对体弱的母猪增加1千克饲料，以使其迅速恢复体况。母猪在产仔前4周增加饲料，日喂精料3~4千克。如果母猪临产前太瘦，则哺乳期间将会严重掉膘，并导致断奶后再发情时间延长，或不发情，或在第二次分娩时产仔数减少。如果临产前母猪太肥，则母猪配种后胚胎死亡的机会增多，影响产仔数量。

2. 提高种猪对封闭舍的适应性

封闭式猪舍内饲养的种猪，由于不见阳光、不运动、不接触土壤，因此对病菌的抵抗力较差。为此，在分娩前4周用产仔母猪和哺乳母猪的粪便给怀孕母猪拱食或拌料饲喂，这样可使产前母猪接种大肠杆菌，产生抗体，获得免疫力，对胚胎和产后小猪能增强抵抗力，特别是预防小猪下痢效果明显。对每周补充进生产线的后备母猪，尤其需要让其和经产母猪混群，接触产房粪便4周以上，以期建立适应性。

3. 经常巡查

对已配种的母猪，在交配后18~24天和38~44天要注意检查是否重发情，检查时可把母猪赶进公猪栏试情。经常注意种猪采食、排粪情况，母猪是否出现流产或者阴道分泌物排出，四肢有无疾患。因为使用金属铁栏和漏缝地板，大腿及蹄底易受机械损伤，所以巡查时应让猪站立，使母猪在限位栏内增加运动，这样容易发现病患。

4. 供水

生产线各幢猪舍在一天24小时内均不能停止供水。但公、母猪配种前半小时一般都不供料和供水，配种后才供水。若供水槽与料槽共用时，喂料前要把水关掉。

5. 疾病预防

如果管理不善，母猪容易发生皮肤病。发生皮肤病时，可以用1%~2%的敌百虫溶液喷洒猪身。但配种后4周内不能喷洒，以防胚胎早期死亡。对怀孕母猪要预防便秘。母猪在产前产后便秘，常常是引起子宫炎、乳房炎、无乳症候群的重要因素。适当喂一些粗纤维日粮，保证充足的饮水，在日粮中加入适量的泻剂如硫酸钠、硫酸镁等，可以有效地防止母猪的便秘。定时清扫公猪栏，以防配种时打滑，损伤蹄部。对产前4周的母猪应进行驱虫。种猪驱虫可以注射盐酸左旋咪唑。产前4周应对母猪进行预防接种。

6. 其他日常工作

配种后饲养员要做配种情况登记，记录当天配种母猪的头数等。检查和调整猪舍温度，室内温度要求18~21℃。对机械设备进行检查和维修，定期进行大扫除（消毒及除尘）。当天工作结束，下班时熄灯后离场。

（二）分娩舍的管理

1. 产前准备

母猪临产前一周赶入分娩舍。将怀孕母猪赶至分娩舍前，要把猪体冲洗干净（冬季用温水），然后用消毒液或用1%敌百虫溶液喷洒后才进入分娩舍。产房在每一批猪进入前必须先行冲洗干净，再用2%烧碱或300∶1的农福溶液消毒产栏、地板及所有空间。

2. 分娩前后母猪的饲养

母猪进入分娩舍后，一直到临产前2天，饲料喂量为：上午2千克，下午1~2千克（如果需要）。分娩当天不喂料，分娩后第一天上午0.5千克，第二天上午1千克，下午1千克（如果需要）。分娩后第三天上午1.5千克，下午1.5千克（如果需要），以后逐渐增加。喂料时要根据母猪的体况、食欲及哺乳的不同阶段相应增减。假如上午给的饲料吃不完，那么下午就相应减少，不能在槽里留有饲料。不新鲜的饲料，母猪对它不感兴趣，这样会造成浪费。母猪产前1~2天减料，对产后恢复食欲有好处。由于母猪在分娩舍内喂料量有减有增，在饲料槽上挂上一张卡片，记下每天的喂料量，这样顶班的饲养员去喂料，知道哪头母猪该喂多少。刚刚分娩不久的母猪，喂得太多，会使泌乳增多，仔猪吃不完，会导致乳汁在乳房积聚，这些乳汁会产生毒素，仔猪如果吸吮有毒素的乳汁，就会引起白痢，同时母猪也可能出现便秘。如果饲料不新鲜，母猪减食，就会掉膘，哺乳期掉膘太多，会导致断奶后母猪不能正常发情配种，或下一次分娩时产仔数减少。所以掌握分娩后母猪的喂料量是很重要的。

3. 初生仔猪的护理

仔猪出生后当天要进行断脐、剪齿和断尾，公猪同时进行阉割，并注射铁剂。小猪在密集情况下出生和饲养容易缺乏铁质，很快会演变成贫血,除非能在生后不久时给予铁质补充,否则仔猪很容易生长受阻和受到疾病的侵袭。

在产房,母猪和小猪对环境温度的要求是不一样的。良好的产房应控制室温在22～25℃之间,根据仔猪的日龄及动态、饲养员应及时调节产房温度,使仔猪活动区的温度从32℃开始,每天下降0.5～1℃,一周后可控制在28℃左右。产房温度是通过通气量来控制。给仔猪活动区加温,可调节地板加热器或使用红外线灯来控制。如果仔猪离开红外线睡觉,那么红外线灯就应关掉或移掉。同样,如果它们离开地板加热的地方,那么地板加热系统的温度就应降低或关掉。

4. 仔猪寄养

由于对母猪进行分批断奶,同期发情,同期配种,因此进入分娩舍的母猪产仔日期也比较接近,从而可按照仔猪数量和大小进行调整,使各窝仔猪头数、体重大小比较一致。经常的做法是集中各窝中最小的仔猪由哺乳最好的母猪哺乳,并使每窝仔猪的数量平稳。假如一头母猪产出6头小猪,另一头母猪产出14头仔猪,那么,将它们平均分到这两头母猪去哺乳,这样有利于仔猪更好的生存,不会因为这一胎带仔太少造成有些乳房无仔猪哺乳而引起乳房萎缩,影响下一胎产仔时的泌乳力。产后的母猪如不能正常哺乳,就将仔猪全部寄养给其他母猪。但这对母猪繁殖性能会有影响,特别是对下一胎的影响更大,容易引起繁殖障碍。因此,要慎重进行寄养,除特殊情况(如母猪产后患病)外,都应让母猪哺乳小猪。

仔猪寄养时,应使寄养的小猪已经有足够的时间(约1小时)获得其生母的初乳,未吃到初乳的仔猪不宜寄养。那些弱小的、还没有固定奶头的仔猪是寄养到新产母猪的最佳候选者。由于营养不良而不是由于疫病引起的日龄较大、但发育不良的小猪,也应寄养到新产母猪中去。

5. 预防小猪患病

小猪在出生后至断奶前容易患病。通常由于产前发育不良,产后母猪缺乏维生素,母猪发生乳房炎、阴道炎及缺乳,仔猪受感染出现下痢,发生皮炎,而造成仔猪皮毛暗淡、精神不振、被毛紧贴皮肤、消瘦,严重者会引起死亡。要对小猪瘦弱的原因对症下药,如给母猪饲料加维生素;密切注意产后母猪的泌乳情况,若母猪产后无奶,及时用小剂量的催产素可刺激泌乳；母猪患乳房炎或阴道炎，则可注射青、链霉素混合剂进行消炎；小猪下痢可以口服链霉素，每头约300万单位，或用痢特灵、磺胺药物、氯霉素等治疗；有时母猪乳汁过稀可引起下痢，要注意加强母猪的营养。

6. 妥善断奶

分娩后20天内的母猪和仔猪尽可能不要断奶，因为过早断奶常在下一胎分娩时，使活产仔数减少，并且早于20日龄断奶的仔猪在进入保育舍后也不可能与其他仔猪生长得一样好。

在决定某一头母猪断奶后，应在未赶走母猪和仔猪前清点仔猪数。如果发现体重较小的仔猪，可以放到另一个分娩房由另一头母猪再哺乳一个星期然后断奶，这样做的目的是为了使分娩房实现全进全出。接受寄养的母猪其较大的仔猪将由较小的仔猪所代替，较大的仔猪则转移到保育舍饲养。

（三）保育舍的管理

仔猪一般4周断奶，也有实行3周龄断奶的。断奶后母猪赶回配种怀孕舍，而仔猪则从分舍转入保育舍，在保育舍饲养5~6周后转入生长舍或肥育舍。

保育舍的工作主要是控制环境温度和逐渐改变饲料，以保证断奶仔猪的正常生长。

1. 控制温度

封闭式猪舍由风扇和制冷机降温，断奶后第一周制冷机的温度控制开关应调至30~32℃，保证制冷机在室温达到30℃时开始提供冷气，以后每周降温2~3℃。风扇开关则调在29~32℃之间，按周龄顺序每周降低2~1℃。保育舍温度控制指南见表10-3。要注意观察猪群动态，如仔猪互相挤推，说明温度太低；如果睡在地板加热以外地方，则说明温度太高。温度过低或过高时应予调整。

2. 喂料方法

进入保育舍的仔猪从喂乳猪料向小猪料逐渐过渡，饲喂次数由每天4次向2次逐渐过渡。断奶后第一周把饲料撒在保育舍地板上和把饲料放到饲料槽内，让仔猪自由采食。第一天喂乳猪料，第二天用5份乳猪料加1份小猪料，第三天用4份乳猪料加2份小猪料，第四天

表 10-3 保育舍温度控制指南

周龄	边墙风扇/℃	制冷机/℃	地板加热器
1	29~32	32	低温
2	27~29	29	低温
3	24~27	27	关掉-低温
4	22~24	24	关掉-低温
5	22	22	关掉-低温

用3份乳猪料加3份小猪料，直至第七天，全部喂小猪料。断奶后第一周日喂料量以够吃到下次喂料前吃完为限度。第二、第三周每天喂料次数减至3次，第四周开始每天喂2次。

断乳对小猪是一种强烈的刺激，经常可以观察到的情况是断乳后的数天，小猪很少采食甚至不采食。数天后开始适应，并于第二周出现补偿性的过食，造成消化不良而腹泻。这是保育舍管理中需要注意的一环。消除其不良影响应采取以下措施。

① 保证仔猪断乳时能采食饲料150克以上。
② 给断乳后一周的仔猪投喂抗刺激剂，如维生素及矿物盐溶液。
③ 在第二周时控制采食量，避免补偿性过食。

对那些体弱或病后刚恢复的小猪，应放在个体较小的猪栏里，这样便于加强护理，有利于恢复体况。仔猪断奶后三周驱虫，用盐酸左旋咪唑肌内注射。保育舍在一批仔猪撤离后，应冲洗干净，然后进行消毒，干燥后才能再次进猪。

（四）生长舍、育成舍的管理

1. 控制温度

采用自动升降帘幕和喷洒冷水的办法控制舍内温度。夏季，舍内温度控制开关应调到18~22℃之间，高于22℃时帘幕自动降低以加大通气量，低于18℃时帘幕升起，减少通气量以保持温度。夏季喷雾系统自动喷洒冷水2分钟。连续的室内喷雾及加大通风，有明显的降温作用。

2. 合理分群

小猪从保育舍赶到生长舍时，要根据个体大小、性别或品种加以分群，尽量使个体大小均匀，否则，饲养一段时间后，会出现参差不齐而影响全进全出。猪群从保育舍赶进生长舍时，记录卡应随着这栏猪转到生长舍，最后一并转至育肥舍。记录卡记录出生日期的头数，以便观察饲养的效果。在生长、育肥舍应设一个栏集中病弱猪，以便使它们得到治疗和有一个较大的地方休息，避免被其他健康猪所欺。

三、劳动管理

猪场的劳动管理是根据性质来划分的。原则是：分工明确又相互协作，统一实行场长（经理）负责制。一般可分为两大部分：一是行政管理部分，负责全场管理，搞好猪场的后勤工作，如猪场各种计划和技术措施的制订等。二是生产、经营销售部分，负责种猪饲养管理，每年向商品猪舍提供合格仔猪，向配种舍提供初选断奶母猪。负责肥猪的育肥和销售工作。如猪场规模较大，还可进一步将种猪生产划分为种公猪小组、种母猪小组、断奶保育猪小组、后备猪组，肥猪生产部分可分为生长期和肥猪期两组等。给各组落实具体任务，根据各组人员的劳动态度和技术水平，以及相应的机械配套设备进行全面的合理搭配，以充分调动各个职工的积极性。

为使每个职工都能在各自的工作岗位上发挥自己的主观能动性，更好地贯彻"各尽所能、按劳分配"的原则。在猪场的生产中必须对生产人员规定各种定额指标。定额指标应当是一个中等劳动力使用一定生产资料，在一定的技术水平和组织管理水平的条件下，以通常的劳动强度积极工作一天（以 8 小时为准）所达到的工作数量和质量。它是猪场编制各种计划计算的基础，主要包括以下两方面的内容。

（一）劳动力配备定额

即按生产实际需要和管理需要所规定的人员配备标准。如每个饲养员应承担各类猪只的饲养头数、管理人员的编制定额等。在我国，劳动力配备定额视其猪场集约化程度高低而有所不同。如用传统方法养猪，一个饲养员饲养空怀或妊娠母猪最多 30 头左右。而在集约化程度较高的猪场，一个饲养员可饲养 100~150 头空怀或妊娠母猪。

(二) 劳动手段定额

即完成一定生产力所规定的机器设备或其他劳动手段应配备的数量标准,如拖拉机、饲料加工机具和猪圈等。

四、资料档案管理

为了及时了解猪场生产动态和完成任务的情况,及时总结经验与教训,在企业内部建立健全各种档案资料是十分重要的,也是十分必要的。猪场档案资料主要包括各类统计报表和记录记载表格。在设计时应力求简明扼要,格式统一,单位一致,方便记录。

(一) 常用的统计报表

×××猪场猪群饲料消耗月报表或日报表

年　　月　　日

车间　　　组

领料时间	料号	猪舍号	饲料消耗量/千克			备注
			青料	精料	其他	

填表人:

×××猪场饲料消耗报表

年　　月　　日

车间　　　组

领料起止日期				猪只头数	饲料消耗量/千克			
自	月	日	至 月 日		种猪料	生长猪料	肥育猪料	仔猪料

车间主任:　　　　　饲料保管员:　　　　　饲养员:

×××猪场猪群变动月报表或日报表
年　　月　　日
车间　　组

群别	月初头数	增加				合计	减少				合计	月末头数	备注
		出生	调入	购入	转出		转出	调出	出售	死亡			
种公猪													
种母猪													
后备公猪													
后备母猪													
肥育猪													
仔猪													

填表人：

（二）记录记载表格

记录记载表格是猪场的第一手原始资料，是各种统计报表的基础，各场应派专人负责收集保管，不得间断和涂改。一般常用的有以下几种：

×××猪场母猪产仔哺育登记表
年　　月　　日
车间　　组

窝号	产仔日期	母猪号	母猪品种	与配公猪		交配日期	怀孕日期	产次	产仔数			存活数			死胎数	备注
				品种	耳号				公	母	计	公	母	计		

车间主任：　　　　　　填表人：

×××猪场配种登记表
年　　月　　日
车间　　组

母猪耳号	品种	与配公猪		第一次配种时间	第二次配种时间	分娩时间	备注
		品种	耳号				

车间主任：　　　　　　填表人：

255

×××猪场猪只死亡登记表

年　　月　　日

车间　　　组

品种	耳号	性别	年龄	死亡猪只				备注
				头数	体重/千克	时间	原因	

车间主任：　　　　　　填表人：

×××猪场种猪生长发育记录表

年　　月　　日

车间　　　组

测定日期			耳号	性别	品种	月龄	体重/千克	体长/厘米	胸围/厘米	体高/厘米	平均膘厚/厘米
年	月	日									

第四节　猪场经济效益分析

提高经济效益是一切企业的核心问题，成本核算是达到经济效益的重要手段。因此，可以说，成本核算是为提高经营效果而精打细算的经营管理工作。

一、成本核算

（一）成本项目与费用

猪产品成本是企业生产产品所消耗的物化劳动，即转移到产品中去的已被消耗的生产资料的价值与活劳动，以及劳动者支出的必要劳动创造的价值这两部分价值的总和。

按经济用途划分，其费用的类别是产品成本项目，一般包括以下几个项目。

(1) 工资福利费　指直接从事养猪生产的饲养员的工资和福利费。

(2) 饲料费　指饲养中直接用于各猪群的生产和外购各种精饲料、粗饲料、动物饲料、矿物饲料、多种维生素、微量元素的费用。

(3) 燃料动力费　指饲养中消耗的燃料和动力费用。

(4) 医药费　指猪群直接耗用的药品费。

(5) 固定资产折旧费　指能直接计入的圈舍折旧费和专用机械折旧费。

固定资产折旧分为两种：为固定资产的更新而增加的折旧，称为基本折旧；为大修理而提取的折旧费称为大修理折旧。计算固定资产折旧，一般采用"使用年限法"和"工作量法"。公式如下：

$$每年基本折旧额 = \frac{固定资产原值 - 残值 + 清理费用}{使用年限}$$

$$每年大修理折旧额 = \frac{使用年限内大修理次数 \times 每次大修理费}{使用年限}$$

$$或 = \frac{使用年限内大修理次数总和}{使用年限}$$

但在实际工作中，如果主管部门事先规定了折旧率，则可根据固定资产原值计算折旧额，公式如下：

某固定资产年折旧额 ＝ 该固定资产原值×该固定资产折旧率

(6) 固定资产维修费　指上述固定资产的一切修理费。

(7) 母猪摊销费　饲养中应负担的产畜摊销费。

(8) 低值易耗品费　指能够直接记入的低值工具和劳保用品的价值，如猪场常用的工作服、胶靴、叉头扫帚等的费用。

(9) 其他直接费　不能直接列入以上各项的费用均列入其他直接费。

(10) 管理费　场长、技术人员的工资以及其他管理费。

以上各项成本的总和，就是该猪场的总成本。

（二）成本的计算

1. 计算公式

根据成本项目核算出各类畜群的费用后，便可以计算出各类猪群饲养成本和产品成本。在养猪生产中，一般要计算猪群的饲养日成本、增重成本、活重成本和主产品成本，计算公式如下：

$$猪群饲养日成本 = \frac{该群饲养费用}{该群饲养头日数}$$

$$断奶仔猪活重单位成本 = \frac{母猪群饲养费用}{断奶仔猪重量}$$

$$小猪和育肥猪增重单位成本 = \frac{该群饲养费}{该群增重量}$$

该群增重量 = 该群期末存栏活重 + 本期畜群活重（包括死猪重量） - 期初结转、期内转入和购入的活重

$$猪产品单位成本 = \frac{该群饲养费用}{该群产品总产量}$$

2. 断奶仔猪成本价格计算的实例

（1）技术假设条件

猪场容量	500头母猪	母猪淘汰率	30%
每窝产活仔数	10头	选择率	80%
死亡率	10%	受胎率	80%
每窝断奶仔猪数	9头	每年后备母猪	200头
每年分娩次数	2次	后备母猪培育期	2个月

（2）财务假设条件

猪舍	100万元	使用寿命	10年
残价	10万元	维持费	3%
猪舍设备	60万元	每头公猪消耗种猪料	900千克
使用寿命	5年	每头乳猪消耗乳猪料	40千克
残价	0	每年后备猪消耗饲料	120千克
维持费	2%	种猪料价格	2.10元/千克
每头母猪价	1000元	乳猪料价格	2.50元/千克
每头后备母猪价	1100元	淘汰母猪价格	500元/头
每头公猪价	2000元	淘汰公猪价格	609元/头

母猪使用寿命	5 年	淘汰后备猪价格	400 元/头
公猪使用寿命	3 年	利率	13%
工人工资	10 元/天	每头母猪一年消耗种猪料	1000 千克
流动资金	50 万元		

（3）成本价格计算

① 工人工资和福利费：20 名工人

$$10 \times 365 \times 20 = 3.7 \text{ 万元}$$

福利费每人每年 150 元

总计：$73000 + 150 \times 20 = 7.6$ 万元

② 饲料费

母猪料：$500 \times 1000 \times 2.1 = 105$ 万元

公猪料：$20 \times 900 \times 2.1 = 3.78$ 万元

后备猪料：$200 \times 120 \times 2.1 = 5.04$ 万元

乳猪料：$9 \times 40 \times 2.5 \times 2 \times 500 = 90$ 万元

共计：203.82 万元

③ 燃料、动力费

主要指仔猪冬天保温所耗电费，为 8 万元。

④ 医药费

每头母猪每年的驱虫、疫苗等费用，为 3 元；

每头仔猪的药费，为 4 元

计：$(500 + 200) \times 3 + 500 \times 2 \times 9 \times 4 = 3.81$ 万元

⑤ 固定资产折旧费

$$猪舍折旧 = \frac{1000000 - 100000}{10} = 9 \text{ 万元}$$

$$设备折旧 = \frac{600000 - 0}{5} = 12 \text{ 万元}$$

共计：21 万元

⑥ 固定资产维修费

$$猪舍维修费 = 1000000 \times 3\% = 3 \text{ 万元}$$

$$设备维修费 = 600000 \times 296 = 1.2 \text{ 万元}$$

共计：4.2 万元

⑦ 产畜摊销费

母猪：$\dfrac{500 \times 1000}{5} = 10$ 万元

公猪：$\dfrac{200 \times 20}{3} = 1.33$ 万元

共计：11.33 万元

⑧ 低值易耗品费 1 万元。

⑨ 其他直接费用，如不可预见费、利息。

不可预见费：3 万元

资金利息：$(30000 + 500 \times 1000 + 200 \times 1100 + 20 \times 2000 + 500000) \times 13\% = 16.77$ 万元

共计：19.77 万元

⑩ 管理费：20 万元

每年总的成本：①＋②＋③＋④＋⑤＋⑥＋⑦＋⑧＋⑨＋⑩＝299.53 万元

每年断奶仔猪数：$500 \times 2 \times 9 = 9000$ 头

每头断奶仔猪价格：合格仔猪 400 元/头；不合格仔猪单价：8.00 元/千克

售仔猪收入：$7200 \times 400 + 1800 \times 20 \times 8 = 316.8$ 万元

淘汰猪收入：$150 \times 500 + 40 \times 400 = 9.1$ 万元

共计：325.9 万元

纯收入＝总的买猪收入－总的成本＝3259000－2995300
　　　＝26.37 万元

断奶仔猪活重单位成本＝$\dfrac{2995300}{500 \times 2 \times 9 \times 20} = 16.64$ 元/千克

育肥猪增重单位成本算法同上。如猪场从外购进仔猪，则增加购进仔猪费用一项。

二、效益分析

猪场经济效益分析是根据成本核算所反映的生产情况，对猪场的产品产量、劳动生产率、产品成本、盈利进行全面系统的统计分析，及时发现问题，对猪场的经济活动作出正确评价，以保证下一阶段工作顺利完成。

（一）产品率的分析

通常是分析仔猪成活数和猪只平均日增重与料肉比是否完成计划指标。

$$仔猪成活率 = \frac{断奶时成活仔猪数}{出生时活仔猪数} \times 100\%$$

$$日增重 = \frac{末重 - 始重}{饲养天数} （克/日）$$

$$饲料利用率（料肉比）= \frac{饲料消耗量（千克）}{猪体增重（千克）}$$

（二）产品成本的分析

主要计算饲养费用和管理费用，一般对育肥猪进行增重成本计算，对仔猪计算活重成本计算。从前边成本计算中可以看出，饲料费用（2038200元）占总成本（2995300元）的68%，是影响成本的重要因素，因此，提高猪的饲料利用率，开发本地饲料资源，是降低成本的重要途径。

（三）盈利分析

在劳动所创造的价值中，扣除支付劳动报酬、补偿活劳动消耗之后的余额就是企业的盈利，又叫毛利。毛利（又称税前利润）减去税金就是企业的利润。利润是企业在一定时间内以货币表现的最终经营结果，通过利润核算是考核一个企业生产经营好坏的重要经济手段。

$$利润（亏损）额 = 销售收入 - 生产成本 - 销售费用 - 税金 \pm 营业外收支净额$$

总利润额只说明利润多少，不能反应利润水平的高低，因此，考核利润时，还要计算利润率，利润率包括成本利润率、产值利润率、资金利润率和投资利润率四个指标。

$$成本利润率 = \frac{销售利润}{销售产品成本} \times 100\%$$

$$产值利润率 = \frac{总利润额}{总产值} \times 100\%$$

$$资金利润率 = \frac{总利润额}{占用资金总额} \times 100\%$$

$$投资利润率 = \frac{年利润额}{基本建设投资总额} \times 100\%$$

三、考核经营管理水平的主要指标

1. 生产技术指标

（1）质量指标　考核出栏商品猪生产质量的主要指标，是胴体瘦肉率和屠宰率。胴体又称屠体，是指屠宰后除去鬃毛、内脏、头、蹄、尾的猪的躯干部分。胴体瘦肉率是指胴体中瘦肉所占的百分比。屠宰率是胴体重与屠宰前猪活重的百分比。

瘦肉率和屠宰率主要是由品种的遗传因素决定，因而需要在选择种猪和确定杂交组合上认真对待。饲料质量、饲喂方式和出栏屠宰时间的不同，对瘦肉率、屠宰率也会有一定影响，所以在努力追求较高的数量指标时，也要充分考虑到对质量指标的影响。

（2）数量指标

① 种猪舍、产仔哺乳和幼猪培育舍的主要考核指标，有母猪配种受胎率、母猪分娩率、母猪年平均产仔窝数、平均每窝产活仔数、断奶仔猪平均个体重（或窝重）和各日龄段仔猪的成活率。

母猪配种受胎率是指一个生产节拍中，配种怀孕的母猪占受配母猪数的百分比。工厂化养猪一般要求受胎率达到85%，并在整个生产过程中保持相对稳定，这是保证生产流水线正常运行的基础。保持稳定的受胎率，主要需从提高配种技术上下工夫。

母猪分娩率是指一个生产节拍中，分娩母猪占妊娠母猪头数的成分比，要求达到95%以上。提高分娩率需要加强对妊娠母猪的护理，避免因咬斗、挤压、营养不良和环境应激造成母猪流产。

母猪年平均产仔窝数是全猪场年产仔窝数与该猪场投入生产的母猪头数之比。采用适宜的生产工艺、缩短母猪产仔周期、提高受胎率和分娩率，都是提高母猪年产仔窝数的有效措施。在工厂化养猪场，母猪年平均产仔窝数应不低于2窝/年，平均每窝产活仔不应低于9.5头，这要从繁殖体系、妊娠母猪的保胎和母猪分娩监护三个方面来保证。

断奶仔猪个体重和断奶仔猪成活率，是考核哺乳段饲养工作水平的主要技术指标。断奶仔猪个体重也有用断奶窝重表示的，除了衡量饲喂工作外，也是考察母猪育幼性状的一个指标。28日龄断奶的仔猪，平均个体重就达到6千克以上；35日龄断奶的仔猪，平均个体重不应低于8千克。断奶仔猪成活率应努力争取达到90%以上，这是保持商品猪生产流水线常年均衡运行的关键。幼猪培育阶段的成活率需保持在95%以上。

②生长肥育舍的主要考核指标是日增重和饲料利用率。日增重一般用某一饲养段或若干天内的平均日增重来表示，商品猪在15～16周的生长肥育阶段，其平均日增重最低要达到500克以上，优良品种应达到700克以上。饲料利用率也称饲料报酬或料肉比，是指在某一段时间内，猪食进的饲料量与其体重增长量的比值。如一头猪从25千克长到95千克，增重70千克，共消耗配合饲料238千克，则这个阶段这头猪的饲料利用率就是3.4。饲料利用率因猪的品种，饲料质量及饲喂技术的不同而异。

一般来讲，在杂交组合已经确定、饲料质量稳定的情况下，日增重高，饲料利用率也就越高。但是，不同的饲喂方式也会得到不同的结果。有这样的报道：在整个生长肥育阶段全部采取自由采食，饲养到出栏标准体重90～100千克，需要105天；采取体重60千克之前自由采食，60千克之后限量（自由采食的3/4）饲喂，饲料利用率可提高1%～2%，平均日增重则下降8%～10%，出栏日龄要延长10天左右；生长肥育阶段如果全部采取限量饲喂，饲料利用率可提高3%～5%，平均日增重要下降20%以上，饲养天数要延长40天左右。

2. 经济指标

(1) 产量指标　包括断奶仔猪产量、培育幼猪产量、生长猪（60千克以下）产量和出栏商品猪产量、后备母猪产量等。分月产量、季产量和年产量，用头数和重量两种方式表示。对于商品猪场来说，商品猪产量自然是第一位的，但是统计其他饲养段的产量，其意义如下。

① 计算出栏率。在一个均衡生产的工厂化养猪场，其基本生产猪群应当是稳定的，不应当出现忽高忽低的现象，出栏率应保持在150%～170%左右。出栏率过低，经济效益必然差，出栏率过高，也未必是生产正常的征候。

② 考核每个生产阶段工作任务完成情况，找出薄弱环节，以便

及时采取补救措施。

③ 上一年的存栏，就是下一年的生产投入。

(2) 产值指标　总产值＝出栏商品猪产值＋出售种猪价值＋期末存栏仔猪、生长猪、肥育猪的价值－期初仔猪、生长肥育猪价值净产值＝总产值－各种物资消耗的价值

(3) 经济效益指标

① 投入产出比

$$投入产出比 = \frac{总投入（元）}{总产出（元）}$$

总投入是指整个养猪生产过程中，投入的饲料、劳动报酬、燃料电力、医疗防疫、机具维修、管理费、工具购置费等开支和按比例提取的房屋设备折旧费。总产出包括出售各类产品（商品猪、多余的种猪、仔猪、猪粪等）的实际收入、饲料加工车间出售多余饲料的收入、其他劳务和技术收入、年终各类猪存栏数较上年同期的增值（扩群增值）。

② 产值利利率

$$产值利税率 = \frac{总利润（税金）}{总产值} \times 100\%$$

③ 成本利税率

$$成本利税率 = \frac{总利润（税金）}{生产成本} \times 100\%$$

④ 资金利税率

$$资金利税率 = \frac{总利润（税金）}{占用的固定资金和流动资金总额} \times 100\%$$

投入产出比反映的是猪场生产经营的综合经济效益，即每投入一元钱可得到多少元钱的收入；而产值利税率、成本利税率、资金利税率则把实际获得的利润（包括缴纳的税金）与总产值、生产成本、占用资金挂起钩来，具体地反映利润水平和经营水平的高低。

四、提高猪场经济效益的措施

（一）广辟饲料来源，降低饲料成本

养猪成本中，饲料成本约占 70% 以上，要广辟饲料来源，降低

饲料生产成本。各猪场除购买配合精料以外，还应充分利用本地自然资源，如一些糟渣类下脚料，饲养母猪户更应注意优质饲料的开发，提高饲料的自给能力。另一方面，要尽量减少饲料消耗，即减少猪每增重1千克活重所消耗的精饲料。

欧美等发达国家养猪业每增重1千克活重所消耗的混合精料一般为2.8千克以下，而我国落后地区却是4～4.5千克，经济效益相差接近一倍。

（二）提高母猪单产、仔猪成活率、肉猪出栏率

母猪产仔率的高低直接影响猪场的经济效益，目前，我国一头母猪一年产仔在18头左右，母猪费用摊销在仔猪数上，大概一头成本平均为160元左右，因此，提高母猪单产，势必降低仔猪成本。当然，要提高母猪产仔率，还必须养好公猪，并做好适时配种。另外，还可通过两品种或三品种之间的杂交，利用杂种优势来提高产仔率。

仔猪成活率不高，同样不能提高经济效益。在正常的饲养管理条件下，每窝产仔的成活率可达90%。要达到这样高的成活率，仔猪必须过好"三关"，即初生关、补料关、断奶关。仔猪成活率高只是良好的开端，还必须有较好的饲养管理条件，才能使肉猪的出栏率高。要提高肉猪的出栏率，主要措施是进行两品种或三品种间的经济杂交，利用杂种优势使商品肉猪尽快出栏。另外，还要供给满足肉猪生长需要的全价配合饲料。

（三）强化管理、提高企业的经营管理水平

养猪业是一种商品率较高，为"出售"而从事的生产。养猪生产与其他农业生产不同，猪经肥育到了适宜的出栏体重必须出栏，同时猪肉保鲜时间不长，一般为12小时，如到炎热的夏季，保鲜的时间则更短。这就要求我们及时了解国内外市场信息，搞好经营决策和市场预测，抓住机遇。认真学习先进、科学的经营管理知识，建立健全各种管理制度，努力提高经营管理水平，把消费者的需要作为经营计划的出发点，在生产周期的开始就要考虑到市场的销售，建立生产-销售的经营系列，以最大限度地提高养猪的经济效益和社会效益。

参 考 文 献

[1] 刘彦. 无公害母猪标准化生产技术. 北京：中国农业出版社，2008.
[2] NRC. 猪营养需要量. 第10版. 1998.
[3] 肖传禄. 猪无公害高效养殖. 北京：金盾出版社，2006.
[4] 苏振环. 母猪科学饲养技术. 北京：金盾出版社，2008.
[5] 肖光明，吴买生. 生猪健康养殖技术问答. 长沙：湖南科学技术出版社，2008.

欢迎订阅畜牧兽医专业科技图书

● **专业书目**

书 号	书 名	定 价
04492	蛋鸡高效健康养殖关键技术	18.5
05148	新编羊场疾病控制技术	29.8
09804	中国乡村兽医手册	60
09720	猪病诊疗与处理手册（第2版）	25
07981	土法良方治猪病	19.8
06945	四季识猪病及猪病防控	23
06988	土法良方治鸡病	19.8
06990	新编鸡场疾病控制技术	19.8
05148	新编羊场疾病控制技术	29.8
05374	畜禽中毒急救技术	25
04433	新编中兽医验方与妙用	49
04152	简明猪病诊断与防治原色图谱	22
04111	简明鸡病诊断与防治原色图谱	28
04230	简明牛病诊断与防治原色图谱	27
04119	新编猪场疾病控制技术	29
03525	新编鸭场疾病控制技术	22
03970	家畜针灸技法手册	25
02246	猪病防治问答	19.8
08822	科学自配猪饲料	25
08230	肉鸡高效健康养殖关键技术	25
08355	肉牛高效健康养殖关键技术	20
08193	现代实用养猪技术大全	38
08059	新编肉鸡饲料配方600例	22
07295	四季识鸡病及鸡病防控	19.9

续表

书号	书名	定价
07271	土鸡高效健康养殖技术	19.8
07339	现代实用养鸡技术大全	38
07004	猪场消毒、免疫接种和药物保健技术	23
05458	怎样科学办好中小型鸡场	29.8
04992	蛋鸡高效健康养殖关键技术	18.5
04553	新编牛场疾病控制技术	28
03990	高效健康养猪关键技术	25
04111	新编蛋鸡饲料配方600例	19.8
03809	快速养猪出栏法	19.8
04134	新编母猪饲料配方600例	15
04284	新编仔猪饲料配方600例	18
03823	肉鸡快速饲养法	19.8
03526	提高蛋鸡产蛋量关键技术	18
05303	怎样科学办好中小型猪场	29.8
08355	肉牛高效健康养殖关键技术	20
07295	四季识鸡病及鸡病防控	19.9
04155	新编羊饲料配方600例	27
08821	科学自配肉鸡饲料	25
08818	科学自配牛饲料	18
08820	科学自配鸭饲料	22
08819	科学自配鹅饲料	22
04230	简明牛病诊断与防治原色图谱	27
03075	兽药问答	49.8
02868	猪传染性疾病快速检测技术	35
01558	禽疾诊疗与处方手册	18
05148	新编羊场疾病控制技术	29.8

●重点推荐

中国乡村兽医手册
左之才　余勇　王成　主编

本书以普及兽医科学技术知识为主，面向乡村养殖业与乡村兽医，系统介绍乡村兽医临床检查及常用诊疗技术，着重介绍主要畜禽（猪、牛、羊、禽、兔、马、犬、猫）的主要疫病；同时，还介绍了特种动物（鹿、貂、鹌鹑、蚯蚓、蛇、蚕、蜂）疾病以及水生动物的常见多发疾病等；附录了常用中药、方剂简表与动物针灸穴位简表，以供广大乡村兽医利用中兽医药防治畜禽疾病参考。

本书除了适合乡村兽医或养殖技术员作为工具书外，也适用于到基层工作的畜牧兽医本科生、专科生参考使用。

猪病诊疗与处方手册（第2版）
芮荣　主编

本书主要面向广大基层兽医工作者、养殖企业、养殖户及高等院校的本、专科生等。本书第2版在内容安排和体例格式上，均保留了第1版的特点，在认真审校勘误的基础上，更加侧重对猪病诊疗技术的修订，并增加4个附录，收集颇具实用性的猪正常生理参数、病理剖检、人工授精和阉割术等技术资料。本书内容兼顾系统性和实用性，并针对养猪生产中的实际问题，侧重介绍猪病防治方法和处方用药，以方便临床应用。

如需以上图书的内容简介、详细目录以及更多的科技图书信息，请登录 www.cip.com.cn。

邮购地址：（100011）北京市东城区青年湖南街13号　化学工业出版社
服务电话：010-64518888，64518800（销售中心）
如要出版新著，请与编辑联系。联系方法：010-64519352　sgl@cip.com.cn（邵桂林）